高等院校计算机应用系列教材

PHP+MySQL 动态网站开发实例教程

(第二版)(微课版)

王维哲　主　编
张　艳　胡湘萍　李　娜　赵江华　副主编

清華大學出版社
北　京

内 容 简 介

本书全面讲述了 PHP+MySQL 动态网站开发的基础知识和相关技术。全书内容共分为 11 章，从实际应用的角度详细介绍了 PHP 开发环境的安装和配置、HTML 和 JavaScript 语言基础、PHP 相关的基本语法、字符串和正则表达式、常用函数和面向对象编程、PHP 与 Web 页面交互、PHP 中的文件和目录操作、PHP 操作 MySQL 数据库，最后给出了两个完整的开发实例。

本书内容丰富，实用性和操作性强，语言简洁流畅，示例丰富，主要面向网站开发初学者，也可作为各类 Web 开发培训班的培训教材、高等院校的教材，还可作为动态网站设计与应用开发人员的参考资料。

本书配套的电子课件、实例源文件、习题答案可以到 http://www.tupwk.com.cn/downpage 网站下载，也可以扫描前言中的二维码获取。扫码前言中的视频二维码可以直接观看教学视频。

图书在版编目(CIP)数据

PHP+MySQL 动态网站开发实例教程：微课版 / 王维哲主编. —2 版. —北京：清华大学出版社，2022.6
高等院校计算机应用系列教材
ISBN 978-7-302-60953-7

Ⅰ. ①P… Ⅱ. ①王… Ⅲ. ①PHP 语言—程序设计—高等学校—教材 ②SQL 语言—程序设计—高等学校—教材 Ⅳ. ①TP312.8 ②TP311.132.3

中国版本图书馆 CIP 数据核字(2022)第 091154 号

责任编辑： 胡辰浩
封面设计： 高娟妮
版式设计： 孔祥峰
责任校对： 马遥遥
责任印制： 杨　艳

出版发行： 清华大学出版社
　　网　　址： http://www.tup.com.cn，http://www.wqbook.com
　　地　　址： 北京清华大学学研大厦 A 座　　　**邮　　编：** 100084
　　社 总 机： 010-83470000　　　**邮　　购：** 010-62786544
　　投稿与读者服务： 010-62776969，c-service@tup.tsinghua.edu.cn
　　质 量 反 馈： 010-62772015，zhiliang@tup.tsinghua.edu.cn
印 装 者： 大厂回族自治县彩虹印刷有限公司
经　　销： 全国新华书店
开　　本： 185mm×260mm　　　**印　　张：** 21　　　**字　　数：** 538 千字
版　　次： 2017 年 11 月第 1 版　　　2022 年 7 月第 2 版　　　**印　　次：** 2022 年 7 月第 1 次印刷
定　　价： 79.00 元

产品编号：095596-01

前　言

信息技术的飞速发展大大推动了社会的进步，逐渐改变着人们的生活、工作和学习的方式。PHP 是一种广泛流行的编程语言，多年来始终保持在主流编程语言排行榜的前五位。PHP 是一种跨平台的、开源的服务器端嵌入式脚本语言，MySQL 是目前流行的关系数据库管理系统，两者的结合使得 Web 开发人员能够快速地编写出动态生成页面的脚本，因而在全球获得越来越多网站开发人员的青睐。

在过去的十年里，PHP 已经从一套为 Web 站点开发人员提供的简单工具转化成完整的 OOP(面向对象编程)语言。在 Web 应用开发方面，PHP 现在可与 Java 和 C#等这样的主流编程语言“抗衡”，越来越多的公司为了给站点提供更加强大的功能已采用了 PHP。PHP 的简单易学性和强大的功能使其得以广泛的应用。

本书的编写人员根据多年的开发和教学经验，筛选出适合教学的开发案例，在书中详细介绍了 PHP+MySQL 动态网站开发的所有重要知识。本书通过不同难度的案例，比较全面地介绍了 PHP+MySQL 动态网站开发的相关技术，其内容涵盖 PHP 开发环境的安装和配置、HTML 和 JavaScript 语言基础、PHP 相关的基本语法、字符串和正则表达式、常用函数和面向对象编程、PHP 与 Web 页面交互、PHP 中的文件和目录操作、PHP 操作 MySQL 数据库，最后给出了两个完整的开发实例。每一章都配有相应知识点的微课视频和编程操作视频，帮助读者更好地理解所学内容。在每章末都安排了有针对性的练习题，有助于读者巩固所学的基本概念。另外，还针对每章的重点设计了编程题，有助于培养读者的实际动手能力、增强读者对基本概念的理解和实际应用能力。

本书内容丰富、结构合理、思路清晰、语言简洁流畅、示例丰富，主要面向网站开发初学者，也可作为各类 Web 开发培训班的培训教材、高等院校的教材，还可作为动态网站设计与应用开发人员的参考资料。

本书是集体智慧的结晶，其中，第 1 章和第 2 章由胡湘萍编写，第 3 章和第 4 章由王维哲编写，第 5 章和第 6 章由李娜编写，第 7 章和第 8 章由赵江华编写，第 9～11 章由张艳编写。由于作者水平有限，书中难免有不足之处，欢迎广大读者批评指正。我们的信箱是 992116@qq.com，电话是 010-62796045。

本书配套的电子课件、实例源文件、习题答案可以到 http://www.tupwk.com.cn/downpage 网站下载，也可以扫描下方的二维码获取。扫码下方的视频二维码可以直接观看教学视频。

配套资源

扫描下载

扫一扫

看视频

作者

2022 年 3 月

目　录

꩜ 第1章 ꩜

动态网站开发概述

目前，网站作为各行各业展示信息、沟通交流和办理业务的平台已经深入渗透到人们的日常生活中。动态网站相对于静态网站而言，其内容可以根据不同情况进行变更，可实现对用户个性化需求的响应，而这些自动化和高级功能一般要通过访问数据库和编写程序代码来实现。本章主要介绍动态网站的相关知识和工作原理、动态网站开发语言 PHP 的基本概念和相关知识、PHP 开发工具的安装和环境配置，以及构建第一个 PHP 网站。

本章的主要学习目标：

- 掌握动态网站的工作原理
- 掌握 PHP 语言的基本概念
- 掌握常用 PHP 开发工具的安装和环境配置

1.1 动态网站概述

1.1.1 静态网站与动态网站

静态网站是指网页所要展示的信息和数据全部写入网页文件中，任何用户在任何时间、任何地点访问网页得到的内容都是一样的，用户只能浏览信息，不能实现信息反馈。而动态网站通过 PHP、JSP、ASP 等网页脚本语言将网站内容中的信息和数据动态地存储到服务器端的数据库中，用户通过填写表单、发表留言评论等形式将反馈的数据存储到服务器的数据库中或从数据库中获取想要的数据，不同的用户，在不同的时间、不同的地点访问同一网站，会呈现出不一样的页面。

静态网站一般由一种或多种文件扩展名为.htm、.html、.shtml、.xml 的静态网页组成，且每个静态网页都有一个固定的 URL，网页 URL 以.htm、.html、.shtml 等常见形式为文件扩展名，而不含“？”；动态网站除了必须包含一种或多种文件扩展名为.asp、.jsp、.php、.perl、.cgi 的动态网页以外，还可以包含一部分静态网页，而动态网址 URL 除了以.asp、.jsp、.php 等常见形式为文件扩展名外，有时还会增加“？”用于值的传递。

特殊情况下，有些网页的后缀名是.html、.htm 或者是目录格式，但是网页内部包含 ASP 一类的动态脚本代码，这类网页称为伪静态网页。使用伪静态技术不仅能增强搜索引擎对静态网页的友好程度，还能运用动态脚本实时地显示一些信息。

静态网站和动态网站最主要的区别在于，程序是否在服务器端运行。在服务器端运行的程序、网页和组件，属于动态网页，它们会随不同客户、不同时间，返回不同的网页。运行于客户端的程序、网页、插件和组件，属于静态网页，它们是永远不变的。

1.1.2 动态网站的结构

早期的应用程序都运行在单机上，称为桌面应用程序。后来由于网络的普及，出现了运行在网络上的网络应用程序(网络软件)，网络应用程序有 C/S 和 B/S 两种体系结构。

1. C/S 体系结构(Client/Server 的缩写)

即客户—服务器体系结构，如图 1-1 所示，这种软件包括客户端(Client)程序和服务器端(Server)程序两部分。就像人们常用的 QQ、微信等网络聊天软件，需要下载并安装专用的客户端软件，并且服务器端也需要安装特定的软件才能运行。

2. B/S 体系结构(Browser/Server 的缩写)

即浏览器—服务器体系结构，如图 1-2 所示。它是随着 Internet 技术的兴起，对 C/S 体系结构的一种变化或者改进的体系结构，将原来的客户端软件由浏览器代替，将原在客户端实现的部分业务逻辑在浏览器端实现，其他主要的业务逻辑在服务器端实现。

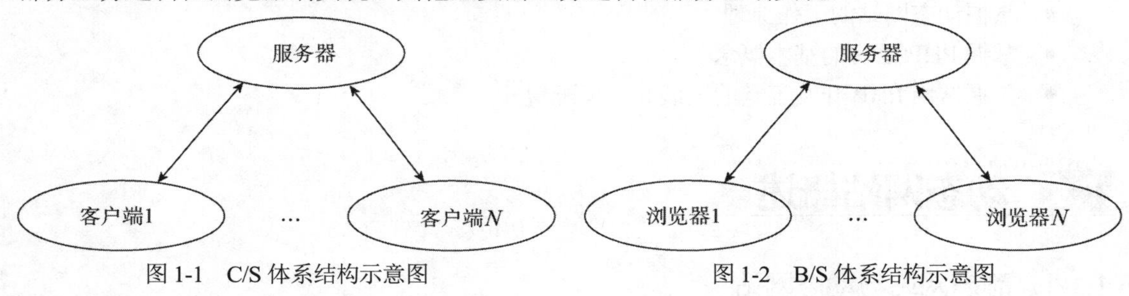

图 1-1 C/S 体系结构示意图　　图 1-2 B/S 体系结构示意图

3. C/S 体系结构和 B/S 体系结构的优缺点

C/S 体系结构最大的缺点是不易部署，因为每个客户端都要安装客户端软件，且若客户端软件升级，必须为每个客户端单独升级。另外，客户端软件通常对客户端的操作系统也有要求。B/S 体系结构很好地弥补了 C/S 体系结构的缺点。因为每台客户端计算机都安装有浏览器，不需要额外安装客户端软件，也不存在客户端软件升级的问题，更不存在对操作系统的要求了。

B/S 体系结构与 C/S 体系结构相比，也有自身的缺点。首先，B/S 体系结构的客户端软件界面无法做得像 C/S 体系结构那么复杂、漂亮。其次，B/S 体系结构下的每次操作一般都要刷新网页，响应速度明显不如 C/S 体系结构。再次，在网页操作界面下，操作大多以鼠标为主，无法自定义快捷键，也就无法满足客户快速操作的个性化需求。

动态网站是一种基于 B/S 体系结构的网络程序。它使用超文本传输协议(Hyper Text Transfer Protocol，HTTP)作为通信协议，通过网络让浏览器与服务器进行通信。目前流行的是三层 B/S 体系结构，即表示层、业务逻辑层和数据访问层。

1.1.3　动态网站的运行原理

动态网站通常由提供静态网页内容的 HTML 文件、实现客户端浏览器与服务器端交互以及访问数据库或其他文件的脚本文件和图片、样式表及配置文件等资源文件组成。

1. 动态网站运行环境

搭建动态网站运行环境，需要 Web 服务器、浏览器和 HTTP 通信协议的支持。其中 Web 服务器是动态网站运行的载体，它不仅代表运行 Web 应用程序的计算机硬件设备，还专指 Web 服务器软件，这种软件响应用户在浏览器上提交的 HTTP 请求，将结果发送到客户端并显示在浏览器中。浏览器用于从 Web 服务器接收、解析和显示信息资源，也可以执行 CSS 代码和客户端 JavaScript 脚本，但是无法处理服务器端脚本文件，服务器脚本文件只有被放置在 Web 服务器上才能被正常浏览。HTTP 是浏览器与 Web 服务器之间通信的语言。浏览器向服务器发送 HTTP 请求信息，Web 服务器根据请求返回相应的信息，这被称为 HTTP 响应，响应中包含请求的完整状态信息，并在信息体中包含请求的内容(如用户请求的网页文件内容等)。

2. 动态网站与 Web 应用程序

为了迎合用户的需求，网站需要经常更新内容并添加新的内容。早期的静态网站内容的更新和添加非常烦琐，不仅需要手动编辑网页的 HTML 代码以实现内容的更新，还需要为添加的内容制作新的 HTML 文件并更新相关页面到这个页面的链接，最后还要把所有更新过的页面上传到服务器上。

动态网站通过构建 Web 应用程序来管理网站内容，实现更新和添加新网页。Web 应用程序将网站的 HTML 页面部分和数据显示部分相分离，在数据库中更新或添加数据部分的内容后，通过服务器端脚本语言编写的 Web 应用程序会自动读取数据库记录并进行处理，并将结果生成新的页面代码发送给浏览器，实现网站内容的动态更新。嵌入了服务器脚本代码的网页就称为动态网页文件，而包含动态网页文件的网站就相当于一个 Web 应用程序。

3. 动态网站的工作原理

当用户请求的是一个动态网页时，服务器要做更多的工作才能把用户请求的信息发送回去。动态网站的工作流程一般按照以下步骤进行。

(1) 用户通过在 Web 浏览器地址栏中输入网址等方式访问动态网站。

(2) Web 浏览器连接到 Web 服务器，服务器中存放有组成该网站的 HTML 和含有服务器脚本代码的动态网页。Web 服务器查找用户请求的网页文件并发送给 Web 浏览器上含有 HTML 表单的网页。

(3) 用户在 Web 浏览器中填写 HTML 表单并提交给服务器。

(4) Web 服务器收到提交的表单后，加载相关的文件来处理表单中提交的内容。如果涉及访问数据库，则这些文件中会包含用于连接和访问数据库的服务器脚本程序，数据库接受请求并查找信息。找到信息后，将结果发回给提出请求的服务器脚本；服务器脚本程序从数据库接收结果并用收到的结果创建 HTML 页面，然后将页面发送回 Web 浏览器。

(5) Web 浏览器接收查询的 HTML 结果并将其显示给用户。

1.1.4 动态网站编程技术

动态网站编程技术用于编写动态网站的服务器端程序。目前流行的动态网站开发技术有CGI、PHP、ASP、JSP和ASP.NET等，下面分别对它们进行介绍。

1. CGI

严格意义上来说，CGI(Common Gateway Interface，公共网关接口)并不算是一种网页编程语言。CGI是信息服务器主机对外提供信息服务的标准接口，是为了向客户端提供动态信息而制定的，它允许服务器应用程序根据客户端的请求，动态生成HTML页面。CGI脚本程序可以用C、C++等语言在多种平台上进行开发，不必进行太多修改就可以从一个平台移植到另一个平台上运行，具有很好的兼容性。但是，CGI程序的编写比较复杂而且效率低下，并且每次修改程序后都必须将CGI的源程序重新编译成可执行文件，因此目前很少有人使用CGI技术。

2. PHP

PHP是Hypertext Preprocessor(超文本预处理器)的英文缩写。PHP是一种HTML内嵌式的语言，是一种在服务器端执行的“嵌入HTML文档的脚本语言”。该语言的风格类似于C语言，现在被很多的网站编程人员广泛运用。用PHP制作的动态页面与用其他编程语言制作的相比，PHP是将程序嵌入HTML文档中去执行，执行效率比完全生成HTML标记的CGI要高许多；另外，PHP在服务器端执行，充分利用了服务器的性能；PHP执行引擎还会将用户经常访问的PHP程序驻留在内存中，这也是PHP高效率的体现之一。PHP具有非常强大的功能，并且支持几乎所有主流的数据库和操作系统。

3. ASP

ASP的全称为Active Server Pages，是微软公司推出的一种旨在取代CGI的新技术。用户可以通过它使用几乎所有的开发工具来创建和运行交互式的动态网页，而且简单易学。它是一种服务器端脚本编程环境，可以混合使用HTML、服务器端脚本语言以及服务器端组件来创建动态的、交互的Web应用程序。

提示：

脚本(Script)是一种可以在Web服务器端或浏览器端运行的程序。目前在Web编程中比较流行的脚本语言有JavaScript和VBScript，并且一般采用JavaScript作为客户端脚本语言，VBScript作为服务器端脚本语言。

4. JSP

JSP(Java Server Pages，Java服务器页面)是在Sun公司的倡导下，由许多公司共同参与建立的一种新的动态网页技术标准，它在动态网页的构建方面具有强大而特殊的功能。JSP实际上是将Java程序片段和JSP标记嵌入HTML文档中，当客户端访问JSP网页时，将执行其中的程序片段，然后向客户端返回标准的HTML文档。与ASP不同的是：客户端每次访问ASP文件时，服务器都要对该文件解释并执行一遍，再将生成的HTML代码发送给客户端。而在JSP中，当第一次请求JSP文件时，该文件会被编译成Servlet，再生成HTML文档发送给客户端，当以后再次访问该文件时，如果文件没有被修改，就执行已经编译生成的Servlet，然后生成

HTML 文档发送给客户端。由于以后每次都不需要重新编译，因此 JSP 在执行效率和安全性方面有明显的优势。JSP 的另一个优势在于可以跨平台，缺点是运行环境及 Java 语言都比较复杂，导致学习难度大。

5. ASP.NET

2002 年，微软公司在.NET Framework 和 Visual Studio .NET 中引入了 ASP.NET 这种全新的 Web 开发技术。ASP.NET 可以使用 VB.NET、C#等编译型语言，支持 Web 窗体、.NET 服务器端控件和 ADO.NET 等高级特性。ASP.NET 应用程序最大的特点是程序与页面分离。也就是说，它的程序代码可单独写在一个文件中，而不需要嵌入网页代码中。ASP.NET 需要运行在安装了.NET Framework 的 IIS 服务器上。

总而言之，PHP 和 ASP 属于轻量级的 Web 程序开发环境，只要安装了 Dreamweaver 就可以编写程序。而 ASP.NET 和 JSP 属于重量级的开发平台，除了要安装 Dreamweaver 外，还必须安装 Visual Studio 或 Eclipse 等大型开发软件。

6. Python

Python 是一种优雅简洁的计算机程序设计语言。它是著名的“龟叔”Guido Van Rossum 在 1989 年圣诞节期间，为了打发无聊的节日而编写的一种编程语言。现在，全世界大约有 600 种编程语言，但流行的编程语言也就 20 种左右，每种语言都各有千秋。Python 提供了丰富的第三方库(如 Flask、Django 等框架)，非常便于开发网站。完成同一个任务，使用 C 语言可能需要写 1000 行代码，使用 Java 只需要写 100 行代码，而使用 Python 可能只需要 20 行代码。所以 Python 是一种相当高级的语言，但 Python 代码的运行速度相对较慢。

1.1.5　动态网站的相关概念

在开始学习动态网站编程前，先介绍一些相关的知识。

1. URL

当用户使用浏览器访问某个网站时，一般会在浏览器的地址栏中输入该网站的地址，这个地址就是统一资源定位符(Universal Resource Locator，URL)。URL 是 Internet 上任何资源都会使用的标准地址，每个网站上的网页(或其他资源文件)在 Internet 上都有一个与之对应的、唯一的 URL 地址。通过网页的 URL，浏览器能定位到目标网页或资源文件。URL 的一般格式为：

```
协议名://主机名[:端口号][/目录路径/文件名][#锚点名]
```

URL 协议名后必须接://，其他各项之间用/隔开，例如：

```
http://news.china.com/focus/ydyllt/news/13000509/20170510/30509818.html
```

上面的 URL 表示请求的信息放置在 china.com 域名下，主机名为 news 的服务器上，域名和主机名合成主机头；focus/ydyllt/news/13000509/20170510/是 news 服务器网站默认目录下的目录路径(目前不考虑 focus 是虚拟目录的情况)，而 30509818.html 是位于上述路径下的一个网页文件。

有时也会出现 URL 不包含具体文件名的情况，例如：

```
http://news.china.com/focus/xjpfwkaz/
```

上面的 URL 表示请求 china.com 域名中 news 服务器网站默认目录下 focus/xjpfwkaz/目录路径中的默认网页(目前不考虑 focus 是虚拟目录的情况)。

除了 HTTP 协议，URL 还经常使用 FTP 协议。其中 HTTP 是超文本传输协议，主要用于传送网页；FTP 是文件传输协议，主要用于传送文件。

2. 域名

域名最初是用来代替 IP 地址方便人们访问网站而设计的，用户可以使用该网站的域名(如 sohu.com)而不是晦涩难记的 IP 地址来访问网站。后来域名的作用得以扩展，出现了多个域名对应一个 IP 地址的情况，也就是可以在一台主机或服务器上架设多个网站。相对于将一个服务器虚拟成多个服务器(虚拟主机)，这些网站可以使用相同的域名(如前面提到的 china.com)、不同的服务器名(如 www、news、military、auto 等)；也可以直接使用不同的域名和服务器名。使用主机头这种服务器名+域名的形式就可以很容易地区分这些网站。

域名的作用一般有两个，一个是将域名发送给 DNS 服务器，通过解析得到与域名对应的 IP 地址以进行连接；另一个是将域名信息发送给 Web 服务器，通过域名与 Web 服务器上设置的“主机头”进行匹配，从而确定客户端请求的是哪个网站。若客户端没有发送服务器名给 Web 服务器，则 Web 服务器将打开默认网站。

3. PHP 动态网页的工作原理

当用户请求一个 PHP 文件时，Web 服务器(一般是 Apache 服务器)会根据 URL 中的主机头信息在对应的网站目录中找到指定的 PHP 文件，然后解释并执行 PHP 文件中包含的脚本代码，将执行结果以 HTML 代码的形式嵌入网页中，之后再发送回浏览器。保存在服务器网站目录中的 PHP 文件和浏览器接收到的 PHP 文件的内容一般是不同的，因此无法通过在浏览器中查看源代码的方式获取 PHP 程序的代码。

如果用户请求的是一个静态网页，Web 服务器会根据 URL 中的主机头信息在对应的网站目录中找到指定的文件，但不会对它做任何处理，而是直接发送回浏览器。

1.2 PHP 相关知识

1.2.1 PHP 的概念

PHP 是全球最流行的 Web 程序开发语言之一。它是一种内嵌 HTML 的脚本语言，与微软的 ASP 颇有几分相似，都是一种在服务器端执行的嵌入 HTML 文档的脚本语言。它混合了 C、Java 和 Perl 等现代编程语言的优点以及 PHP 自创的新语法。PHP 的语法简单、易于学习、功能强大、灵活易用，旨在让网页开发人员快速地制作出动态网页。用 PHP 制作的动态页面与用其他编程语言制作的相比执行速度更快，因为 PHP 充分利用了服务器的性能，其执行引擎还会将用户经常访问的 PHP 程序驻留在内存中，当用户再次访问这个程序时就不需要重新编译程序了，只需直接执行内存中的代码即可，这也是 PHP 高效率的体现之一。PHP 支持几乎所有流行的数据库和操作系统，在使用时完全不必考虑跨平台的问题。PHP、Apache 和 MySQL 的组合已成为 Web 服务器的一种配置标准。

1.2.2　PHP 的发展历程

1. PHP/FI

1995 年，Rasmus Lerdorf 创建了一套简单的 Perl 脚本，用来跟踪访问他个人主页的信息，并把它命名为"Personal Home Page Tools"，简称为 PHP/FI，后来 Rasmus 用 C 语言对它进行了重写，开发了一个可以访问数据库，并能让用户开发简单的动态 Web 程序的工具。Rasmus 发布了 PHP/FI 的源代码，以便每个人都可以使用它，同时也可以修正它的 Bug 并且改进它。PHP/FI 后续版本 2.0 于 1997 年 11 月发布，成为官方正式版本，但是那时只有几个人在为该项目撰写少量的代码，它仍然只是个人行为的项目。

2. PHP 3

1998 年 6 月正式发布了官方 PHP 3.0 版，PHP 3.0 是类似于当今 PHP 语法结构的第一个版本。Andi Gutmans 和 Zeev Suraski 在为一所大学的项目开发电子商务程序时发现 PHP/FI 2.0 的功能明显不足，于是他们重写了代码，这就是 PHP 3.0。考虑 PHP/FI 已存在的用户群，从 PHP/FI 2.0 的名称中移去了暗含"本语言只限个人使用"的部分，最终被命名为"PHP"。除了给最终用户提供数据库、协议和 API 的基础结构外，PHP 3.0 强大的可扩展性还吸引了大量的开发人员加入并提交新的模块，也这是 PHP 3.0 取得巨大成功的关键。PHP 3.0 中的其他关键功能包括面向对象的支持，以及更强大和协调的语法结构。

3. PHP 4

1998 年的冬天，在 PHP 3.0 官方版本发布后不久，Andi Gutmans 和 Zeev Suraski 开始重新编写 PHP 代码，以增强复杂程序运行时的性能和 PHP 自身代码的模块性。虽然 PHP 3.0 的新功能和广泛的第三方数据库、API 的支持使得编写这样的程序成为可能，但 PHP 3.0 没有高效处理如此复杂程序的能力。在 1999 年，新的被称为"Zend Engine"(这是 Zeev 和 Andi 的缩写)的引擎首次引入 PHP 中，基于该引擎并结合了更多新功能的 PHP 4.0 于 2000 年 5 月发布，成为官方正式版本。

4. PHP 5

2004 年 6 月，PHP 的发展达到了第二个里程碑。带有 Zend 引擎 2 代的 PHP 5 正式发布，PHP 5 引入了新的对象模型和大量新功能，而且性能明显增强。2008 年很多程序都已不再支持 PHP 4 版本，取而代之的是 PHP 5。

5. PHP 6

PHP 5 版本发布后，收到最多的反馈内容就是在 PHP 中缺少编码转换的支持。在 Andrei Zmievski 的领导下，PHP 中嵌入了 ICU 库，使文本字符串以 Unicode-16 的方式呈现。这一举动导致 PHP 本身以及用户的编码方式发生了重大的改变，所以 PHP 6 应运而生。但是由于这一改变跨越较大，开发人员不能很好地理解所做的改变，并且转换导致了性能的下降，再加上 2009

年发布的PHP 5.3和2010年发布的PHP 5.4几乎涵盖了所有从PHP 6移植来的功能，因此在2010年这一项目就停止了，直到2014年也没有被人们所接受。

6. PHP 7

2014—2015年，PHP 7正式发布了。PHP 7的主要目标就是通过重构Zend引擎，使PHP的性能更加优化，同时保留语言的兼容性。由于是对其引擎的重构，因此PHP 7的引擎目前已是第三代 Zend Engine 3。

7. PHP 8

2019年，PHP团队推出了PHP 8.0，并提供下载。PHP 8.0 是 PHP 语言的一个主版本更新。它包含了很多新功能与优化项， 包括命名参数、联合类型、注解、构造器属性提升、match 表达式、nullsafe 运算符、JIT，并改进了类型系统、错误处理、语法一致性。PHP 8.0 在性能上大约改进了10%，通过 JIT 在综合基准测试中的性能提高到了2.94，在某些特定的长期运行的应用程序中提高到1.5~2。目前最新的版本是2021年推出的PHP 8.1。PHP 8.1 也是 PHP 语言的一个主版本更新，它包含了许多新功能，包括枚举、只读属性、可调用语法、线程、交集类型和性能改进等。

1.2.3 PHP语言的优势

PHP能够迅速发展，并得到广大使用者的喜爱，主要原因是PHP不仅具有一般脚本所有的功能外，还具有它自身的优势，具体如下。

- 源代码完全公开：事实上，所有的PHP源代码都可以免费获得。读者可以通过Internet获得所需要的源代码，快速进行修改并利用。
- 完全免费：同其他技术相比，PHP本身是免费的。读者使用PHP进行Web开发无须支付任何费用。
- 语法结构简单：因为PHP结合了C语言和Perl语言的特色，所以编写简单、方便易懂。可以嵌入HTML语言中，实用性强，更适合初学者。
- 跨平台性强：由于PHP是运行在服务器端的脚本，因此可以运行在Linux和Windows等操作系统上。
- 效率高：PHP消耗相当少的系统资源，并且程序的开发快、运行快。
- 强大的数据库支持：支持目前所有的主流和非主流数据库，这使PHP的应用对象非常广泛。
- 面向对象：在PHP中，在面向对象方面有了很大的改进，PHP完全可以用来开发大型商业应用程序。

1.2.4 PHP的常用工具

制作PHP动态网站可分为两方面：一方面是网站的界面设计，主要是用浏览器能理解的代码及图片设计网页；另一方面是使用PHP语言进行网站程序设计和代码实现，用来实现网站的新闻管理、与用户进行交互等各种功能。

1. 网页设计工具

下面介绍几种常用的网页设计工具。

(1) Dreamweaver

Dreamweaver 是网页制作“三剑客”之一，其功能更多体现在对 Web 页面的设计上。随着 Web 语言的发展，Dreamweaver 的功能早已不再仅限于网页设计这一方面，它更多支持各种 Web 应用流行的前后端技术的综合应用。Dreamweaver 对 PHP 的支持十分到位，它不但对 PHP 的不同方面进行了清晰的标识，并且给予足够的编程提示，使编程过程相当流畅。

(2) Sublime Text 3

Sublime Text 3 是一款流行的代码编辑器，具有漂亮的用户界面和强大的功能，如可以代码缩略图、Python 插件、代码段等，还可以自定义键绑定、菜单和工具栏。Sublime Text 3 的主要功能包括拼写检查、书签、完整的 Python API、Goto 功能、即时项目切换、多选择、多窗口等。Sublime Text 3 是一个跨平台的编辑器，同时支持 Windows、Linux、macOS X 等操作系统。

(3) VSCode

Visual Studio Code (简称 VSCode/VSC) 是微软 2016 年发布的一款免费开源的现代化轻量级代码编辑器，支持几乎所有主流开发语言的语法高亮显示、智能代码补全、自定义热键、括号匹配、代码片段、代码对比 Diff、GIT 等特性，支持插件扩展，并针对网页开发和云端应用开发做了优化。该软件跨平台支持 Windows、macOS X 和 Linux 等操作系统。

2. PHP 代码开发工具

(1) 文本编辑工具

Windows 系统自带的记事本是一款体积小、启动快、占用内存小、易用、具备最基本文本编辑功能的工具。

UltraEdit 是一套功能强大的文本编辑器，可以编辑文本、十六进制、ASCII 码，完全可以取代 Windows 记事本，并且内置了英文单词检查、C++及 VB 指令突显等功能。该软件还附有 HTML 标签颜色显示、搜索替换以及无限制的还原功能，可以满足用户的一切编辑需要。

(2) IDE

IDE 是 Integrated Development Environment(集成开发环境)的英文简称，它是集成了代码编写功能、分析功能、编译功能、调试功能等一体化的软件开发包。目前常用于 PHP 的 IDE 包括以下几种。

Notepad++： Notepad++是一款 Windows 环境下免费开源的代码编辑器，支持的语言包括 C、C++、Java、C#、XML、HTML、PHP、JavaScript 等。Notepad++不仅有语法高亮显示功能，也有语法折叠功能，并且支援宏以及扩充基本功能的外挂模组。

PHPEdit： PHPEdit 是 Windows 环境下一款优秀的 PHP 脚本 IDE(集成开发环境)。该软件为快速、便捷地开发 PHP 脚本提供了多种工具，其功能包括语法关键字高亮显示，代码提示、浏览，集成 PHP 调试工具，帮助生成器，自定义快捷方式等。

phpDesigner： phpDesigner 是 Linux 环境下十分流行的免费 PHP 编辑器，它小巧且功能强大。它以 Linux 下的 gedit 文本编辑器为基础，是专门用来编辑 PHP 和 HTML 的编辑器。它可以显式地标识 PHP、HTML、CSS 和 SQL 语句。在编写过程中提供函数列表参考、函数参数参考、搜索和检测语法等功能。

Zend Studio： Zend Studio是由zend科技开发的一个针对PHP的全面开发平台，这个IDE融合了Zend Server和Zend Framework，并且融合了Eclipse开发环境。Eclipse是最早适用于Java的IDE环境，由于其优良的特性和对PHP的支持，成为很具影响力的PHP开发工具，是最优秀的PHP IDE之一。Zend Studio具备功能强大的专业编辑工具和调试工具，支持PHP语法高亮显示，支持语法自动填充功能，支持书签功能，支持语法自动缩排和代码复制功能，内置了一个强大的PHP代码调试工具，支持本地和远程两种调试模式，支持多种高级调试功能。Zend Studio可以在Linux、Windows、macOS X上运行。

PHP的开发工具有很多，但是我们建议使用记事本等轻型编辑器进行前期的学习，不仅是因为程序体积小、安装方便、消耗系统资源少，更重要的是我们可以把代码完完整整地通过键盘编辑出来，这样有利于我们对PHP语法规则的记忆和理解。

3. PHP集成运行环境工具

建立一个PHP动态网站，首先需要搭建PHP的开发和运行环境。对新手来说，一般选择在Windows平台下使用Apache、MySQL和PHP的搭配组合，Apache是类似IIS的Web服务器软件，MySQL是数据库，这种组合也称WAMP(W代表Windows、A代表Apache、M代表MySQL、P代表PHP)。下面介绍几款在Windows下可以使用的WAMP集成工具。

WampServer： WampServer集成了Apache、MySQL、PHP、phpMyAdmin，支持Apache的mod_rewrite操作，PHP扩展和Apache操作只需要通过菜单操作就可以完成，省去了修改配置文件的麻烦。

APMServ： APMServ 是一款拥有图形界面的绿色软件，无须安装，具有灵活的移动性。只需单击APMServer的启动按钮即可自动进行相关设置，它拥有与IIS一样便捷的图形管理界面。

XAMPP： XAMPP是一款具有中文说明，但不支持中文界面的集成环境。XAMPP不仅适用于Windows，也适用于Linux等其他操作系统；其缺点是集成功能较多，不支持中文界面，操作不容易，安全设定较烦琐。

phpStudy： phpStudy是目前公司里使用最广泛的PHP开发集成服务器配置环境。该程序包集成了最新的Apache+Nginx+LightTPD+PHP+MySQL+phpMyAdmin+Zend Optimizer+Zend Loader，一次性安装，无须配置即可使用，是非常方便、好用的PHP调试环境。该程序小巧简易，仅有32MB，有专门的控制面板。phpStudy适用于Windows、Linux操作系统，支持Apache、IIS、Nginx和LightTPD。

本书中之所以选择介绍PHP作为动态网站的开发语言，主要考虑PHP语法结构简单、易学，尤其适用于Web网站开发，并可嵌入HTML中，是网站开发的首选。而动态网站开发语言的编程思想都是相似的，每种语言基本上都定义了一些服务器与浏览器之间交互信息的方法，只要深入掌握其中一种，再去学习其他语言就非常容易。另外，phpStudy、WampServer、XAMPP等集成环境的出现使配置PHP的Web服务器也变得更加简单，初学者在短时间内就能学会Web应用程序开发的流程。

1.3 常用 PHP 集成运行环境工具的安装与配置

1.3.1 WampServer

1. WampServer 的安装步骤

WampServer 是一款由法国软件开发人员开发的、应用在 Windows 环境下的 Apache Web 服务器、PHP 解释器以及 MySQL 数据库的整合软件包，它免去了开发人员将时间花费在烦琐的配置环境过程中，从而腾出更多精力去做开发。这款软件是完全免费的，可以在其官方网站下载到最新版本。

本书采用的是 Windows 7 系统 64 位版，使用的 WampServer 版本是 WampServer 3.0.6 中文 64 位版，其中包括 Apache 2.4.23、PHP 5.6.25/7.0.10、MySQL 5.7.14 等软件。

WampServer 3.0.6 中文 64 位版软件可以通过常用的中文搜索引擎进行查找和下载，但需要注意的是，下载和安装其 32 位版本时可能会出现意想不到的错误。下载的软件名由 WampServer 的版本、所适用的操作系统平台、集成的 Apache、MySQL 和 PHP 软件版本等组成，中间以“_”作为分隔，如 wampserver3_x64_apache2.4.17_mysql5.7.9_php5.6.16_php7.0.0，其中 wampserver3 是软件的版本系列，x64 表示 Windows 系列的 64 位操作系统平台，apache2.4.17 表示 Apache Web 服务器版本，mysql5.7.9 是 MySQL 数据库的版本，php5.6.16 和 php7.0.0 是指本版本软件支持的 PHP 解释器的版本。

WampServer 集成运行软件的安装步骤如下。

(1) 双击下载的 WampServer 软件，会出现如图 1-3 所示的 Select Setup Language 界面，安装软件支持英语和法语界面，默认是“English”语言界面。

(2) 单击“OK”按钮，进行软件的版权信息设置，如图 1-4 所示。

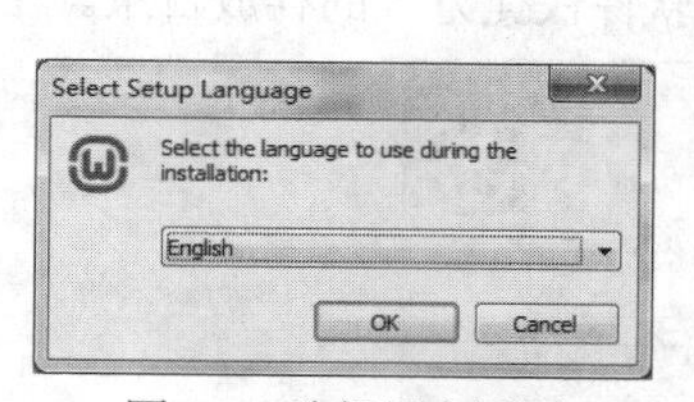

图 1-3　选择语言界面

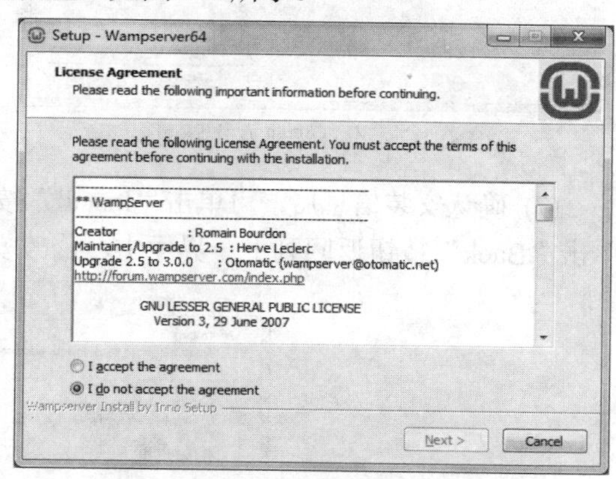

图 1-4　设置版权信息界面

(3) 选中“I accept the agreement”单选按钮后单击“Next”按钮进入软件安装环境的确认界面，如图 1-5 所示。

(4) 单击“Next”按钮进入软件的安装目录选择界面，其中显示了安装软件所需要的最小硬盘空间，默认安装在 C 盘根目录下，如图 1-6 所示。

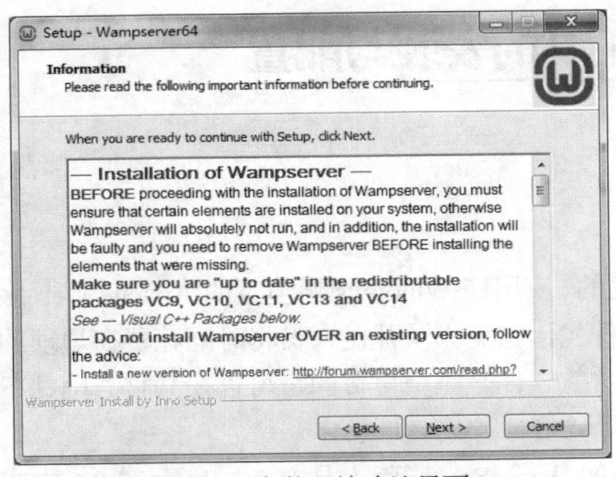

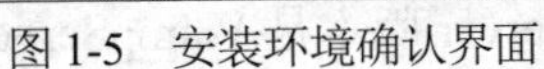
图 1-5　安装环境确认界面

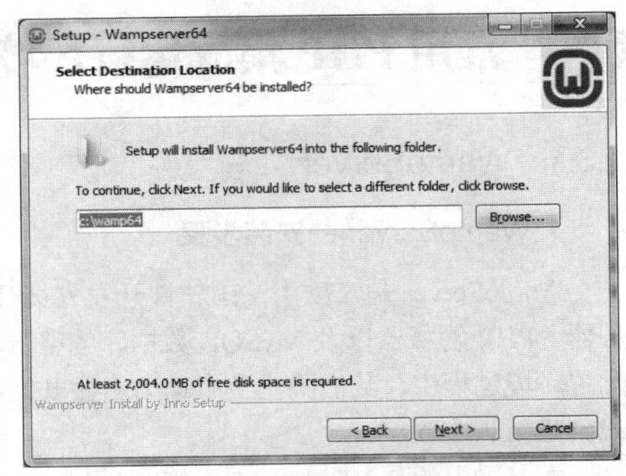

图 1-6　安装目录选择界面

(5) 使用默认安装目录或修改安装目录后，单击“Next”按钮进入软件的快捷方式存放目录选择界面，如图 1-7 所示，默认在“开始菜单”中的“程序”目录下，也可以修改到其他目录下。

(6) 单击“Next”按钮进入安装信息确认界面，如图 1-8 所示。

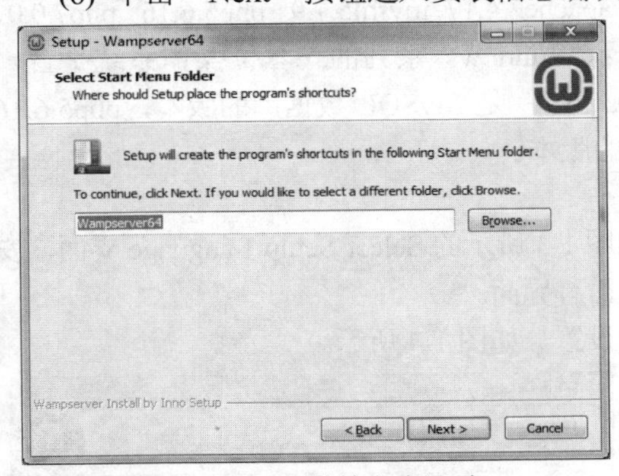

图 1-7　设置快捷方式界面

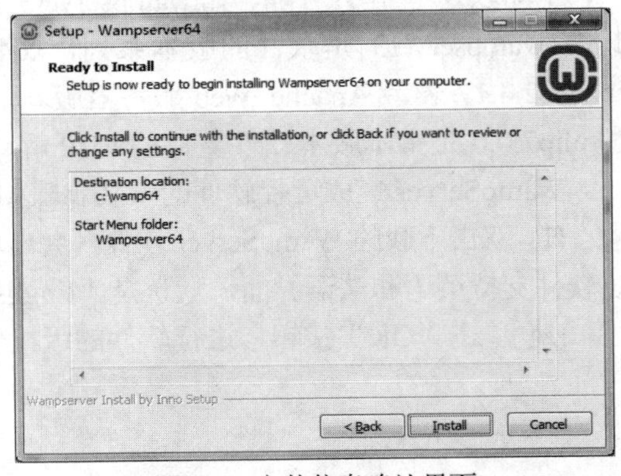

图 1-8　安装信息确认界面

(7) 确认安装信息后，可单击“Install”按钮开始正式安装，安装界面如图 1-9 所示。也可单击“Back”按钮返回到上一界面中，修改安装目录和软件快捷方式的存放目录。

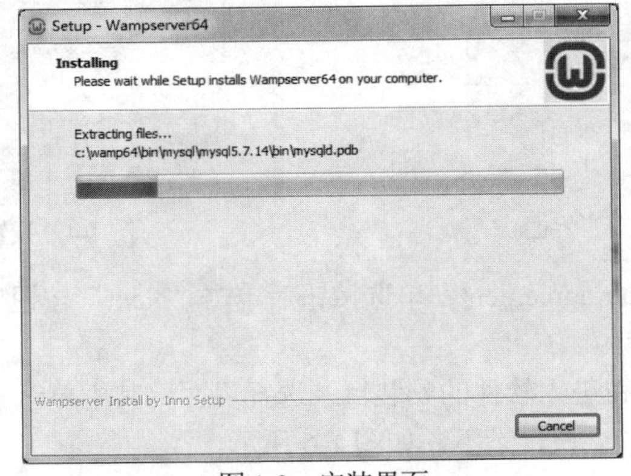

图 1-9　安装界面

(8) 在软件安装过程中会弹出两个对话框，如图 1-10 和图 1-11 所示，分别询问用户是否接受 WampServer 默认使用的浏览器和代码编辑软件，默认是使用微软的 Internet 浏览器作为默认浏览器，使用微软操作系统自带的记事本作为代码编辑器，选择“是”表示接受默认选项，或者选择“否”表示不接受默认选项。

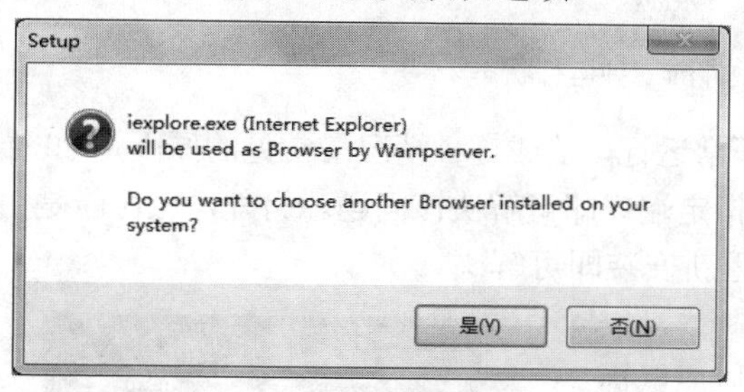

图 1-10　浏览器选择界面

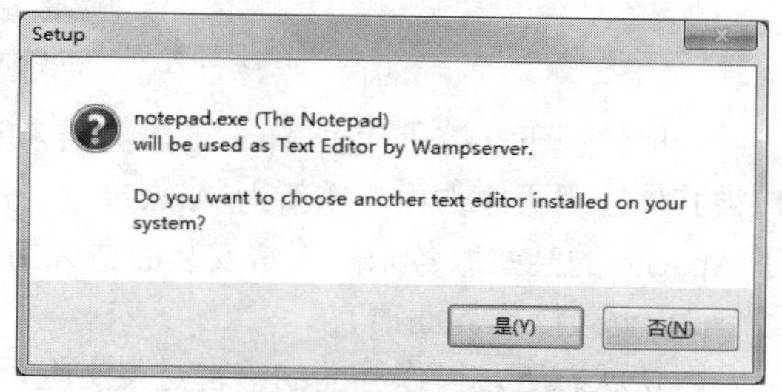

图 1-11　代码编辑器选择界面

(9) 如果软件在安装过程提示丢失了特定的 DLL 文件，则需要下载并安装所需的 DLL 文件后重新安装软件。软件基本安装完毕后，会出现如图 1-12 所示的信息提示界面，包括 phpMyAdmin 默认的用户名和密码、WampServer 的菜单操作等信息。

(10) 单击“Next”按钮后，出现软件安装完成的界面，如图 1-13 所示。

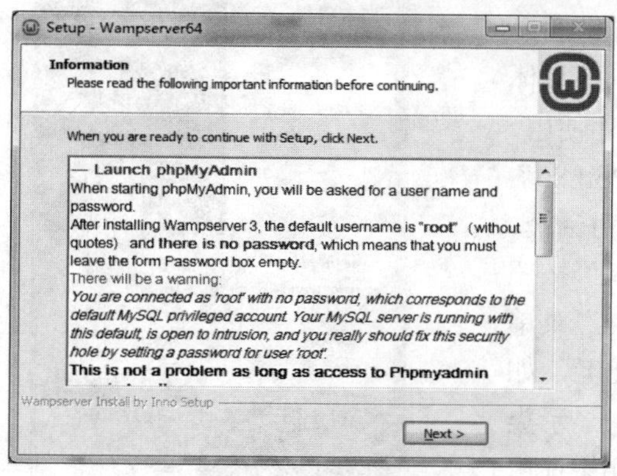

图 1-12　信息提示界面

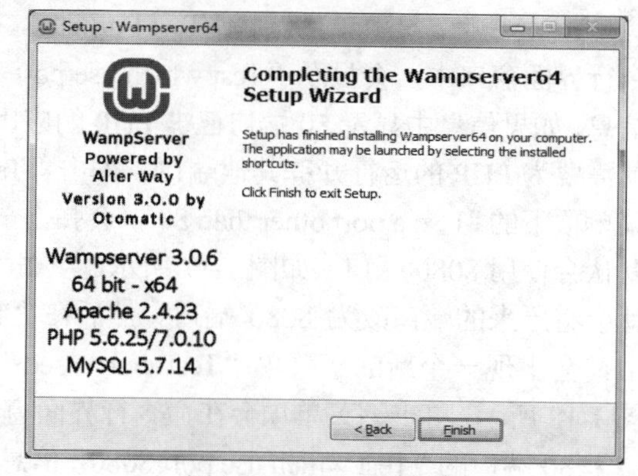

图 1-13　安装完成界面

(11) 单击“Finish”按钮就可以完成全部的安装操作，双击桌面的应用程序快捷方式“Wampserver64”即可打开该软件，如图 1-14 所示。

图 1-14　软件快捷方式

2. 集成运行环境的配置

1) 第一次使用集成运行软件

(1) 集成运行软件的运行状态

在安装 WampServer 成功后，双击如图 1-14 所示的软件快捷方式，可以在状态栏找到软件图标，会显示 3 种颜色(如图 1-15 所示)，不同的颜色代表不同的含义。如果是红色，表示 Apache 服务器和 MySQL 服务器均未能正常运行；如果是橙色，表示 Apache 服务器或 MySQL 服务器两者中有一个没有正常运行；如果是绿色，表示两个服务器均正常运行。

图 1-15　WampServer 软件的三种运行状态

一般情况下，橙色代表 Apache 服务器未能正常运行，造成这种情况最常见的原因是 80 端口被其他应用程序占用，重新为 Apache 服务器指定端口即可解决该问题。另外，也可能是由于 Apache 的某些服务未能正常安装而造成的，重新安装即可解决。

(2) 更改操作界面语言

默认状态下，操作界面的语言是英文版，可以用鼠标右击状态栏中的软件图标，在弹出的快捷菜单中选择“Language”，在其子菜单中选择“chinese”，如图 1-16 所示，将软件的操作界面改为简体中文版。

(3) 测试 80 端口

用鼠标右击软件图标，在弹出的快捷菜单中选择“Tools”，进入二级菜单后选择“Test Port 80”。在弹出的命令行界面窗口中，会显示“Test which use port 80”的具体信息，如果信息中显示 80 端口已被 PHP 的应用程序使用，就需要为 PHP 的运行开辟其他端口。单击“Test Port 80”菜单项下的“Use a port other than 80”，会弹出一个对话框，默认会使用 8080 端口，如图 1-17 所示，单击“OK”按钮就会将原来的端口改为 8080 端口。然后在“Tools”菜单中，会出现一个新的子菜单“Test port used：8080”，如图 1-18 所示，单击该菜单项会在命令行界面窗口中显示类似于 80 端口的“Test which use port 8080”信息。如果使用非 80 端口的其他端口(如 8080)，访问时就必须在域名后加上端口号，如 http://localhost:8080。

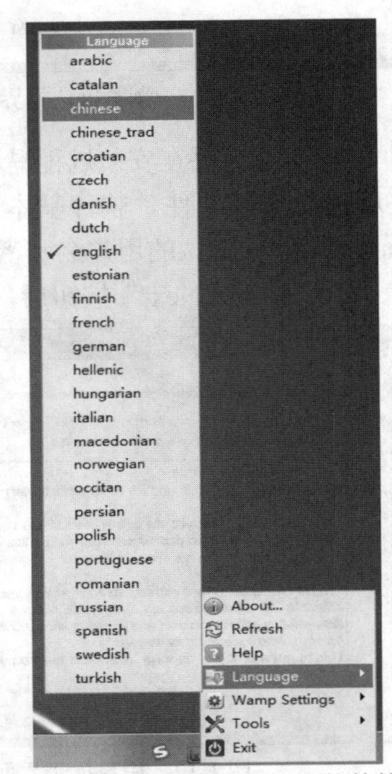

图 1-16　更改 WampServer 软件的操作界面语言

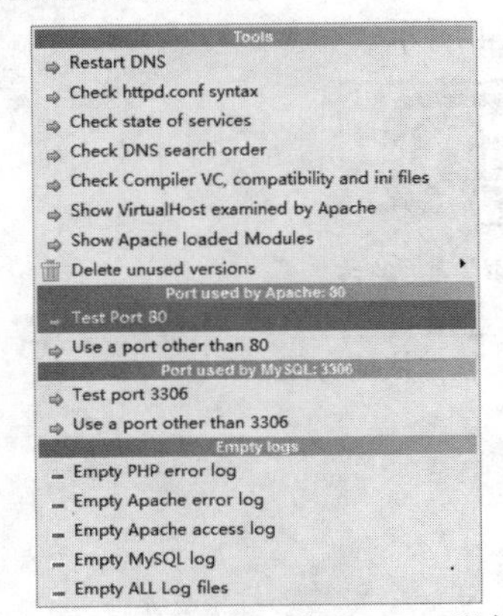

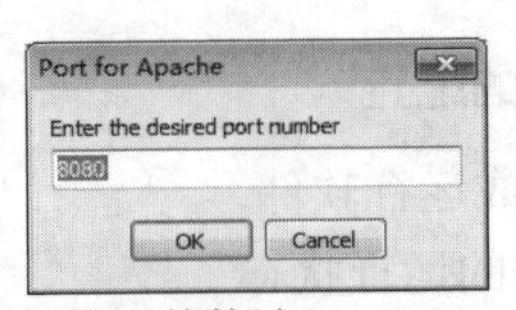

图 1-17　为 Apache 服务器指定其他端口

(4) 测试集成运行软件安装是否成功

在桌面右下角的状态栏中单击软件图标，在弹出的菜单中选择“Localhost”，如图 1-19 所示。如果能看到如图 1-20 所示的网页，则表示 WampServer 软件安装基本成功。

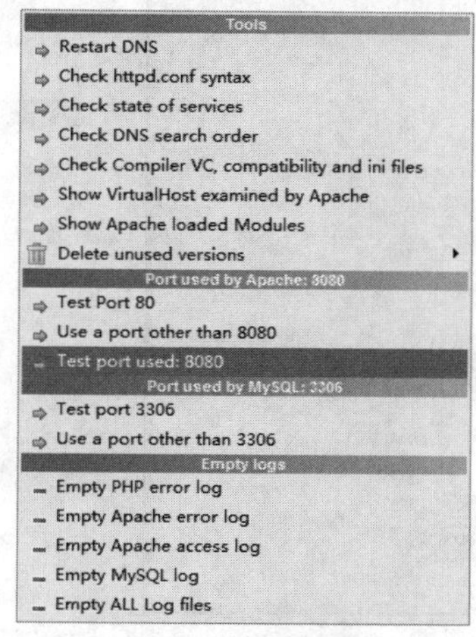

图 1-18　测试自定义的端口

图 1-19　测试默认网站是否正常运行

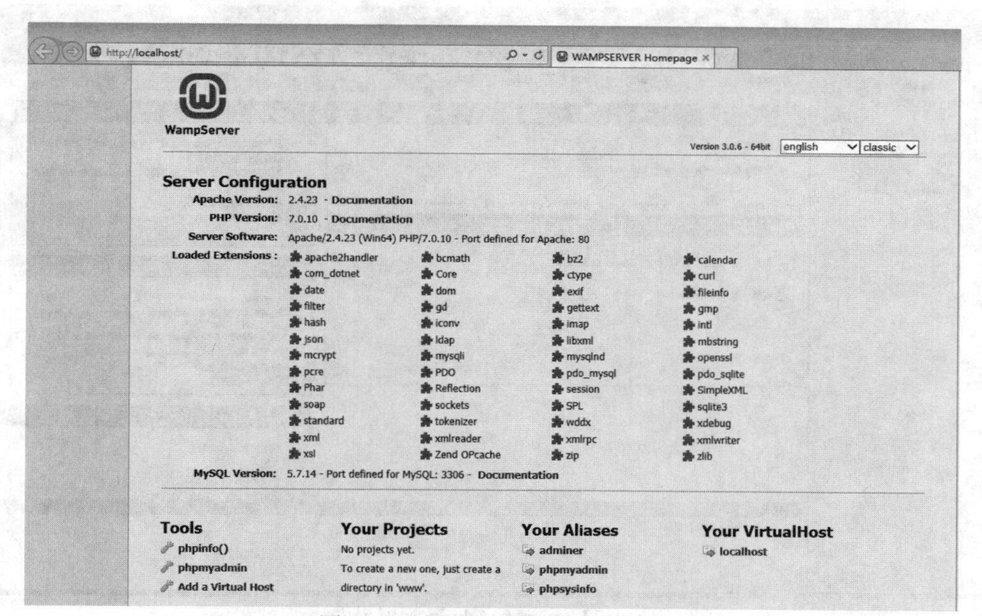

图 1-20　默认网站测试页运行界面

2) 集成运行软件的常用设置

(1) phpMyAdmin

phpMyAdmin 是一个用 PHP 编写的软件工具，可以通过 Web 方式来控制和操作 MySQL 数据库。通过 phpMyAdmin 可以完全对数据库进行操作，例如创建、复制和删除数据等，这样对 MySQL 数据库的管理就会变得相当简单。单击图 1-19 中的 phpMyAdmin 菜单项，可以进入如图 1-21 所示的界面。默认情况下登录用户名为 root，密码为空，单击“执行”按钮进入如图 1-22 所示的界面。phpMyAdmin 是用 PHP 语言开发的用于管理 MySQL 数据库的开源程序，使用 phpMyAdmin 可以对 MySQL 数据库进行新建、删除、编辑、数据备份、数据导入等操作。

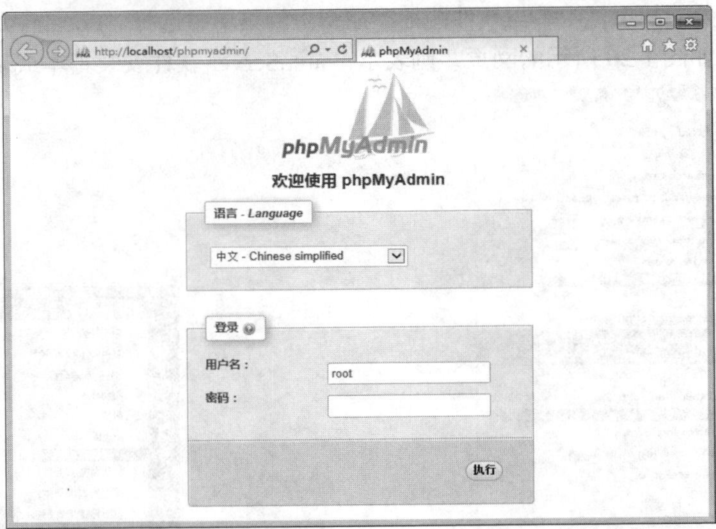

图 1-21　phpMyAdmin 登录界面

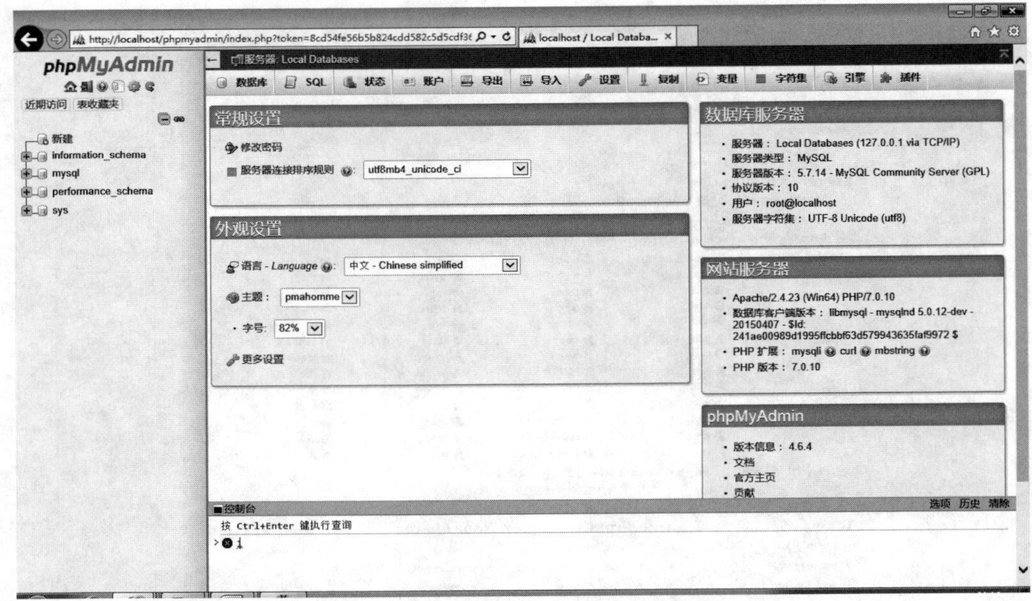

图 1-22　phpMyAdmin 配置界面

(2) 网站主目录

在如图 1-19 所示的菜单中，单击“www 目录”菜单项可以进入网站主目录，如图 1-23 所示。其中，index.php 文件是网站的主页，在浏览器的地址栏中输入“http://localhost”后打开的 WampServer 测试页就是该文件的运行结果。

(3) 更改 PHP 版本

当前 WampServer 软件版本中内置了 5.6.25 和 7.0.10 两个版本的 PHP 解析器，可单击 WampServer 软件的图标，在弹出的菜单中选择“PHP”，进入二级菜单后选择“Version”，进入下一级菜单中选择“5.6.25”或“7.0.10”，如图 1-24 所示，即可实现 PHP 版本在“5.6.25”和“7.0.10”之间的切换。

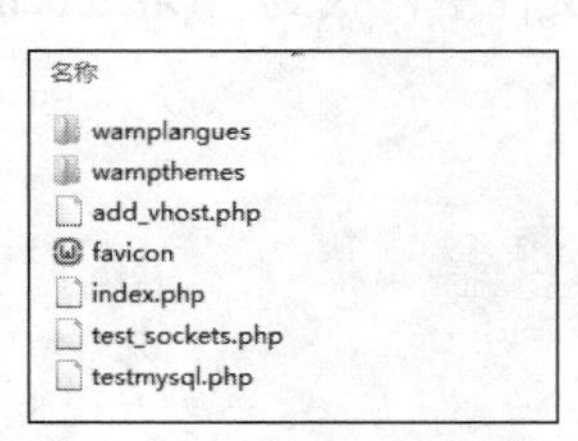

图 1-23　www 目录结构

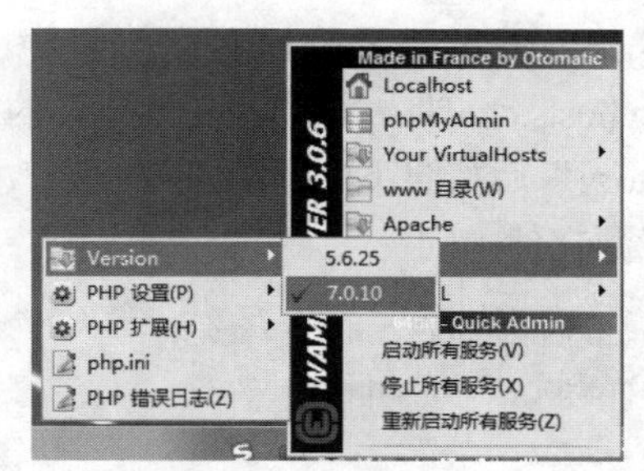

图 1-24　更改 PHP 版本

3) 集成运行环境的基本设置

Apache 没有图形化的服务器配置界面，只能通过修改配置文件进行设置，对 Apache 服务器的所有设置都是通过修改配置文件的代码来实现的。配置文件为纯文本文件，可以使用记事本等软件打开。

(1) 修改 www 目录为指定目录

不管是在学习阶段，还是在日后对自己搭建的站点进行建设或测试的阶段，如果不想将自己的网站放在默认的 www 目录下，而希望将个人创建的网站文件与 www 目录中的文件进行区别管理，则可以在其他目录下建立新的站点，并将 localhost 域名所指向的网站文件由原来的 www 目录所在路径修改为新站点所在路径。例如，可以将 localhost 指向的网站目录从原来的 C:\wamp64\www，修改为新网站所在的路径 D:\test。具体修改方式如下。

首先使用鼠标单击状态栏上的软件图标，在弹出的菜单中选择“Apache”，如图 1-25 所示，在弹出的子菜单中单击“httpd.conf”。

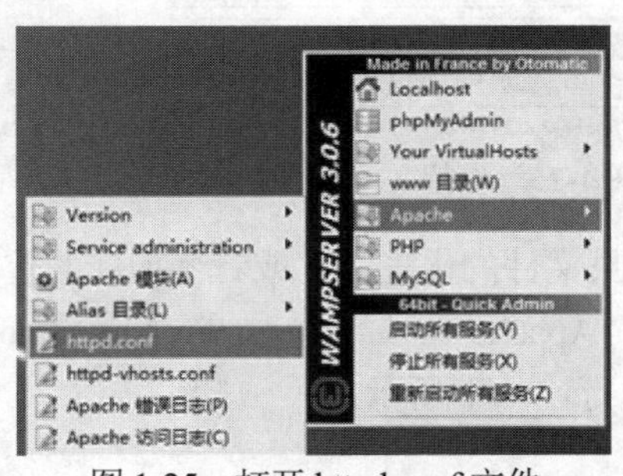

图 1-25　打开 httpd.conf 文件

在用记事本打开的 httpd.conf 文件中，使用 Ctrl+F 快捷键打开“查找”对话框，在“查找内容”文本框中输入“DocumentRoot”，对当前记事本中的第 261、262 行进行修改。

将原文件中的：

```
DocumentRoot "${INSTALL_DIR}/www"
<Directory "${INSTALL_DIR}/www/">
```

修改为：

```
DocumentRoot "D:/test"
<Directory "D:/test/">
```

需要注意的是，Windows 下表示路径的“\”在这里必须改为“/”，原 httpd.conf 文件中出现的${INSTALL_DIR}代表软件的安装目录 C:\wamp64\。

然后，重新使用鼠标单击状态栏上的软件图标，在“Apache”菜单的子菜单中选择“httpd-vhosts.conf”，在用记事本打开的 httpd-vhosts.conf 文件中，找到“DocumentRoot”和“Directory”后按照下面的要求进行修改：

将源文件中的：

```
DocumentRoot C:/wamp64/www
<Directory "C:/wamp64/www/">
```

修改为：

```
DocumentRoot D:/test
<Directory "D:/test/">
```

最后，使用 Ctrl+S 快捷键分别保存对两个文件的上述修改，之后使用鼠标单击软件图标，选择“重新启动所有服务”使刚刚的修改生效。

(2) 修改默认首页

当在浏览器地址栏中输入“http://localhost”这样的 URL 时，Apache 默认情况下会按照 index.php、index.php3、index.html、index.htm 的优先顺序在当前网站根目录下进行查找，如果 index.php 文件不存在，Apache 会尝试查找 index.php3 文件，以此类推。若目录下不存在默认文件，且用户仅指定要访问的目录但没有指定要访问目录下的哪个文件，Apache 会以超文本形式返回目录中的文件和子目录列表(虚拟目录不会出现在目录列表中)，如图 1-26 所示。

Index of /

Name	Last modified	Size	Description
1/	2017-06-08 22:09	-	
2/	2017-06-08 22:09	-	

Apache/2.4.23 (Win64) PHP/7.0.10 Server at localhost Port 80

图 1-26　以超文本形式显示的目录和文件

如果用户想要修改打开首页文件的优先级，或者添加新的首页文件，可以使用鼠标单击状态栏上的软件图标，选择“Apache”子菜单中的“httpd.conf”，在打开的文件中查找“DirectoryIndex”，找到第 279 行，如下所示：

```
DirectoryIndex index.php index.php3 index.html index.htm
```

修改时需要注意，如果要修改首页文件，可将 index.php 修改为想要的文件名，也可以在 index.php 前添加新的文件名。例如，可以添加新的文件名 default.php 作为优先级最高的首页，如下所示：

```
DirectoryIndex default.php index.php index.php3 index.html index.htm
```

注意：default.php 和 DirectoryIndex 之间，以及 default.php 与 index.php 之间要用英文的空格进行分隔，修改后需要保存并重新启动所有服务。

(3) 添加虚拟目录

每个站点都有一个主目录或者称根目录，代表站点的主目录一旦建立，默认情况下主目录下的文件及所有子目录中的文件都可以被用户访问。一般来说，一个站点的内容应当维护在一个单独的目录下，以免引起访问请求混乱的问题。特殊情况下，网络管理人员可能会因为某种需要而使用主目录以外的其他目录，或者使用其他计算机上的目录，作为站点来让 Internet 用户访问。对于 Web 服务器来说，虚拟目录作为主目录的一个子目录来对待，它与主目录拥有相同的域名，实际上这个子目录是不存在的；而对于用户来说，访问时并不会觉察到虚拟目录与站点中的其他目录之间的区别。设置虚拟目录时必须指定它的位置，虚拟目录的实际位置可以在本地服务器上，也可以在远程服务器上。当用户访问的虚拟目录在远程服务器上时，Web 服务器将充当一个代理的角色，它将通过与远程计算机相连并检索用户所请求的文件来实现信息服务支持。

在 Apache 中添加虚拟目录的方式如下。

使用鼠标单击状态栏上的软件图标，在弹出的菜单中选择“Apache”，在“Apache”的子菜单中选择“httpd.conf”，在打开的 httpd.conf 文件中搜索“IfModule dir_module”，找到如下代码：

```
<IfModule dir_module>
    DirectoryIndex index.php index.php3 index.html index.htm
</IfModule>
```

在此部分代码的下方添加下面的代码：

```
<IfModule dir_module>
    DirectoryIndex index.html intex.htm index.php
    Alias /raid "D:/test/1"
    <Directory D:/test/1>
    Options All
    AllowOverride None
    Require all granted
    </Directory>
</IfModule>
```

其中“DirectoryIndex”用于设置虚拟目录中的首页显示优先级；“Alias”表示虚拟目录；“/raid”中的 raid 表示虚拟目录的名称；“D:/test/1”表示虚拟目录的路径；<Directory>…</Directory>部分用于设置虚拟目录的访问权限；“Options All”表示使用所有目录的访问特性；Options 选项用于定义目录使用哪些特性，包括 Indexes、MultiViews 和 ExecCGI 等；“AllowOverride None”表示禁止使用.htaccess 文件，基于安全和效率的原因，虽然可以通过.htaccess 来设置目录的访问权限，但应尽可能地避免使用；“Require all granted”表示允许所有用户访问，Require 只用于控制访问权限。

WampServer 中提供了一种非常方便的添加虚拟目录的方式，具体操作步骤如下。

使用鼠标单击状态栏上的软件图标，在弹出的菜单中选择“Apache”，在“Apache”的子菜单中选择“Alias 目录”，在弹出的子菜单中单击“添加一个 Alias”，会出现输入虚拟目录名界面，如图 1-27 所示。

在出现的命令行界面中，输入虚拟目录名“blog”后按 Enter 键进入虚拟目录路径录入界面，如图 1-28 所示。

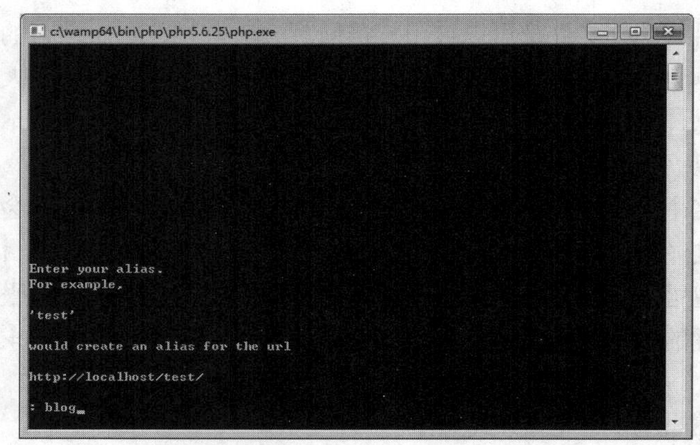

图 1-27　设置虚拟目录名

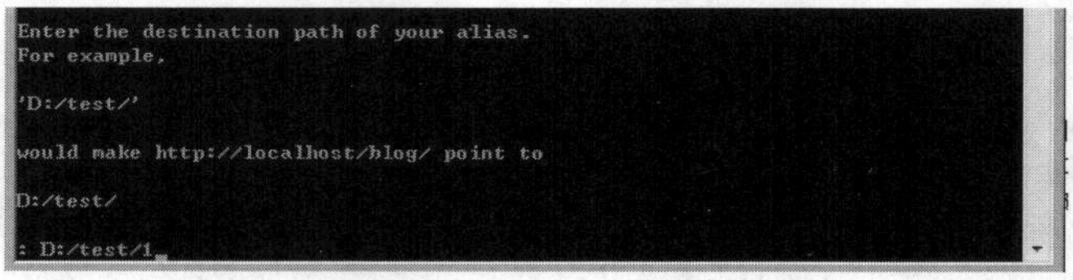

```
Enter the destination path of your alias.
For example,

'D:/test/'

would make http://localhost/blog/ point to

D:/test/

: D:/test/1
```

图 1-28 设置虚拟目录路径

输入“D:/test/1”后按回车键，则会提示“Alias created. Press Enter to exit.”。在 Alias 目录中会出现刚才添加的虚拟目录，如图 1-29 所示。

(4) 配置虚拟主机

虚拟主机(Virtual Host)是一种在同一台机器上搭建属于不同域名或者基于不同 IP 的多个网站的技术。用户可以为运行在同一物理机器上的各个网站指配不同的 IP 和端口，也可以让多个网站拥有不同的域名。WampServer 配置虚拟主机的方式为：单击鼠标左键，在弹出的菜单中选择“Your VirtualHosts”，在弹出的子菜单中会显示已安装的虚拟主机，初始状态下只有 localhost 一个，如图 1-30 所示。

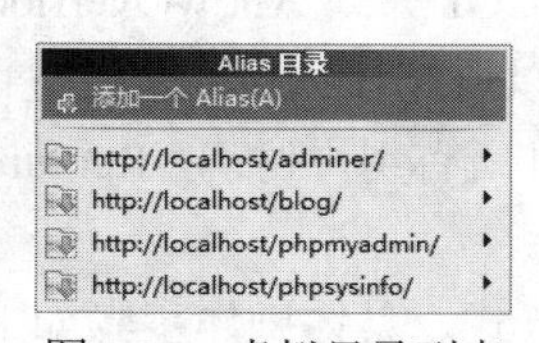

图 1-29　虚拟目录列表

图 1-30　虚拟主机列表

如果不希望使用 localhost 作为域名进行访问，可以通过配置虚拟主机，使用自定义域名的形式访问。Apache 2.4.23 版本默认启用 apache 的虚拟主机功能，配置虚拟主机只需使用鼠标单击状态栏上的软件图标，之后在“Apache”菜单的子菜单中选择“httpd-vhosts.conf”，找到如下代码：

```
<VirtualHost *:80>
    ServerName localhost
```

```
        DocumentRoot d:/test
      <Directory   "d:/test/">
        Options +Indexes +Includes +FollowSymLinks +MultiViews
        AllowOverride All
        Require local
      </Directory>
</VirtualHost>
```

将第 2 行的 ServerName localhost 修改为 ServerName test.com，修改后需要保存并重新启动所有服务。这样就可以在“Your VirtualHosts”的子菜单中找到刚才新建的虚拟主机“test.com”。

(5) 多域名访问

如果一台主机上存放有多个网站，每个网站对应不同的域名，就需要增加新的虚拟主机，每个虚拟主机对应一个网站，并使用一个独立的域名。用户可以先在 httpd-vhosts.conf 文件中将 <VirtualHost *:80>…</VirtualHost>及内部所有代码复制后粘贴在文档结束处，然后分别对其中的 ServerName、DocumentRoot 和 Directory 进行修改，其中 ServerName 为新的域名，DocumentRoot 和 Directory 为新网站的根目录，之后找到 C:\windows\system32\drivers\etc 目录下的 hosts 文件，使用记事本打开，在末尾添加下面的代码：

```
127.0.0.1 新域名
```

虚拟主机名也就是域名要和 ServerName 的值保持一致。每增加一个虚拟主机就需要增加一行这样的代码，并对域名部分进行相应的更新。

为什么要添加这行代码呢？需要先搞清楚浏览器在接受域名访问请求后的工作流程。浏览器在接收到一个域名的访问请求后，会先在本地的 DNS 缓存中查找是否有与该域名对应的 IP(如果用户以前成功访问过该域名，会在本地的 DNS 缓存文件中存放该域名对应的服务器 IP 地址)，如果没有该域名对应的 IP 地址，则会访问 DNS 服务器获得该域名所指向的服务器 IP 地址，然后通过该 IP 地址和服务器建立连接。然而这里设置的域名并不一定是一个真实存在的域名，而是一个模拟域名，为了避免上述操作，需要在本地 DNS 的缓存文件 host 中增加这行代码，这样当访问这个模拟域名时，实际访问的是 127.0.0.1 这个本地 IP。使用这种方式可以为当前目录下的多个站点指定不同的域名。

1.3.2　phpStudy

对学习 PHP 的新手来说，开发环境的配置，特别是 Windows 环境下的服务器配置是一件很棘手的事，对老手来说也是一件烦琐的事。WampServer 已经算是比较好用的 PHP 集成开发环境了，但是那么多的配置还是有些令人头痛。如果你选择使用 phpStudy，学习 PHP 入门会更加轻松。

phpStudy 是一个 PHP 开发环境集成包，可用在本地计算机或者服务器上，该程序包集成了最新的 PHP/MySQL/Apache/Nginx/Redis/FTP/Composer，一次性安装，无须配置即可使用，非常方便、好用。2019 年新推出的 phpStudy V8 版本的全新界面，支持最新的 PHP、MySQL 版本，在不同站点可以多 PHP 版本共存且互不影响。

因此选择 phpStudy 这个集成开发环境，无论是对于新手还是老手，都是一个不错的选择。phpStudy 的理念就是：全面重构，全新 UI，让难以配置的服务器环境变得容易。Windows 版支持一键切换 WAMP 开发模式、WNMP 开发模式。Linux 版也可以快速安装 LAMP 开发模式和 LNMP 模式。

1. 下载与安装

(1) phpStudy 官网如图 1-31(https://www.xp.cn/)所示。

图 1-31　phpStudy 官网

(2) 下载：单击菜单项“Windows 版”下的“phpstudy 客户端”，单击“立即下载”，如图 1-32 所示。

图 1-32　phpStudy 官网下载界面

(3) 安装方法：将下载好的压缩文件解压缩后，单击安装程序文件“phpstudy_x64_8.1.1.3”，一切选择默认设置即可，几秒钟就可以安装完毕。phpStudy 的安装初始界面，如图 1-33 所示。

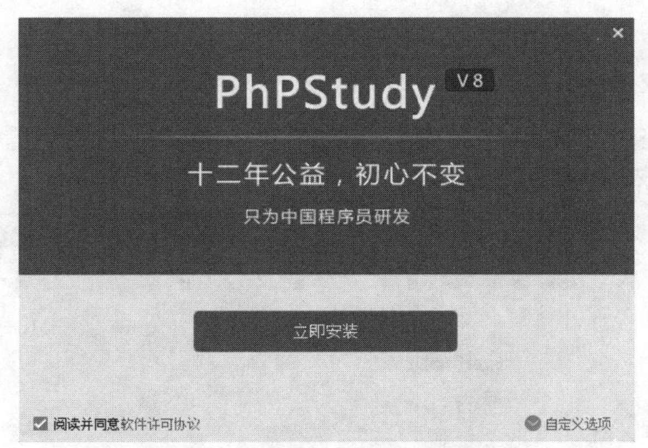

图 1-33　phpStudy 安装初始界面

安装成功后，单击桌面图标phpstudy_pro，即可打开 phpStudy 的软件界面。默认显示的是“首页”的各个选项，如图 1-34 所示。

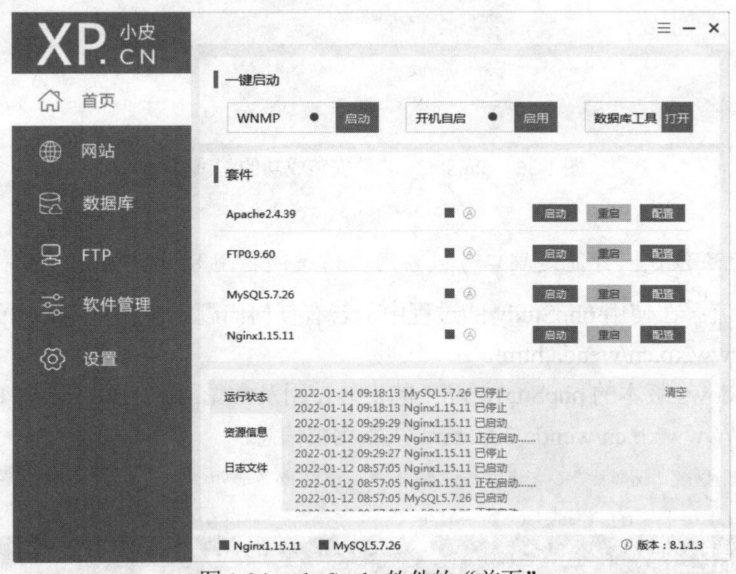

图 1-34　phpStudy 软件的“首页”

(4) 观察一下：会发现安装程序默认创建了程序目录 D:\phpstudy_pro，其子目录 WWW 是存放网站的默认位置，unins000.exe 是用来卸载 phpStudy 的文件，单击它即可完全卸载 phpStudy，如图 1-35 所示。

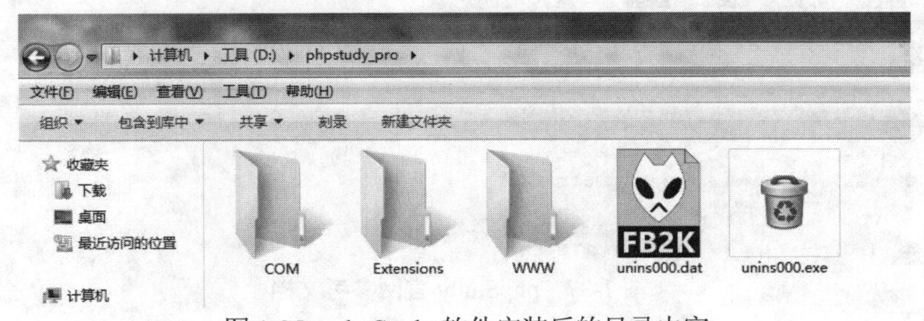

图 1-35　phpStudy 软件安装后的目录内容

注意：

安装过程中，可以更改安装目录，但是目录中不能有中文。

(5) 启动测试：在浏览器地址栏中输入 localhost，按回车键，即可看到如图 1-36 所示的页面，表示 phpStudy 软件已安装成功。

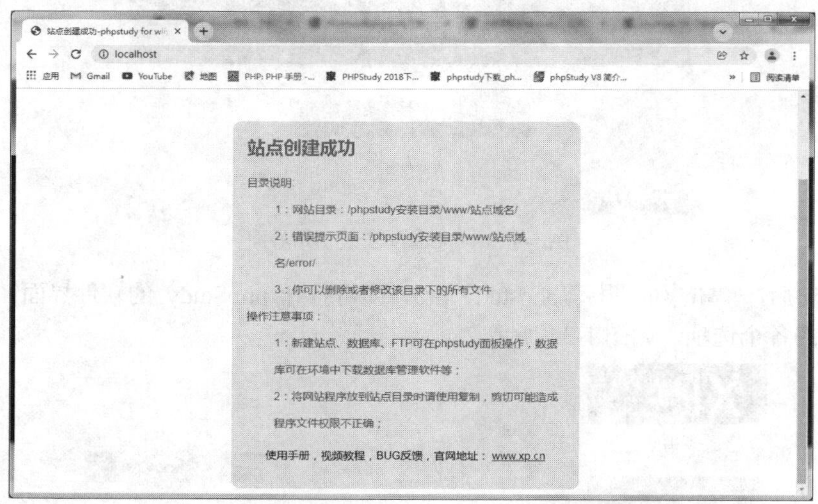

图 1-36　phpStudy 软件安装成功的测试页面

注意：

如果页面无法预览，可能是端口号被占用，请关闭占用 80 端口的进程。

(6) 问题交流：在使用 phpStudy 的过程中，若有任何问题，建议查阅官网的“交流社区”，网址为 https://www.xp.cn/wenda.html。

另外，Windows 版本的 phpStudy V8.1 的安装使用及常见问题汇总，如图 1-37 所示，可以访问网址 https://www.xp.cn/wenda/392.html 获取相关信息。

图 1-37　phpStudy 官网参考文档

2. phpStudy 的使用

1) 模式选择

Windows 版的 phpStudy 可以一键启动和切换 WAMP 模式和 WNMP 模式。各个字母的意义如下：

W：Windows 操作系统

A：Apache 服务器

M：MySQL 数据库

P：PHP 后台语言

N：Nginx 服务器

所以 WAMP 和 WNMP 的区别在于使用的服务器不同。WAMP 是指在 Windows 服务器上使用 Apache、MySQL 和 PHP 的集成安装环境。WNMP 则采用 Nginx 服务器，其他配置都一样。两种模式下都可以快速安装和配置 PHP Web 开发服务器环境，如图 1-38 所示。

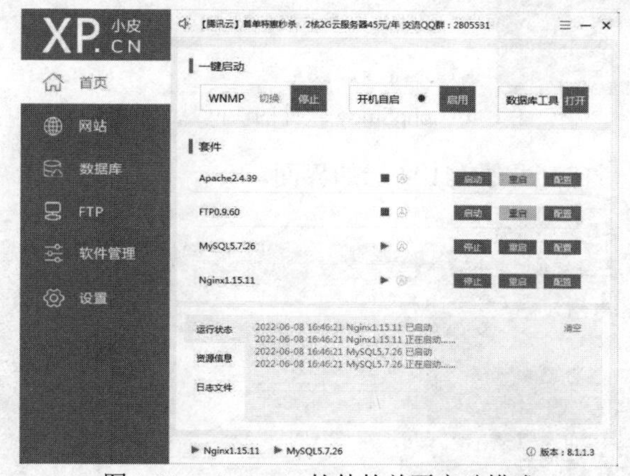

图 1-38　phpStudy 软件的首页启动模式

单击图 1-38 中的“WNMP”，可以弹出“一键启动选项”对话框，在其中可以实现 Apache 服务器和 Nginx 服务器之间的切换。单击“启用”可以开启这个开发模式；单击“停止”，可以停止这个开发模式。本书中建议你启动 WNMP 模式，如图 1-39 所示。

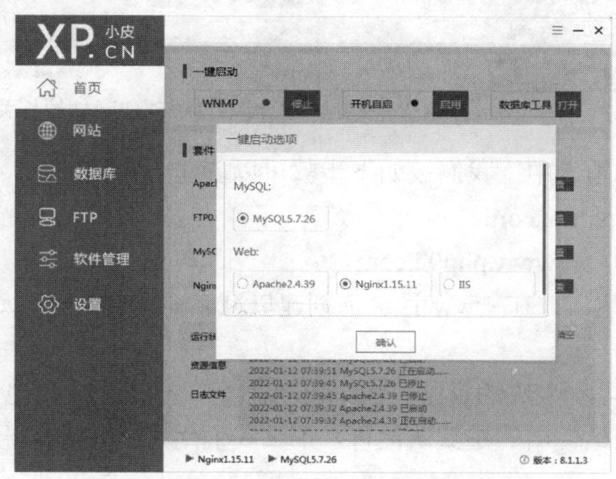

图 1-39　phpStudy 软件首页的 WNMP 模式

2) 创建网站

选择“网站”选项卡，打开如图 1-40 所示的界面。

图 1-40　phpStudy 软件的“网站”面板

单击“创建网站”，打开如图 1-41 所示的界面。

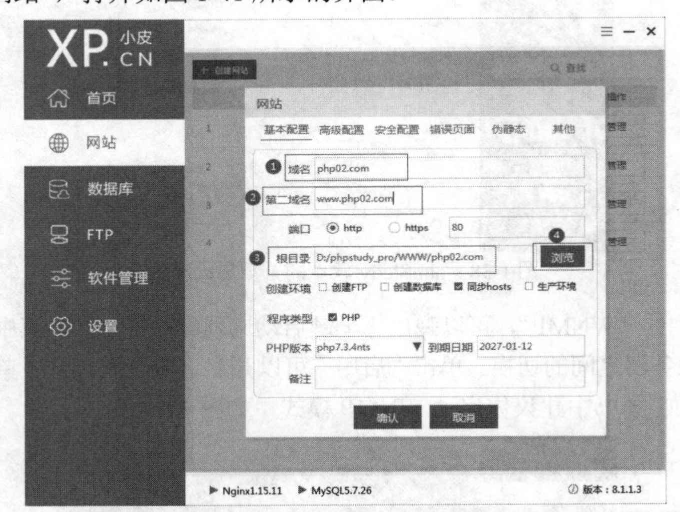

图 1-41　在 phpStudy 软件“网站”面板中设置创建网站的相关参数

在“基本配置”选项卡中，我们按如下步骤可以创建一个网站。

(1) 填写域名，如 php02.com。

(2) 填写第二域名，如 www.php02.com。

(3) 根目录会自动生成，在 www 目录下创建以域名命名的目录，这个目录就是网站的根目录。

(4) 也可以不使用自动生成的目录，而单击“浏览”按钮选择其他目录。

假设我们创建的网站使用的是默认位置，那么我们用 VSCode 打开目录:

```
D:\phpstudy_pro\www\php02.com
```

新建 index.php 文件，编写如下 PHP 代码：

```
<?php
echo "<h1>没有一个冬天不可逾越，没有一个春天不会来临。</h1>";
?>
```

然后在浏览器中输入如下域名：php02.com，或者 www.php02.com，按回车键，会看到如图 1-42 所示的页面效果。

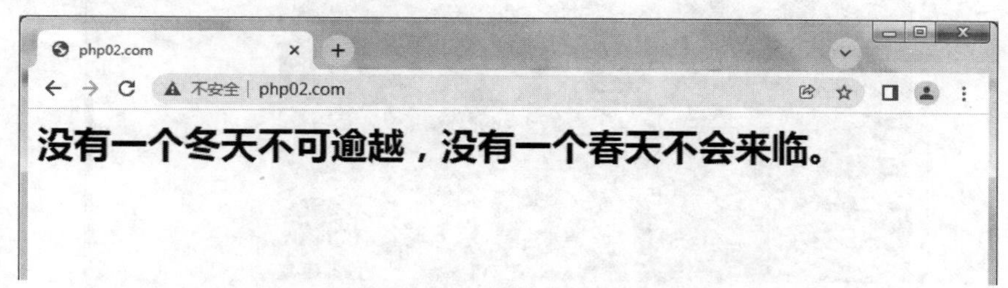

图 1-42　预览网页效果

如果无法预览，出现了如图 1-43 所示的界面，说明 Apache 或者 Nginx 服务器没有启动，建议你先启动 WNMP 模式，刷新页面后再次预览。

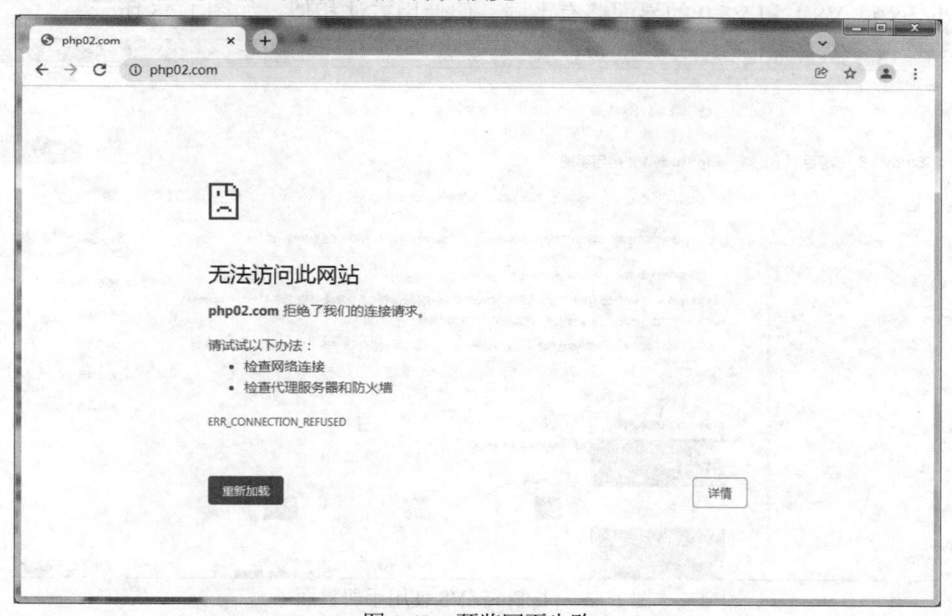

图 1-43　预览网页失败

还可以在网站中添加素材图片，只需对 index.php 页面的代码稍加修改即可：

```
<?php
echo "<h1>没有一个冬天不可逾越，没有一个春天不会来临。</h1>";
echo "<img src='./images/meihua.jpg'>";
?>
```

再次预览，页面效果如图 1-44 所示。

图 1-44　预览添加图片后的网页效果

有关 phpStudy 软件的更多使用方法，请参阅 phpStudy V8 使用手册(https://www.xp.cn/phpstudy-v8/)，V8.1 和 V8.0 的界面略有不同，但使用方法相似，如图 1-45 所示。

图 1-45　phpStudy V8 使用手册界面

1.4　开发第一个 PHP 网站(WampServer 版)

1.4.1　开发第一个 PHP 网页

在学习了前几节的内容后，现在尝试开发一个简单的 WampServer 版的 PHP 网站，主要需要以下步骤。

(1) 新建一个用于存放网站文件的文件夹目录。需要注意的是，新建网站目录及网页文件命名时尽量不要使用中文。例如，在D盘根目录下新建文件夹example，然后在example文件夹中新建文件夹chap1。

(2) 使用记事本新建一个PHP文件。PHP文件和HTML文件一样都是纯文本文件，因此可以用记事本编辑，只需将文件扩展名由原来的.txt 修改为.php 即可。例如，可以新建一个文件名为1-1.txt的记事本文件，然后将文件扩展名由.txt修改为.php，使用鼠标右击1-1.php文件，在弹出的快捷菜单中选择“用记事本打开该文件”，在文件中输入以下代码：

```
<?php
    echo 'Hello world!';
?>
```

单击“文件”菜单中的“保存”菜单项保存输入的代码，并关闭该文件。这样只有一个网页的PHP网站就创建完毕，之后要对Apache服务器进行设置，以便能通过浏览器访问这个网站。

1.4.2　设置PHP网站

用户可以使用在1.3节中介绍的“修改www目录为指定目录”的方式，将当前网站修改为服务器默认网站；也可以使用“添加虚拟目录”的形式，将当前网站设置为默认网站的二级网站；还可以使用“配置虚拟主机”或“多域名访问”的形式为当前网站设置新的域名。但是由于唯一的网页文件名为1-1.php，因此需要修改当前网页的默认首页。

使用“修改www目录为指定目录”的方式，按照以下步骤设置PHP网站。

(1) 打开httpd.conf文件，找到第261行和第262行，将其中的DocumentRoot和Directory由原来的默认网站目录修改为以下代码：

```
DocumentRoot "D:/example/chap1"
<Directory "D:/example/chap1/">
```

(2) 打开 httpd-vhosts.conf 文件，找到 ServerName localhost，将其中的 DocumentRoot 和 Directory的值由原来的默认网站目录修改为以下代码：

```
DocumentRoot D:/example/chap1
<Directory "D:/example/chap1/">
```

(3) 修改网站的默认首页，打开httpd.conf文件，在其中搜索“DirectoryIndex”，找到以下代码：

```
<IfModule dir_module>
    DirectoryIndex index.php index.php3 index.html index.htm
</IfModule>
```

在上述代码的第2行添加1-1.php，如下所示：

```
DirectoryIndex 1-1.php index.php index.php3 index.html index.htm
```

这样就可以将当前Apache服务器管理的所有网站的默认首页修改为1-1.php。如果只需要修改某个网站的默认首页，则需要到虚拟目录或虚拟主机部分修改 DirectoryIndex 的默认首页及其顺序。

1.4.3 运行PHP网站

打开浏览器，在地址栏中输入“http://localhost/”，会出现如图1-46所示的页面。当看到这个网页中出现“Hello world！”时就说明第一个PHP网站已经搭建成功了。

1-1.php 文件中的代码如下：

```
<?php
      echo 'Hello world!';
?>
```

第1行代码“<?php”和第3行代码“?>”两部分联合起来表示PHP脚本代码。第2行代码“echo 'Hello world!';”表示将一对单引号中的信息嵌入网页中。

在运行的网页中使用鼠标右击，在弹出的快捷菜单中选择“查看源文件”命令，会出现如图1-47所示的内容。输入的PHP脚本代码无法在浏览器中查看。

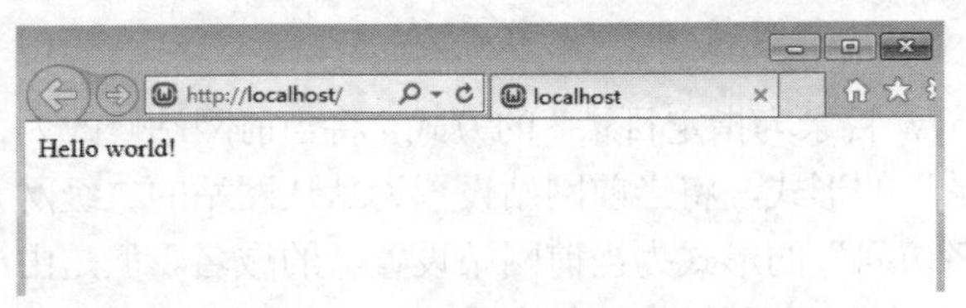

图1-46　第一个PHP页面的运行结果

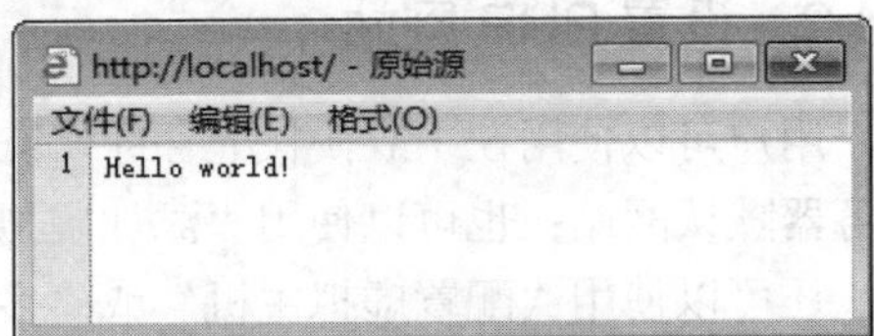

图1-47　PHP代码转换为HTML代码

1.5 开发第一个PHP网站(phpStudy版)

1.5.1 开发第一个PHP网页

在学习了前几节的内容后，现在尝试开发一个简单的phpStudy版的PHP网站，主要需要以下步骤。

(1) 新建一个用于存放网站文件的文件夹目录。需要注意的是，新建网站目录及网页文件命名时不要使用中文。例如，在D盘的example文件夹中新建文件夹chap1。

(2) 使用VSCode打开网站目录chap1，然后在资源管理器面板中，新建1-1.php文件。输入以下代码：

```
<?php
  echo 'Hello world!';
?>
```

单击“文件”菜单中的“保存”菜单项保存网页代码，这样只有一个网页的PHP网站就创建完毕，之后对phpStudy服务器进行设置，以便能通过浏览器访问这个网站。

1.5.2 设置PHP网站

创建好网站后，若要设置网站的域名，在phpStudy软件下就非常简单。我们可以直接修改已有域名localhost的网站路径为自己的网站根目录，也可以自己创建一个新域名的网站，将路径指向自己的网站根目录，具体步骤如下。

(1) 打开 phpStudy 软件，默认打开的是“首页”面板。启动 WNMP 模式，在此启动的是 Nginx 服务器。

(2) 打开“网站”面板，发现 phpStudy 默认总会有一个 localhost 域名的网站，如图 1-48 所示，这是默认的网站域名，而且默认物理路径指向 D:/phpstudy_pro/WWW。

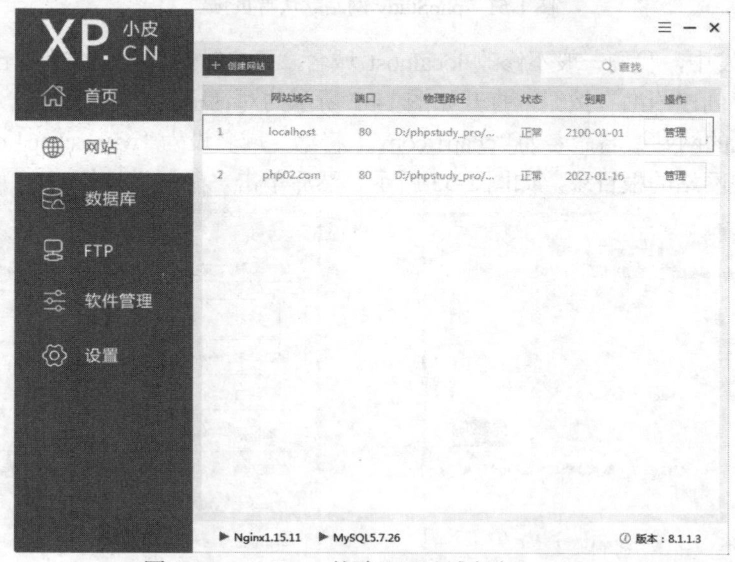

图 1-48　phpStudy 的默认网站域名为 localhost

我们可以单击“管理”下的“修改”功能，将这个路径修改为 D:/example/chap1，如图 1-49 所示。

然后打开【高级配置】选项卡，将 1-1.php 添加到网站首页中，注意各个首页的名称之间要用空格隔开。一般网站默认首页的命名使用 index，很少会用 1-1 作为首页名，如图 1-50 所示。

图 1-49　phpStudy 网站域名等参数设置

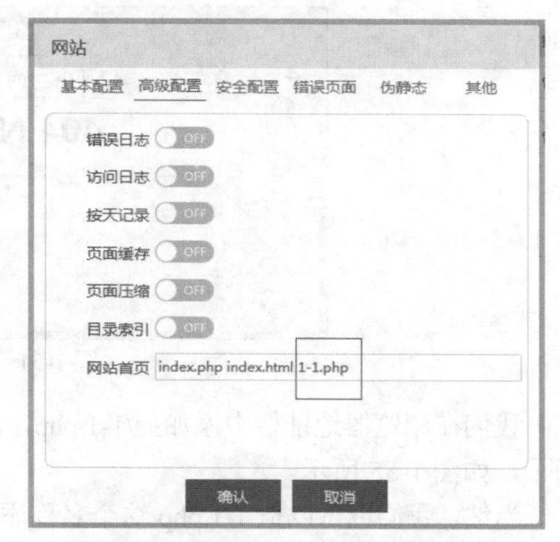

图 1-50　phpStudy 网站默认首页设置

然后在地址栏输入“localhost”，按回车键进行预览，即可看到“Hello，world!”这个网页，如图 1-51 所示。

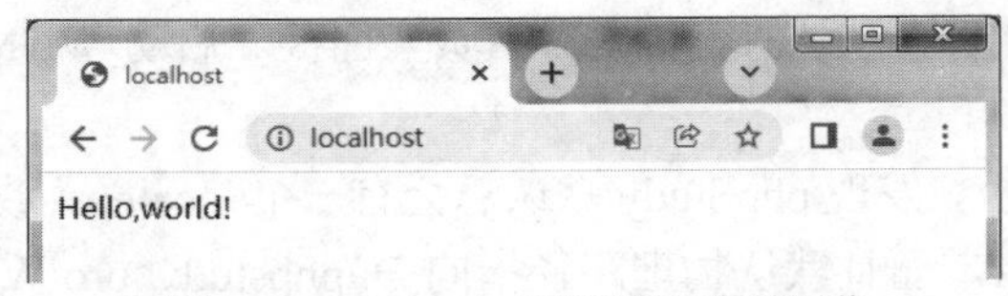

图 1-51　phpStudy 网站默认首页预览

(3) 实际开发中，我们一般不修改 localhost 域名，更多时候，我们会为自己的网站创建一个域名。单击“创建网站”按钮，打开如图 1-52 所示的对话框。

我们将自己的网站域名命名为“chap1.com”，将第二域名设为“www.chap1.com”，单击“浏览”按钮，设置网站的根目录，如图 1-53 所示。然后单击“确认”按钮。

图 1-52　phpStudy 新建网站

图 1-53　设置新建网站的参数

此时进行预览，会显示找不到首页文件，如图 1-54 所示。因为默认网站首页名称应该是 index.html 或者 index.php。

图 1-54　预览首页失败

我们在浏览器地址栏中添加上/1-1.php，再按回车键，就可以浏览到“Hello,world!”这个页面了，如图 1-55 所示。

当然，我们也可以把 1-1.php 这个名称添加到网站首页文件名中。在“网站”对话框的“高级配置”选项卡中，在“网站首页”文本框中，添加“1-1.php”名称。注意文件名之间要用空格隔开，如图 1-56 所示。

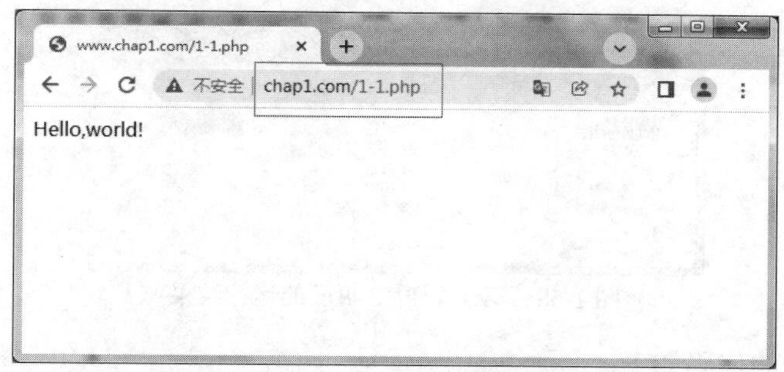

图 1-55　预览首页成功

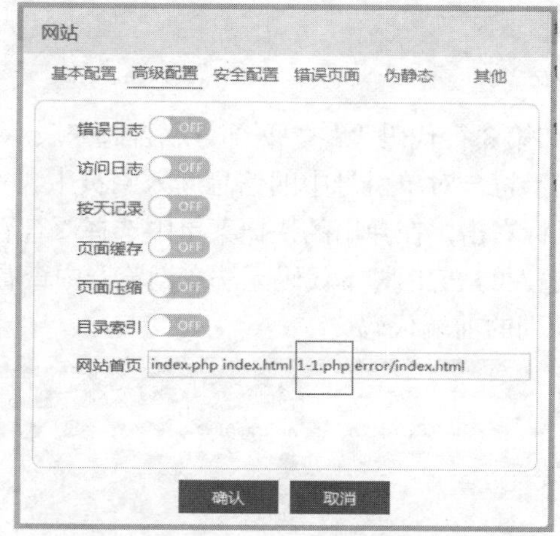

图 1-56　设置 1-1.php 为 phpStudy 网站首页

那么此时，我们在浏览器地址栏中只输入域名，也可以浏览到“Hello,world!”这个网页，如图 1-57 所示。

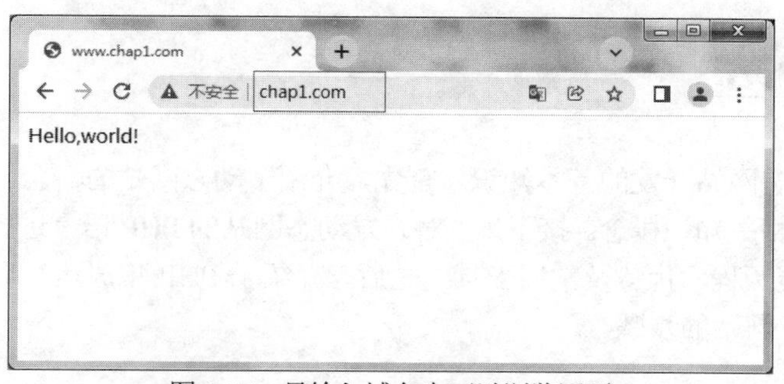

图 1-57　只输入域名也可以浏览网页

1.5.3　运行 PHP 网站

我们用浏览器打开网页，并不是因为浏览器可以解释 PHP 代码，前提是我们启用了 Apache 服务器或者 Nginx 服务器，由服务器负责运行这些后台代码。

打开浏览器，在地址栏中输入“http://localhost/”或 chap1.com，会出现如图 1-58 所示的页面。当看到这个网页中出现“Hello world!”时就说明第一个 PHP 网站已经搭建成功了。

图 1-58　第一个 PHP 页面的运行结果

1-1.php 文件中的代码如下：

```
<?php
   echo 'Hello world!';
?>
```

第 1 行代码“<?php”和第 3 行代码“?>”两部分联合起来表示 PHP 脚本代码。第 2 行代码“echo 'Hello world!';”表示将一对单引号中的信息嵌入网页中。

在运行的网页中使用鼠标右击，在弹出的快捷菜单中选择“查看网页源文件”命令，会出现如图 1-59 所示的内容。输入的 PHP 脚本代码无法在浏览器中查看，已经被 Nginx 服务器逐句解释为浏览器可以直接识别的前端代码。

图 1-59　PHP 代码转换为 HTML 代码

1.6　本章小结

本章讲述了动态网站开发的基本知识。首先，介绍了动态网站的概念、结构、运行原理以及开发动态网站的相关知识概念。接下来，对开发动态网站的 PHP 语言进行了简单的分析，包括 PHP 概念、发展历程、优势及常用工具。之后，介绍了 PHP 集成运行环境的安装及相关配置，以及开发 PHP 网站的步骤。

1.7　习题

一、选择题

1. QQ 软件属于(　　)结构。

A. B/S　　B. C/S　　C. Ajax　　D. 单机软件

2. 以下不属于动态网站编程技术的一项是(　　)。

A. PHP　　B. ASP　　C. JSP　　D. C

3. 在安装 PHP 之前，首先需要一种(　　)。

A. Web 服务器　　B. 信息服务器　　C. 数据库服务器　　D. 文件服务器

4. Apache 的配置文件是(　　)。

A. php.ini　　B. apache.ini　　C. server.xml　　D. httpd.conf

5. 配置 MySQL 服务器时，默认的管理员账号是(　　)。

A. admin　　B. root　　C. sa　　D. Administrator

6. 如果 Apache 的网站主目录是 D:\shop，并且没有建立任何虚拟目录，则在浏览器的地址栏中输入“http://localhost/admin/admin.php”时，将打开的文件是(　　)。

A. D:\localhost\admin\admin.php　　B. D:\shop\admin\admin.php

C. D:\shop\admin.php　　D. D:\shop\localhost\admin\admin.php

7. phpStudy 软件安装后，默认网站存放的目录是(　　)。

A. D:\phpstudy_pro\WWW　　B. D:\admin\phpStudy

C. D:\phpStudy　　D. D:\localhost\admin\phpstudy_pro

8. WNMP 中 N 指的是(　　)服务器。

A. Apache　　B. phpStudy　　C. WampServer　　D. Nginx

ꙮ 第2章 ꙮ

HTML与JavaScript语言速成

网站是万维网上相关网页的集合，网页上的许多元素都需要由 HTML 编写后展现出来。HTML 文档是所有网页制作技术的基础。JavaScript 是一种客户端脚本语言，专门用来编写浏览器程序，可实现与用户的交互。在动态网站开发中，HTML 和 JavaScript 可以很好地配合服务器端程序实现 Web 运行功能。本章将介绍 HTML 和 JavaScript 的基本知识。

本章的主要学习目标：

- 掌握 HTML 文件的基本结构和语法规则
- 掌握文本控制、列表、超链接和图像的标签及其属性
- 掌握表单标签及其属性
- 掌握 JavaScript 语言的基本要素及代码编写规则
- 掌握事件的调用和对象的使用

2.1 HTML 简介

HTML(HyperText Marked Language，超文本标记语言)是万维网(WWW)描述网页内容和外观的标准。通过 HTML 语言将所需要表达的信息按某种规则写成 HTML 文件，然后使用浏览器“翻译”成可以识别的信息，就是所见到的网页。

HTML 是一种用来制作超文本文档的简单标记语言，它是构成 Web 页面(Page)的主要工具，是用来表示网上信息的符号标志语言。HTML 语言使用“标签”(也叫“标记”)来指示 Web 浏览器应该如何显示网页元素，HTML 标签是 HTML 中用来鉴别网页元素的类型、格式和外观的文本字符串。

2.1.1 HTML 的基本结构

HTML 文件的本质是一个纯文本文件，只是它的扩展名为.html 或.htm。任何纯文本编辑软件都能创建、编辑 HTML 文件。一个 HTML 文件的基本结构如下：

```
<html>                    //文件开始标签
   <head>                 //文件头开始标签
    ……                    //文件头的内容
  </head>                 //文件头结束标签
```

```
    <body>                //文件主体开始标签
    ……                    //文件主体的内容
    </body>               //文件主体结束标签
</html>                   //文件结束标签
```

各个标签的含义如下。

- <html>……</html>：标识 HTML 文档的开始和结束位置，以<html>开始，以</html>结束，HTML 文档中所有的内容都应该在两个标签之间。
- <head>……</head>：标识 HTML 文档头部的开始和结束位置，标明文档的头部信息，一般包括标题和主题信息。
- <title>……</title>：标识页面标题的开始和结束位置，并将其中的内容显示在浏览器的标题栏中。
- <body>……</body>标识文档主体区域的开始和结束位置，网页中要显示的所有内容都应放在这对标签中。

2.1.2　HTML 的标签

HTML 是超文本标记语言，主要通过各种标签来标识和排列各对象，通常由尖括号“<”“>”以及其中所包含的标签元素组成。例如，<body>与</body>就是一对标签，称为文件的主体标签，用来指明文档的主体区域。

标签常用的形式有以下几种。

1. 单标签

单标签只需要单独使用就能表达意思，语法是：

```
<标签名称/>
```

常用的单标签
表示换行，<hr/>表示水平线。

2. 双标签

双标签由“开始标签”和“结束标签”两部分构成，必须成对使用。开始标签告诉 Web 浏览器从此处开始执行该标签所表示的功能，结束标签告诉 Web 浏览器在这里结束该功能。开始标签前加一斜杠(/)就是结束标签。语法是：

```
<标签>内容</标签>
```

其中，这对标签会对中间的内容起作用。例如，<i>你好</i>，可以使“你好”两个字以斜体的形式显示。

3. 标签属性

许多单标签和双标签的开始标签内可以包含一些属性，语法是：

```
<标签名称  属性 1=属性值 1  属性 2=属性值 2  …>
```

各属性之间无先后顺序，例如：

```
<font  color="#FF0000"  face="黑体"  size="5">网页设计</font>
```

其中，color 表示字体的颜色，face 表示字体名称，size 表示字体大小。

2.2 编辑网页

在网页中添加文本、图像、超链接、表格、表单等元素的方法是，在 HTML 代码中插入对应的标签，并设置相关的属性和内容。

2.2.1 编辑文本

在网页中添加和编辑文本的常用方式有以下几种。

1. 标题标签<hn>

HTML 中提供了标题标签<hn>，其中 n 表示标签的等级，共有 6 个等级的标题，n 越小，标题字号越大。例如，<h1></h1>表示一级标题，<h2></h2>表示二级标题。默认情况下，标题文本是左对齐的，可以通过 align 属性实现标题文本的对齐方式。

2. 换行标签

在 HTML 中，每当浏览器窗口被缩小时，浏览器会自动将右边的文本转至下一行。如果想要强制换行的话，可以使用
标签，在需要换行处插入该标签即可。

3. 段落标签<p>

<p></p>标签用于设置文本段落，可以使文本的排列更加整齐。各个段落文本将换行显示，段落与段落之间有一行的间距。<p>标签还有一个属性 align，用来指明文本显示时的对齐方式，属性值有 left、center 和 right 这 3 种，即左对齐、居中对齐和右对齐。

4. 水平线标签<hr/>

水平线标签<hr/>是单独使用的标签，起到分割内容的作用，使文本编排更清晰。使用该标签后，在浏览器中就会显示一条水平线。通过设置<hr/>标签的属性值，可以控制水平线的样式，比如属性 size 表示水平线的粗细，属性 color 表示水平线的颜色。

例 2.1 文本编辑应用示例，代码如下：

```
<html>
   <body>
         <p>唐诗泛指创作于唐朝的诗。唐诗是中华民族最珍贵的文化遗产之一，是中华文化宝库中的一颗明珠，同时也对世界上许多民族和国家的文化发展产生了很大影响，对于后人研究唐代的政治、民情、风俗、文化等都有重要的参考意义和价值。</p>
         <h1  align="center">静夜思</h1>
         <hr  size="2"  width="300"  align="center"/>
         <p  align="center">床前明月光，<br/><br/>疑是地上霜。<br/><br/>举头望明月，<br/><br/>低头思故乡。</p>
   </body>
</html>
```

页面运行效果如图 2-1 所示。

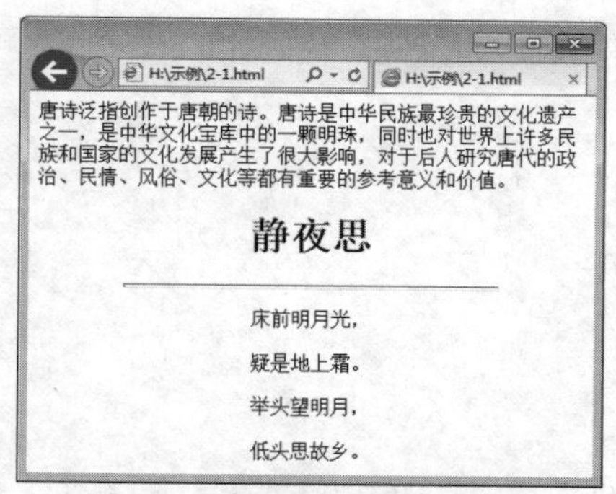

图 2-1　文本编辑示例运行效果

2.2.2　编辑列表

列表的作用旨在合理地组织内容，列表标签分为无序列表<ul>、有序列表<ol>和定义列表<dl> 3 种，在列表标签中包含若干个列表项，每个列表项使用<li></li>标签表示。

1. 无序列表<ul>

无序列表是一个项目的列表，指没有进行编号的列表，使用一对标签<ul></ul>。默认情况下，每个列表项前的项目符号为实心圆。也可以用<li>标签的 type 属性改变项目符号的显示，type 属性如表 2-1 所示。

表 2-1　无序列表的 type 属性表

type 值	描述
type="disc"	实心圆
type="circle"	空心圆
type="square"	小方块

2. 有序列表<ol>

有序列表使用标签<ol></ol>，每个列表项使用<li>标签。<ol>标签的结果是带先后顺序的编号。顺序编号的设置由<ol>标签的属性 type 和 start 来实现。start 属性表示编号开始的数字，比如 start=3 表示编号从 3 开始。type 属性表示编号的类型，比如 type=a 表示编号用小写英文字母。有序列表中 type 属性的值如表 2-2 所示。

表 2-2　有序列表的 type 属性表

type 值	描述
type="1"	表示项目用数字标号(1，2，3…)
type="A"	表示项目用大写字母标号(A，B，C…)
type="a"	表示项目用小写字母标号(a，b，c…)
type="I"	表示项目用大写罗马数字标号(Ⅰ，Ⅱ，Ⅲ…)
type="i"	表示项目用小写罗马数字标号(ⅰ，ⅱ，ⅲ…)

例 2.2 无序列表和有序列表应用示例，代码如下：

```
<html><body>
        <ul>
            <li>Milk</li>
            <li>Coffee</li>
            <li>Tea</li>
        </ul>
        <ol  type="A">
            <li>Milk</li>
            <li>Coffee</li>
            <li>Tea</li>
        </ol></body>
</html>
```

页面运行效果如图 2-2 所示。

3. 定义列表<dl>

定义列表多用于术语的定义，使用<dl></dl>标签表示。术语由<dt></dt>表示，术语的解释说明由<dd></dd>表示。

例 2.3 定义列表应用示例，代码如下：

```
<html><body>
    <dl>
        <dt>唐诗</dt>
        <dd>唐诗泛指创作于唐朝的诗。唐诗是中华民族最珍贵的文化遗产之一，是中华文化宝库中的一颗明珠，同时也对世界上许多民族和国家的文化发展产生了很大影响，对于后人研究唐代的政治、民情、风俗、文化等都有重要的参考意义和价值。</dd>
        <dt>宋词</dt>
        <dd>宋代盛行的一种中国文学体裁，宋词是一种相对于古体诗的新体诗歌之一，标志宋代文学的最高成就。宋词句子有长有短，便于歌唱。因是合乐的歌词，故又称曲子词、乐府、乐章、长短句、诗余、琴趣等。</dd>
      <dl></body>
</html>
```

页面运行效果如图 2-3 所示。

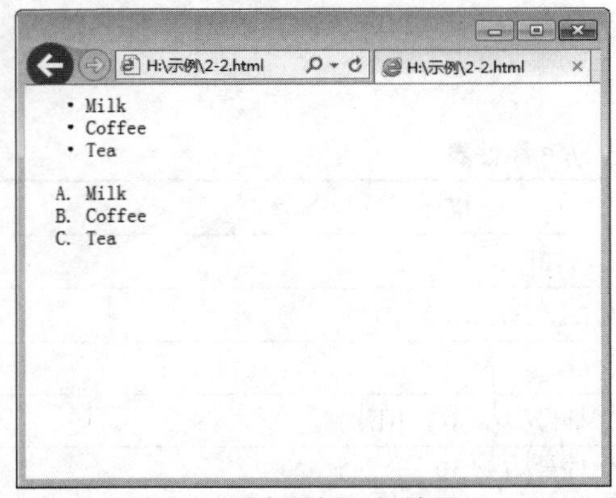

图 2-2　列表示例运行效果

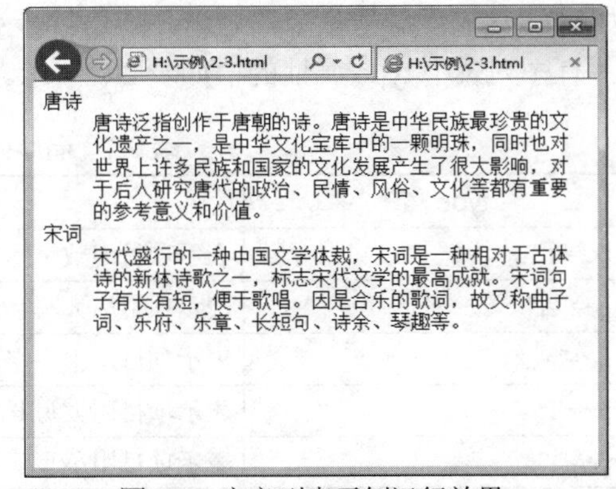

图 2-3　定义列表示例运行效果

2.2.3　编辑图像

图像具有丰富的色彩，更能直观地表现其含义，更能使浏览者产生共鸣，所以在网页中用图像表达比文本更具吸引力，更能牢牢吸引浏览者的视线，增加网页的可读性和观赏性。

在 HTML 中用<img/>标签表示图像文件，通过其各个属性可以设置图像的大小、对齐方式等。<img/>标签的常见属性如表 2-3 所示。

表 2-3　<img/>标签的常见属性

属性	含义
src	图像文件的 URL 地址
alt	图像无法显示时的替代文本
align	图像的对齐方式
width	图像的宽度，单位为像素或百分比
height	图像的高度，单位为像素或百分比
title	鼠标停留在图像上时显示的说明文本

例 2.4　图像应用示例，代码如下：

```
<html><body>
        <p>这是一幅图像：<img
src="images/blue.png"   width="150"   height="150" />
        </p></body>
</html>
```

页面运行效果如图 2-4 所示。

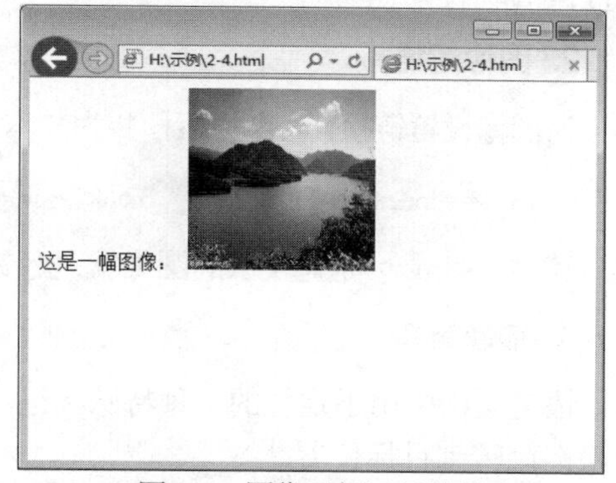

图 2-4　图像示例运行效果

2.2.4　超链接

超链接是包含在网页中用于链接到其他网页的元素。通过超链接可以把两个或两个以上的网页关联起来。如果网页是独立存在的，那么访问将会变得异常困难。通过设置超链接，可以解决这个问题。万维网就是通过大量网页的超链接而形成的，如果没有超链接，也就没有万维网。超链接除了可以把页面链接起来，还可以把页面中的内容也链接起来。

超链接包含页面间和页面内的链接。页面间的链接使网站中各个独立的页面链接成一个整体，方便浏览者在网站中查找信息；页面内部的链接使页面内部的信息组织更为合理，方便浏览者快速定位所需信息。

在 HTML 中用<a></a>标签且带有 href 属性时表示超链接。该标签的常用属性如表 2-4 所示。

表 2-4　超链接标签的常用属性

属性名	属性值	说明
href	相对路径、绝对路径、E-mail 或锚点名	超链接的 URL 路径
target	_blank：在新的未命名的窗口中加载链接文档 _parent：在父框架或父窗口中加载链接文档 _self：将链接的文档加载到该链接所在的窗口或框架中 _top：在整个浏览器窗口中加载链接文档，同时删除所有框架	超链接的打开方式
title	字符串	超链接上的提示文本

1. 文本超链接

文本链接的对象是文本，当鼠标指针经过这些文本时，形状改变为手形，单击鼠标可以打开另一个网页。例如：

```
<a  href="index.html"  target="_blank">网站首页</a>
```

其中，“网站首页”就是文本超链接，用户将鼠标移到该文本时就会变成手形，单击可实现超链接的跳转。

2. 图像超链接

为图像设置链接，其操作流程和为文本设置超链接类似，只是图像链接的对象是图像。例如：

```
<a  href="index.html"  target="_blank"><img  src="images/shou.gif"  title="返回主页"  border="0"></a>
```

其中，<img/>标签表示的图像就是超链接，用户单击图像时可以实现超链接的跳转。

3. 锚超链接

锚是文档中用于定位的一种特殊标记，也称为书签。利用锚创建的超链接，可以既快速又准确地跳转到目标位置。

创建到锚的链接首先要创建命名锚，name 属性指定锚的名称，然后再创建到该命名锚的链接。命名锚的语法为：

```
<a name="label">锚(显示在页面上的文本)</a>
```

例如，首先在 HTML 文档中对锚进行命名(创建一个书签)：

```
<a name="tips">提示</a>
```

然后，在同一个文档中创建指向该锚的链接：

```
<a href="#tips">有用的提示</a>
```

也可以在其他页面中创建指向该锚的链接：

```
<a href="http://localhost /html_links.php#tips">有用的提示</a>
```

在上面的代码中，将#符号和锚名称添加到 URL 的末端，就可以直接链接到 tips 这个命名锚了。

2.2.5　创建表格

表格在网页中不仅可以排列数据，还可以对页面中的图像、文本、动画等元素进行准确的定位，使页面显得整齐有序，便于访问者浏览。

1. 定义表格

表格由一些粗细不同的横线和竖线构成，横的称作行，竖的称作列，由行和列相交的一个个方格称为单元格。单元格是表格的基本单位，每个单元格都是一个独立的输入区域，可以在其中输入文字和图形，并单独进行排版和编辑。

表格由<table> </table>标签来定义。每个表格均有若干行(由<tr></tr>标签定义)，每行被分割为若干单元格(由<td> </td>标签定义)。数据单元格可以包含文本、图片、列表、段落、表单、水平线、表格等。下面是一个简单的表格示例代码，显示效果如图 2-5 所示。

row 1, cell 1	row 1, cell 2
row 2, cell 1	row 2, cell 2

图 2-5　表格效果

```
<table border="1">
    <tr>
        <td>row 1, cell 1</td>
        <td>row 1, cell 2</td>
    </tr>
    <tr>
        <td>row 2, cell 1</td>
        <td>row 2, cell 2</td>
    </tr>
</table>
```

在上面的示例代码中，<table>标签中使用了 border 属性，表示表格外边框的粗细。常见的<table>标签的常用属性如表 2-5 所示。

表 2-5　<table>标签的常用属性及其含义

属性	含义
border	表格外边框的宽度
bordercolor	表格的边框颜色
bgcolor	表格的背景色
background	表格的背景图像
cellspacing	表格的间距，默认值为 1
cellpadding	表格的填充，默认值为 0
width	表格的宽，可以使用像素或百分比
height	表格的高，可以使用像素或百分比
align	表格的对齐属性：左对齐、右对齐、居中对齐

2. 表格的标题标签<caption>和表头标签<th>

表格的标题标签<caption>用来设置表格的标题，可通过 align 和 valign 属性来设置其位置，align 属性设置标题位于文档的左、中或右，valign 属性设置标题位于表格的上方或下方。

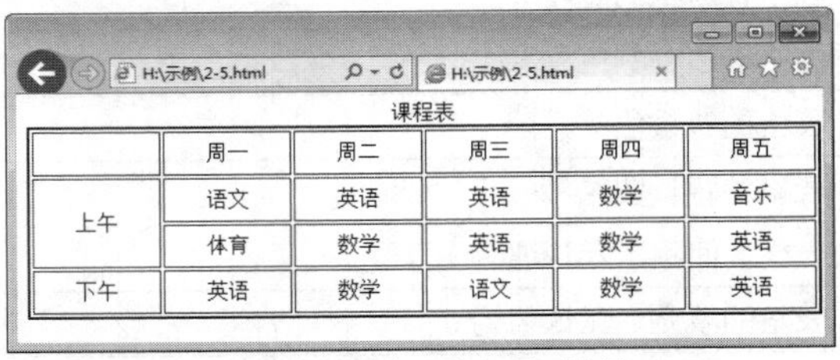

<caption>标签应放在<table>标签内，在表格行标签<tr>之前。表格的表头用标签<th>来设置，表头是指表格的第一行，可以用<th>标签替代<td>标签，不同之处在于<th>标签中的内容会居中加粗显示。

3. 单元格的设置

单元格标签<td>必须嵌套在<tr>标签内，且要成对出现。单元格中的内容默认是水平左对齐，垂直居中对齐。用户可以对<td>标签的 align 和 valign 属性进行设置，调整内容的对齐方式。align 属性表示单元格中内容的水平对齐属性，取值有 left、center、right。valign 属性表示单元格中内容的垂直对齐属性，取值有 middle、top、bottom。

在设计表格时，通常要合并某些单元格，这就要用到单元格的合并属性。单元格<td>标签的合并属性有 colspan 和 rowspan，分别用于合并列和合并行。

例 2.5 表格应用示例，代码如下：

```
<html><body>
  <table border="2" width="600" height="150">
          <caption>课程表</caption>
     <tr   align="center">
       <td> </td>    <td>周一</td>    <td>周二</td>    <td>周三</td>    <td>周四</td>
       <td>周五</td>    </tr>
     <tr   align="center">
       <td   rowspan="2">上午</td>    <td>语文</td>    <td>英语</td>    <td>英语</td>
       <td>数学</td>    <td>音乐</td>    </tr>
     <tr   align="center">    <td>体育</td>    <td>数学</td>    <td>英语</td>    <td>数学</td>
       <td>英语</td>    </tr>
     <tr   align="center">
       <td>下午</td>    <td>英语</td>    <td>数学</td>    <td>语文</td>    <td>数学</td>
       <td>英语</td>    </tr>
   </table></body>
</html>
```

页面的运行效果如图 2-6 所示。

图 2-6　表格示例运行效果

2.3 创建表单

表单是 HTML 的一个重要组成部分，互联网向浏览者提供了丰富的资源，在交互式的网络中，表单是一个不可或缺的元素，它是交互的一个入口。只要有交互出现的地方，就会有表单。表单是网页上用于输入信息的区域，例如向文本框中输入文字或数字，在方框中打钩，使用单选按钮选中一个选项，或从一个列表中选择一个选项等。

表单信息的处理过程为：当单击表单中的“提交”按钮时，表单中输入的信息就会传到服务器中，然后由服务器的有关应用程序进行处理，处理后或者将用户信息存储到服务器的数据库中，或者将有关的信息返回到客户端浏览器。

一个表单包含 3 个基本组成部分。

- 表单标签：其中包含了处理表单数据所用 CGI 程序的 URL 以及将数据提交到服务器的方法。
- 表单域：包含了文本框、密码框、隐藏域、多行文本框、复选框、单选按钮、下拉选择框和文件上传框等。
- 表单按钮：包括提交按钮、复位按钮和一般按钮。用于将数据传送到服务器上的 CGI 脚本或者取消数据的输入，还可以用表单按钮来控制其他定义了处理脚本的处理工作。

2.3.1　表单的定义

表单是页面上的一块特定区域，由<form></form>标签定义。该标签有两个作用：第一，限定表单的范围，其他表单对象都要插入表单中，单击“提交”按钮时，提交到服务器的也就是表单范围内的内容；第二，携带表单的相关信息，如服务器端处理表单的脚本的程序位置、提交表单的方法，这些信息对于浏览者而言是不可见的，但对于表单处理却有着重要的作用。

<form>标签的作用是设定表单的起始位置，并指定处理表单数据程序的 URL 地址，表单所包含的控件在<form></form>之间定义。基本语法为：

```
<form  action="url"  method="get/post"  name="value"  target="目标窗口"  enctype="编码方式">
……
</form>
```

<form>标签具有的属性如下。

1. action 属性

用户填入表单的信息需要由程序来处理，表单中的 action 属性就指明了处理表单信息的程序文件，这个属性的值可以是程序或脚本的一个完整 URL。例如，<form action="user/register.php">，表示用户提交表单后，将转到 user 目录下的 register.php 页面，该页面接收用户发送来的表单数据，并且在处理完毕后向浏览器返回处理结果。

2. method 属性

表单的 method 属性用来定义处理程序从表单中获取信息的方式，取值可为 get 或 post，它决定了表单中已经收集的数据将采用什么方法发送到服务器。

使用 method="get"设置时，浏览器将各表单字段的名称及其值按照 URL 参数格式的形式附加在 action 属性指定的 URL 地址后一起发送给服务器。在没有指定 method 值的情况下，默认值为 get。每个表单元素的名称与取值之间用等号分隔，形成一个参数。各个参数之间用&分隔，而 action 属性所指定的 URL 与参数之间用问号分隔。例如，在浏览器地址栏中生成的 URL 具有如下形式：

```
http://localhost/ user/register.php?name=admin&password=123456
```

使用 method="post"设置时，浏览器将把各表单元素的名称及其值作为 HTTP 消息的实体内容发送给服务器，因此使用这种方式传送的数据不会显示在地址栏的 URL 中。

3. name 属性

name 属性用于命名表单，它不是表单的必要属性，为了防止表单信息在提交给处理程序时出现混乱，一般设置一个与表单功能相符且唯一的名称。

4. target 属性

target 属性用于指定目标窗口的打开方式，也就是提交表单时，action 属性所指定的动态网页以何种方式打开。其取值有 4 种：_blank、_parent、_self 和_top。

5. enctype 属性

enctype 属性用于设置表单信息提交的编码方式。默认值为 application/x-www-form-urlencode，表示表单中的数据被编码为“名=值”对的形式。如果表单中含有文件上传域，则需设置该属性为 multipart/form-data，并设置提交方式为 method="post"。

2.3.2 <input/>标签

在 HTML 表单中，<input/>标签是最常用的控件标签，其基本语法为：

```
<input  name="控件名称"  type="控件类型"/>
```

其中，控件名称用于程序对不同控件进行区分，type 属性则确定了这个控件域的类型。<input/>标签类别如表 2-6 所示。

表 2-6 <input/>标签类别及其含义

类别	含义
input type="text"	单行文本输入框
input type="password"	密码输入框
input type="radio"	单选按钮
input type="checkbox"	复选框
input type="button"	普通按钮
input type="submit"	将表单内容提交给服务器的按钮
input type="reset"	将表单内容全部清除，重新填写的按钮
input type="image"	图像提交按钮
input type="hidden"	隐藏域，不显示在页面上，但会将内容传递给服务器
input type="file"	文件域

1. 单行文本输入框

<input type= "text"…/>表示在表单中创建一个单行文本输入框，允许用户输入一些简短的单行信息，如用户姓名。单行文本输入框常用的属性如表 2-7 所示。

表 2-7　单行文本输入框的常用属性及其含义

属性	含义
name	输入控件的名称
value	设置文本框中显示的初始内容，若不设置，则文本框显示的初始值为空，用户输入的内容将会作为最终的 value 属性值
size	文本框的宽度，以字符个数作为单位
maxlength	文本框中允许用户输入的最多字符个数
readonly	设置文本框为只读，用户不能改变文本框中的值
disabled	禁用文本框，文本框将不能获得焦点，也不会将文本框的名称和值发送给服务器

示例代码如下，显示效果如图 2-7 所示。

```
<form>
    name:<input  type="text"  name="firstname"/>
</form>
```

2. 密码输入框

<input type="password"…/>表示在表单中创建一个密码输入框。密码输入框和单行文本输入框基本相同，只是用户输入时显示的不是输入的内容，而是圆点，用于保密信息的输入。示例代码如下，显示效果如图 2-8 所示。

```
<form>
    User password:<br>
    <input  type="password"  name="psw"/>
</form>
```

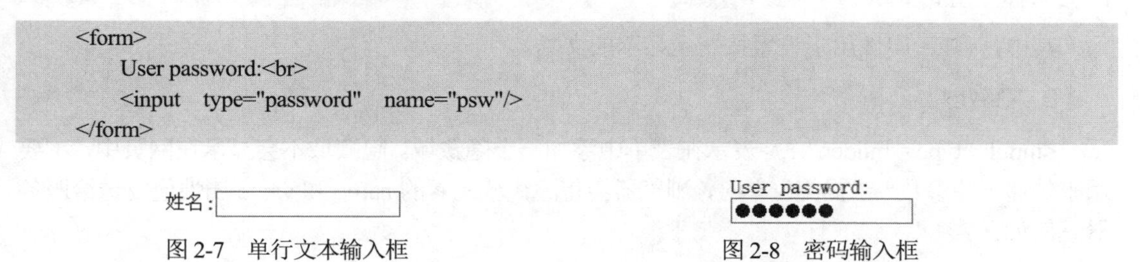

图 2-7　单行文本输入框　　图 2-8　密码输入框

3. 单选按钮

用户填写表单时，有些内容可以通过选择的方式来实现。<input type="radio"…/>表示在表单中创建一个单选按钮。将多个单选按钮的 name 属性值设置为相同时，就形成了一组单选按钮，用户只能选择一个，选项用一个圆框表示。示例代码如下，显示效果如图 2-9 所示。

```
<form>
    <input  type="radio"  name="sex"  value="male"  checked= "checked "/>Male
    <input  type="radio"  name="sex"  value="female"/>Female
</form>
```

4. 复选框

复选框允许用户在一组选项中选择一个或多个。<input type="checkbox"…/>用于在表单上添加一个复选框，其 checked 属性用来设置复选框初始状态时是否被选中，其 value 属性只有在复选框被选中时才有效。只有某个复选框被选中时，它的 name 属性值和 value 属性值才会被提交给服务器。示例代码如下，显示效果如图 2-10 所示。

```
<form>
    <input  type="checkbox"  name="vehicle"  value="Bike">bike
    <input  type="checkbox"  name="vehicle"  value="Car">car
    <input  type="checkbox"  name="vehicle"  value="Bus">bus
</form>
```

◉Male ○Female

图 2-9 单选按钮

☐bike ☐car ☐bus

图 2-10 复选框

5. 按钮

按钮可以触发提交表单的动作。表单中的按钮分为 3 类：普通按钮、提交按钮和重置按钮。普通按钮本身没有指定特定的动作，需要配合 JavaScript 脚本来进行表单处理。例如：

```
<input  type="button"  value="Click Me"  onclick="alert('Hello World!')"/>
```

提交按钮将表单中的信息提交给表单中的 action 所指向的文件。例如：

```
<input  type="submit"  value="提交" />
```

重置按钮可以将表单内容全部清除，恢复成默认的表单内容设置，重新填写。例如：

```
<input  type="reset"  value="重置" />
```

其中，value 属性用于设置按钮上显示的文本。

6. 隐藏域

<input type="hidden"…/>表示在表单中添加一个隐藏域。隐藏域不会显示在网页中，主要用来传递一些参数，当提交表单时，浏览器会将隐藏域元素的 name 和 value 属性值发送给服务器。例如：

```
<input  type="hidden"  name="user"  value="admin">
```

7. 文件域

<input type="file"…/>表示表单的文件上传域，用于浏览器通过表单向服务器上传文件。例如，发送电子邮件中的附件、用户上传照片等都可以通过文件域实现。例如：

```
<input  type="file"  name="upfile"/>
```

浏览器会生成一个文本框和一个“浏览”按钮，如图 2-11 所示。用户可使用“浏览”按钮打开一个文件对话框，在其中选择要上传的文件，也可在文本框中直接输入本地的文件路径名。

浏览...

图 2-11 文件域

2.3.3 <textarea></textarea>标签

如果用户需要输入多行文本，如留言、发表评论等，就可以使用文本域标签<textarea></textarea>，这是一个双标签，常用的属性及其含义如表 2-8 所示。

表 2-8　<textarea>的常用属性及其含义

属性	含义
name	多行文本域的名称
rows	文本域的行数，也就是高度
cols	文本域的宽度，单位是字符
wrap	换行方式，取值有以下 3 种： • off：关，不让文本换行。用户必须按下回车键才能换行 • virtual：虚拟，表示在文本域中自动换行，也是默认值 • physical：实体，在文本域中也会自动换行，但是当提交数据进行处理时，会把这些自动换行符转换为 标签添加到数据中

2.3.4　<select></select>标签

菜单列表类控件主要用来选择给定选项中的某一项，在设计上比较节省页面空间。菜单和列表都通过<select></select>和<option></option>标签来实现，这两个标签都是双标签。在<select>标签中如果没有设置 size 属性，或者 size=1，则表示是下拉列表，否则是列表框。<select>标签的常用属性及其含义如表 2-9 所示。

表 2-9　<select>标签的常用属性及其含义

属性	含义
name	下拉列表或列表框的名称
size	显示选项的数目
multiple	允许列表中的选项多选，用户可用 Ctrl 键来实现多选
selected	默认选中项

下拉列表或列表框中的每一项都由<option></option>标签定义。例如：

```
<form>
    <select name="country">
        <option value="china">China</option>
        <option value="canada">Canada</option>
        <option value="australia">Australia</option>
        <option value="america">America</option>
    </select>
</form>
```

以上代码的显示效果如图 2-12 所示。如果加上 size 属性，改为<select name="country" size="4">，则显示效果如图 2-13 所示。

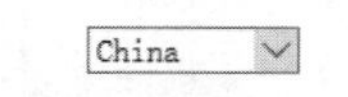

图 2-12　下拉列表

图 2-13　列表框

例 2.6 表单应用示例，代码如下：

```
<html><body>
    <h1   align="center">会员注册</h1>
    <form id="form1" name="form1" method="post" action="">
      <table width="90%" border="0" align="center">
       <tr><td width="22%" align="right">用户名：</td>
         <td width="78%"><input type="text" name="textfield" id="textfield" /></td></tr>
       <tr><td align="right">密码：</td>
           <td><input type="password" name="textfield2" id="textfield2" /></td></tr>
       <tr><td align="right">确认密码：</td>
           <td><input type="password" name="textfield3" id="textfield3" /></td></tr>
       <tr><td align="right">性别：</td>
         <td><input type="radio" name="RadioGroup1" value="男" id="RadioGroup1_0" />男
                <input type="radio" name="RadioGroup1" value="女" id="RadioGroup1_1" />女
             </td></tr>
         <tr><td align="right">年收入：</td>
             <td><select name="select" id="select">
                    <option value="1">1 万以下</option>
                    <option value="2">1 万～2 万</option>
                    <option value="3">2 万～5 万</option>
                    <option value="4">5 万～10 万</option>
                    <option value="5">10 万以上</option>
                  </select></td></tr>
         <tr><td align="right">喜欢的菜系：</td>
             <td><input type="checkbox" name="CheckboxGroup1" value="豫菜" id=
" CheckboxGroup1_0" />豫菜
                 <input type="checkbox" name="CheckboxGroup1" value="山东菜" id=
" CheckboxGroup1_1" />山东菜
                 <input type="checkbox" name="CheckboxGroup1" value="川菜" id=
" CheckboxGroup1_2" />川菜
                 <input type="checkbox" name="CheckboxGroup1" value="湘菜" id=
" CheckboxGroup1_3" />湘菜
                 <input type="checkbox" name="CheckboxGroup1" value="粤菜" id=
" CheckboxGroup1_4" />粤菜
             </td></tr>
         <tr><td colspan="2" align="center">
         <input type="submit" name="button" id="button" value="提交" />
                 <input type="reset" name="button2" id="button2" value="重置" /></td></tr>
         </table></form></body>
  </html>
```

页面的运行效果如图 2-14 所示。

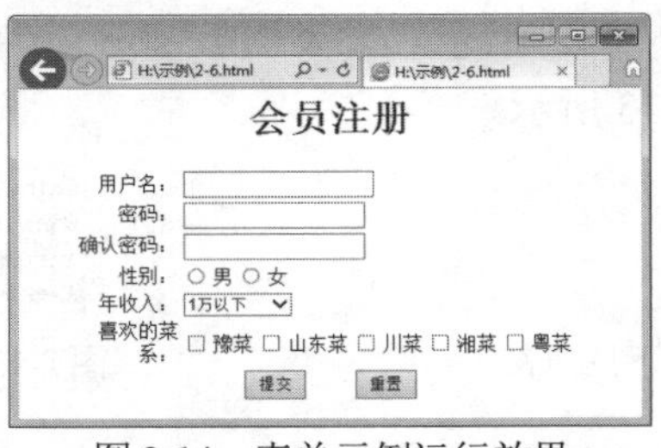

图 2-14 表单示例运行效果

2.4 JavaScript 简介

JavaScript 是一种基于对象和事件驱动的脚本语言。使用它的目的是与 HTML 一起实现网页中的动态交互功能，例如响应用户单击鼠标的动作、设计页面菜单、验证表单数据、美化表格、动态改变 HTML 元素的外观等。

JavaScript 有如下特点。

- 基于对象的语言：JavaScript 是一种基于对象的语言，它能创建含有属性和方法的对象，并能实现对象的继承。
- 事件驱动：采用事件驱动方式，并执行指定的操作。
- 简单性：它是一种基于 Java 基本语句和控制流的简单而紧凑的设计，它的变量类型是弱类型。
- 安全性：它不允许访问本地硬盘，不能将数据存入服务器上，不允许对网络文档进行修改和删除，只能通过浏览器实现信息浏览或动态交互，对数据的操作是安全的。
- 动态性：可以直接对用户或客户的输入做出响应，不必经过 Web 服务程序。
- 跨平台性：与操作环境无关，只依赖于浏览器本身，只要计算机支持实现了 JavaScript 的浏览器，它就可以正确执行。

2.4.1 JavaScript 的组成

一个完整的 JavaScript 实现由 3 个部分组成：核心(ECMAScript)、文档对象模型(DOM)、浏览器对象模型(BOM)。

1. ECMAScript

规定了这门语言的各个组成部分，如语法、类型、语句、关键字、保留字、操作符、对象等。ECMAScript 定义了脚本语言的所有属性、方法和对象，因此在使用 Web 客户端脚本语言编码时一定要遵循 ECMAScript 标准。

2. 文档对象模型

DOM 是 Document Object Model(文档对象模型)的简称，是 HTML 文档对象模型(HTML DOM)定义的一套标准方法，用来访问和操纵 HTML 文档。整个文档是一个文档节点，每个 HTML 标签是一个元素节点，包含在 HTML 元素中的文本是文本节点，每个 HTML 属性是一个属性节点，注释属于注释节点。

3. 浏览器对象模型

通过 BOM(Browser Object Model)可以对浏览器窗口进行访问和操作。利用 BOM 的相关技术，Web 开发者可以移动窗口、改变状态栏以及执行一些与页面内容不相关的操作。

2.4.2 JavaScript 的引入

JavaScript 必须引入 HTML 文档才能被浏览器的 JavaScript 引擎解析，有 3 种方式可以将 JavaScript 引入 HTML 文档。

1. 行内式

在 HTML 标签中可以添加事件属性，其属性名是事件名，属性值是 JavaScript 脚本代码。例如：

```
<html>
<body>
<form name="myform">
        <input   type="button"   name="mybtn"   value=" mybtn "   onclick="javascript: alert('鼠标单击！')"/>
</form>
</body>
</html>
```

其中 onclick 表示鼠标单击事件，alert()是事件处理代码，其作用是弹出一个警告框。在该示例代码中，当在按钮上单击鼠标时，就会弹出一个警告框，运行效果如图 2-15 所示。

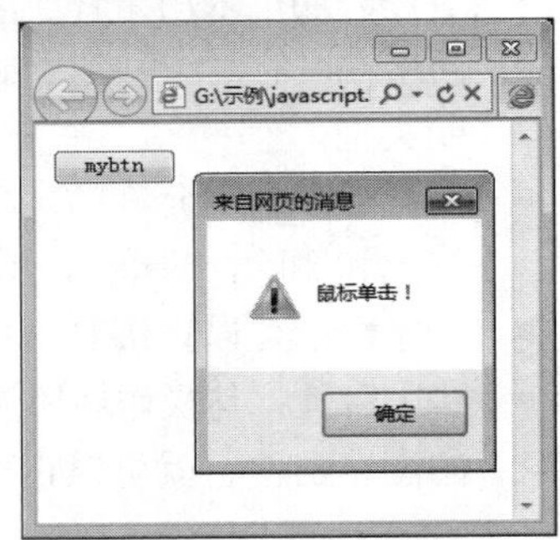

图 2-15　弹出警告框

2. 嵌入式

<script>和</script>这对标签将 JavaScript 脚本代码进行封装。把事件处理程序写在一个函数中，然后在事件属性中调用该函数。例如：

```
<html>
  <head>
    <script>
     function   msg(){
         alert("鼠标单击！");   }
    </script>
  </head>
  <body>
    <form name="myform">
      <input   type="button"   name="mybtn"   value=" mybtn "   onclick="msg()"/>
    </form>
  </body>
</html>
```

其中 onclick="msg()"表示调用函数 msg。将 JavaScript 代码写成函数后，可以让多个 HTML 元素或不同事件调用同一个函数，这样可以提高代码的重用性。

3. 外部文件

如果脚本程序较长或者同一段脚本可以在若干个 Web 页面中使用，则可以将脚本放在单独的一个.js 文件里，然后链接到需要它的 HTML 文件，这相当于将其中的脚本填入链接处。这样既可以提高代码的重用性，又便于维护代码，修改脚本时只需单独修改.js 文件中的代码。

要引用外部脚本文件，需使用<script>标签的 src 属性来指定外部脚本文件的 URL。例如，HTML 代码为：

```
<html>
```

```
    <body>
      <form name="myform">
        <input   type="button"   name="mybtn"   value=" mybtn "   onclick="msg()"/>
      </form>
      <script type="text/JavaScript" src="example.js"></script>
    </body>
</html>
```

example.js 的代码为：

```
function msg(){
alert("鼠标单击！");
}
```

其中 HTML 文件和.js 文件位于同一目录下。JavaScript 源代码文件通常使用.js 扩展名命名，其中仅包含有 JavaScript 语句，不包含 HTML 中的<script></script>标签对。<script> </script>标签对位于 HTML 文档中调用源代码文件的位置。

2.4.3　JavaScript 事件

JavaScript 是基于对象和事件驱动的编程语言。JavaScript 中把某一行为的变化称为事件，例如鼠标单击、用户输入、页面加载等，都会被当作一个事件来对待，并可以对事件做出相应的处理。常用的 JavaScript 事件可分为鼠标事件、键盘事件和 HTML 事件 3 类，其中常用的鼠标事件如表 2-10 所示，常用的键盘事件如表 2-11 所示，常用的 HTML 事件如表 2-12 所示。

表 2-10　常用的鼠标事件种类

事件名	描述
onclick	单击鼠标左键时
ondblclick	双击鼠标左键时
onmousedown	鼠标按键按下时，包括左键、右键、中间键
onmouseup	鼠标按键抬起时，包括左键、右键、中间键
onmouseover	鼠标移到元素上时
onmouseout	鼠标移出元素时
onmousemove	鼠标在元素上移动时

表 2-11　常用的键盘事件种类

事件名	描述
onkeydown	键盘按键按下时
onkeyup	键盘按键按下抬起时
onkeypress	键盘按键按下未抬起时
onload	body、frameset、image 等对象载入时
onunload	body、frameset 等对象卸载时
onerror	脚本出错时
onselect	选择了文本框的某些字符或下拉列表框的某项时

表 2-12　常用的 HTML 事件种类

事件名	描述
onchange	文本框或下拉列表框内容改变时
onsubmit	表单提交时
onblur	任何元素或窗口失去焦点时
onfocus	任何元素或窗口获得焦点时
onscroll	浏览器的滚动条滚动时

当事件发生时执行 JavaScript 程序，编写代码时要确定事件所作用的 HTML 元素、触发程序的事件名和事件处理程序。可以将事件直接写在 HTML 标签中，如例 2.7 所示。

例 2.7　当在<h1>元素上单击鼠标时，会改变其内容。代码如下：

```
<html>
  <head>
    <script>
     function changetext(id){
         id.innerHTML="谢谢!"; }
    </script>
  </head>
  <body>
    <h1 onclick="changetext(this)">请单击该文本</h1>
  </body>
</html>
```

页面运行时的效果如图 2-16 所示，当单击“请单击该文本”时，页面中显示的文字内容会发生变化，效果如图 2-17 所示。this 表示当前对象，通常表示当前事件作用的对象。这里单击事件作用在 h1 上，即表示 h1。

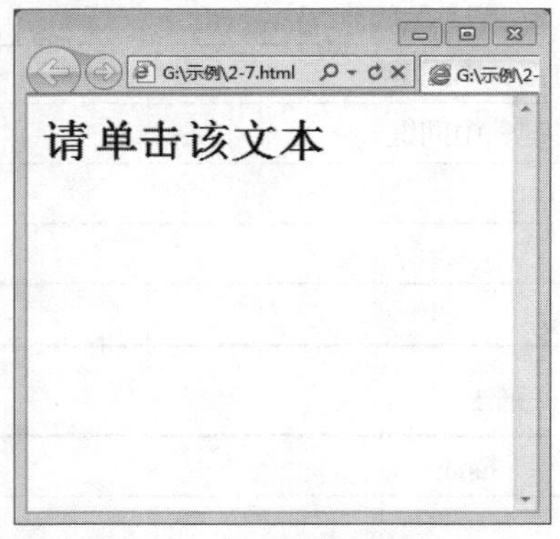

图 2-16　单击前的页面效果

图 2-17　单击后的页面效果

也可以用“对象.事件”的形式实现事件代码的编写。这里的对象可以是 DOM 对象、浏览器对象或者 JavaScript 内置对象。实现方法如例 2.8 所示。

例 2.8　当单击按钮时页面中显示当前日期和时间，代码如下：

```
<html>
  <body>
```

```
    <form name="myform">
        <input  type="button"  name="mybtn"  value="单击这里"  id="myBtn"/>
    </form>
    <script>
      document.getElementById("myBtn").onclick=displayDate;
      function displayDate(){
        document.getElementById("demo").innerHTML=Date();}
    </script>
    <p id="demo"></p>
  </body>
</html>
```

页面运行效果如图 2-18 所示，单击按钮后页面会显示当前日期和时间，效果如图 2-19 所示。

图 2-18　单击按钮前的页面效果

图 2-19　单击按钮后的页面效果

2.5　文档对象模型

文档对象模型(Document Object Model，DOM)把整个页面映射为一个多层节点结构(树状结构)，如图 2-20 所示。通过可编程的对象模型，JavaScript 能够创建动态的 HTML。JavaScript 能够改变页面中的所有 HTML 元素、HTML 属性和所有 CSS 样式，并且能够对页面中的所有事件做出响应。

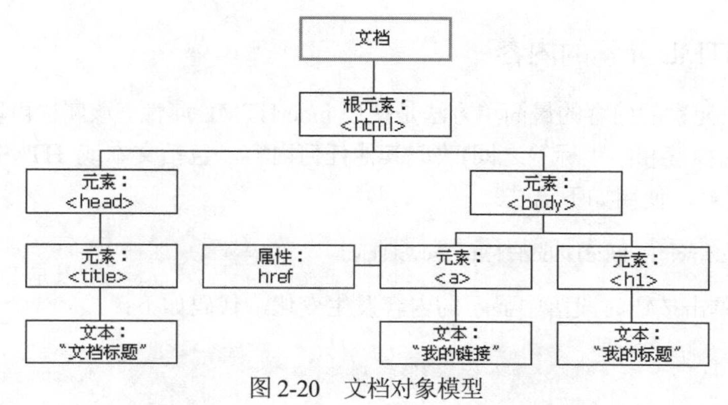

图 2-20　文档对象模型

2.5.1 页面标签对象的引用

为了操作 HTML 元素，必须首先找到该元素。使用 document 对象的方法可以得到页面中所有标签对象的引用。实现方法有以下几种。

1. getElementById()方法

getElementById()方法可以根据标签对象的 ID 属性值得到唯一的标签对象。该方法也是最常用的方法，只要给 HTML 元素设置了 ID 属性，就可以用该方法访问元素。例如：

```
var x=document.getElementById("intro");   //查找 id="intro"的元素
```

如果找到该元素，则该方法将以对象(在 x 中)的形式返回该元素。如果未找到该元素，则 x 将包含 null。

2. getElementsByName()方法

getElementsByName()方法根据对象的 name 属性值得到名称相同的一组标签对象，该方法得到的是标签对象数组，访问其中某个标签对象要根据标签对象在 HTML 文档中的相对次序来决定其下标，第一个标签对象的下标为 0。例如：

```
var x=document.getElementsByName("intro")[1];   //获取第二个 name 属性为 intro 的元素
```

3. getElementsByTagName()方法

根据标签对象的标签名得到同类标签的集合对象，用数组加下标的形式访问其中的标签对象。例如：

```
var x=document.getElementsByTagName("p")[0];   //获取第一个<p>标签的元素
```

4. getElementsByClassName()方法

根据标签对象的 CSS 样式类名得到元素的集合对象，用数组加下标的形式访问其中的标签对象。例如：

```
var x=document.getElementsByClassName("dot")[0];   //获取第一个使用了 dot 样式类的元素
```

2.5.2 改变 HTML 元素的内容

改变 HTML 元素的内容的最简单方法是使用 innerHTML 属性。该属性可以将 HTML 元素的内容(位于开始标签和结束标签之间)改成其他任何内容，包括文本或 HTML 元素。要改变 HTML 元素的内容，使用如下语法：

```
document.getElementById(id).innerHTML=new HTML
```

例 2.9 当单击按钮时段落中显示的内容发生变化，代码如下：

```
<html>
  <body>
    <p id="p1">Hello World!</p>
    <form name="myform">
```

```
        <input  type="button"  name="mybtn"  value="改变内容"  id="myBtn" />
      </form>
      <script>
        document.getElementById("myBtn").onclick=change;
        function change(){
          document.getElementById("p1").innerHTML="Hello JavaScript!";
        }
      </script>
    </body>
</html>
```

在代码中，<p>标签表示的段落中的内容本来是“Hello World!”，如图 2-21 所示。但是当单击按钮后，段落中显示的内容变为“Hello JavaScript!”，页面效果如图 2-22 所示。

图 2-21　单击按钮前的页面效果

图 2-22　单击按钮后的页面效果

2.5.3　读写 HTML 对象的属性

当获取指定的 HTML 元素(DOM 对象)后，就可以使用“HTML 元素.属性名”的形式来访问元素的 HTML 属性。读取和设置元素的 HTML 属性的方法如下：

```
变量=HTML 元素.属性名;          //读取元素的 HTML 属性
HTML 元素.属性名=属性值;        //设置元素的 HTML 属性
```

例 2.10　当鼠标经过图像时变为另一个图像，代码如下：

```
<html>
  <body>
    <img id="image" src="images/m1.jpg" />
    <script>
      document.getElementById("image").onmouseover=change;
      function change(){
        document.getElementById("image").src="images/m2.jpg";
      }
    </script>
  </body>
</html>
```

直接运行网页时的效果如图 2-23 所示，当鼠标放到图像上时显示图像发生了改变，如图 2-24 所示。

图 2-23　直接运行网页时的页面效果

图 2-24　鼠标放到图像上后的页面效果

2.5.4　改变 CSS 样式

改变元素的 CSS 样式有两种方法，既可以逐条修改元素的 CSS 属性，也可以修改元素的 CSS 样式类，一次性修改若干条 CSS 属性。

1. 改变元素的 CSS 属性

改变元素的 CSS 属性可以使用“HTML 元素.style.CSS 属性名”的结构，读取和设置 HTML 元素的 CSS 属性的方法如下：

```
变量=HTML 元素.style.CSS 属性名;          //读取元素的 HTML 属性
HTML 元素.style.CSS 属性名=属性值;        //设置元素的 HTML 属性
```

例 2.11　改变段落中文字的 CSS 样式，代码如下：

```
<html>
  <body>
    <p id="p1">Hello World!</p>
    <p id="p2">Hello World!</p>
    <script>
      document.getElementById("p2").style.color="blue";
      document.getElementById("p2").style.fontFamily="Arial";
      document.getElementById("p2").style.fontSize="larger";
    </script>
  </body>
</html>
```

在代码中通过改变元素的 CSS 属性实现第二个段落中文字样式的变化，页面效果如图 2-25 所示。

注意：有些 CSS 属性名在 JS 代码中会有相应的变化，如 font-family 属性在 JS 代码中就变为了 fontFamily。font-size 属性在 JS 代码中就变为了 fontSize。在 JS 代码中，CSS 属性名要去掉-，后面对应的字母要变成大写形式。

图 2-25　改变 CSS 的页面效果

2. 改变元素的 CSS 样式类

改变元素的 CSS 样式类可以使用“HTML 元素.ClassName”结构。读取和设置 HTML 元素的 CSS 样式类的方法如下：

```
变量=HTML 元素.ClassName;          //读取元素的 CSS 样式类
HTML 元素.ClassName=新类名;        //设置元素的 CSS 样式类
```

例 2.12 改变段落中文字的 CSS 样式类，代码如下：

```
<!DOCTYPE html>
<html lang="en">
<head>
    <meta charset="UTF-8">
    <meta http-equiv="X-UA-Compatible" content="IE=edge">
    <meta name="viewport" content="width=device-width, initial-scale=1.0">
    <title>Document</title>
    <style>
        .one {
            color: blue;
            font-size: 18px;
            font-family: 宋体;
        }

        .two {
            color: red;
            font-size: 24px;
            font-family: 楷体;
        }
    </style>
</head>
<body>
    <p id="p1" class="one">珍惜时光，不负韶华！</p>
    <button onclick="change()">单击</button>
    <script>
        function change() {
            document.getElementById("p1").className = "two";
        }
    </script>
</body>
</html>
```

在代码中段落文字原来是蓝色宋体字，单击按钮后，变为红色楷体字。单击按钮前后的页面效果如图 2-26 所示。

图 2-26　单击按钮前后段落文字效果对比

2.6 浏览器对象模型

浏览器对象模型(Browser Object Model，BOM)提供了独立于内容而与浏览器窗口进行交互的对象，BOM 由多个对象组成，其中代表浏览器窗口的 window 对象是 BOM 的顶层对象，其他对象都是该对象的子对象，如图 2-27 所示。

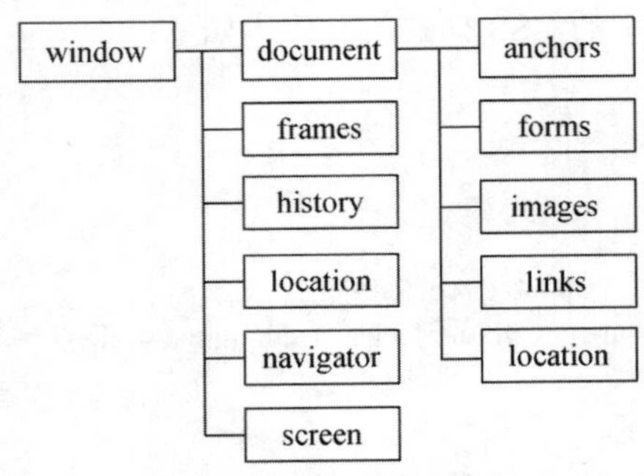

图 2-27　浏览器对象模型

2.6.1　window 对象

window 对象代表浏览器的整个窗口，是 JavaScript 的顶层对象。所有 JavaScript 全局对象、函数以及变量均自动成为 window 对象的成员。

window 对象的常用方法如表 2-13 所示。

表 2-13　window 对象的常用方法

名称	描述
alert()	显示一个带有提示信息和确定按钮的对话框
confirm()	显示一个带有提示信息、确定按钮和取消按钮的对话框，其返回值为 true 或 false
prompt()	显示一个带有提示信息、确定按钮、取消按钮和文本输入框的对话框，单击“确认”按钮返回文本输入域的内容，单击“取消”按钮返回 null
open()	打开新窗口，返回新打开窗口的引用，利用该引用可以继续操作该窗口
close()	关闭当前浏览器窗口
moveTo(x,y)	窗口移动到的位置，x 和 y 表示新位置的 x 和 y 坐标值
moveBy(x,y)	窗口移动的尺寸，x 和 y 表示在水平和垂直方向上移动的像素数
resizeTo(x,y)	改变浏览器窗口的大小，x 和 y 表示浏览器窗口的新宽度和新高度
resizeBy(x,y)	改变浏览器窗口的大小，x 和 y 表示浏览器窗口的宽高变化尺寸
setTimeout()	设置浏览器过多长时间后调用指定的函数，以毫秒为单位
clearTimeout()	取消 setTimeOut()方法的设置
setInterval()	设置浏览器每隔多长时间调用指定的函数，以毫秒为单位
clearInterval()	取消 setInterval()方法的设置

下面简单介绍几个常用的方法。

1. 系统对话框

window 对象有三个生成系统对话框的方法，分别是 alert()、confirm()和 prompt()。可以把 window 对象省略，直接写方法名。

alert()方法用于弹出具有确认按钮的警告框，该方法的语法格式为：

```
alert("字符串内容")
```

在弹出的对话框中显示字符串的内容，其效果如图 2-28 所示。

confirm()方法用于生成确认提示框，其中包括“确定”按钮和“取消”按钮。该方法的语法格式为：

```
confirm("字符串内容")
```

当用户单击“确定”按钮时，该方法将返回 true；单击“取消”按钮时，则返回 false，其效果如图 2-29 所示。

图 2-28　警告框

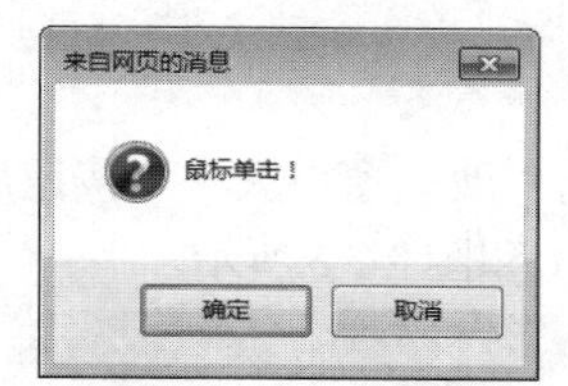

图 2-29　确认提示框

prompt()方法用于生成消息提示框，它可接收用户输入的信息，并将信息作为函数的返回值。该方法的语法格式为：

```
prompt("字符串内容",初始值)
```

该方法接受两个参数，第一个参数是显示给用户的文本，第二个参数为文本框中的默认值(可为空)，其效果如图 2-30 所示，代码如下：

```
var nInput=prompt("输入你的姓名","");   //弹出消息提示框
if(nInput!=null)
    document.write("你好!"+nInput);
```

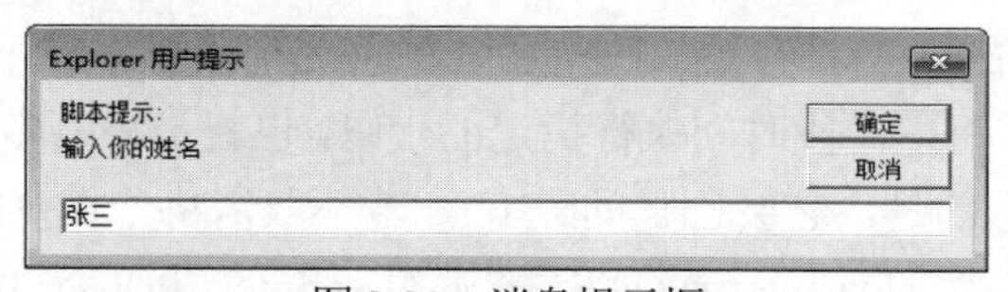

图 2-30　消息提示框

2. 调整窗口

window 对象提供了一些改变浏览器窗口的方法。例如，表 2-13 中列出的 moveTo(x,y)、moveBy(x,y)、resizeTo(x,y)和 resizeBy(x,y)方法，可以分别实现浏览器窗口大小或者位置的改变。

例 2.13　将浏览器窗口调整为指定的大小，将窗口向右下方移动，代码如下：

```
<html>
  <body>
```

```
        <form name="myform">
            <input  type="button"  name="mybtn"  value="改变窗口大小"  id="myBtn"/>
            <input  type="button"  name="mybtn1"  value="移动窗口"  id="myBtn1"/>
        </form>
        <script>
          document.getElementById("myBtn").onclick=changewindow;
          function changewindow()
          {
              window.resizeTo(300,200);
          }
          document.getElementById("myBtn1").onclick=changewindow1;
          function changewindow1()
          {
              window.moveTo(150,200);
          }
        </script>
    </body>
</html>
```

当单击“改变窗口大小”按钮后浏览器窗口的大小将会发生改变，单击按钮前后的对比效果如图 2-31 和图 2-32 所示。

图 2-31　原浏览器窗口大小

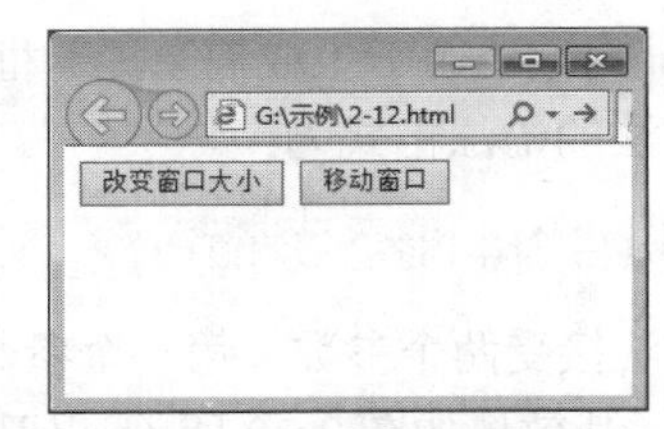

图 2-32　改变后的浏览器窗口大小

3. 定时器

window 对象提供了两个定时器函数：setInterval()和 setTimeout()。定时器函数可以实现JavaScript 制作网页动画的效果，例如，在网页上每隔几毫秒更新一下相关内容等。

setInterval()函数用于每隔一段时间执行指定的代码，也就是每隔多长时间调用指定的函数，以毫秒为单位。需要注意的是，它会创建间隔 ID，若不取消将一直执行，直到页面卸载为止。因此如果不需要时应该使用 clearInterval()函数取消对 setInterval()方法的设置，以防止它占用系统资源。

例 2.14　在页面上显示一个时钟，代码如下：

```
<html>
  <body>
    <p>在页面显示一个时钟</p>
    <p id="demo"></p>
    <script>
      var myVar=setInterval(function(){myTimer()},1000);
```

```
        function myTimer(){
            var d=new Date();
            var t=d.toLocaleTimeString();
            document.getElementById("demo").innerHTML=t;
        }
    </script>
  </body>
</html>
```

利用 setInterval()周期性地执行显示当前时间的脚本，就可在页面上显示不停走动的时钟，其效果如图 2-33 所示。

setTimeout()函数用于在一段时间之后执行指定的代码，也就是设置浏览器过多长时间后调用指定的函数，以毫秒为单位。该函数可用于某些需要延时的场合。如果通过递归调用，该函数也能实现周期性地执行脚本。

例 2.15　单击按钮实现计时功能，代码如下：

```
<html>
  <head>
    <script>
      var c=0;
      var t;
      function timedCount(){
          document.getElementById('txt').value=c;
          c=c+1;
          t=setTimeout("timedCount()",1000);
      }
      function stopCount(){
          c=0;
          setTimeout("document.getElementById('txt').value=0",0);
          clearTimeout(t);
      }
    </script>
  </head>
  <body>
    <form>
      <input type="button" value="开始计时！" onClick="timedCount()"/>
      <input type="text" id="txt"/>
      <input type="button" value="停止计时！" onClick="stopCount()"/>
    </form>
    <p>单击“开始计时”按钮启动计时器。输入框中会从 0 开始一直进行计时。<br/>
        单击“停止计时”按钮可以终止计时，并将计数重置为 0。</p>
  </body>
</html>
```

当页面运行时，单击“开始计时”按钮时，文本输入框中将会显示计时效果，如图 2-34 所示。当单击“停止计时”按钮时，则会终止计时。

图 2-33　时钟运行效果

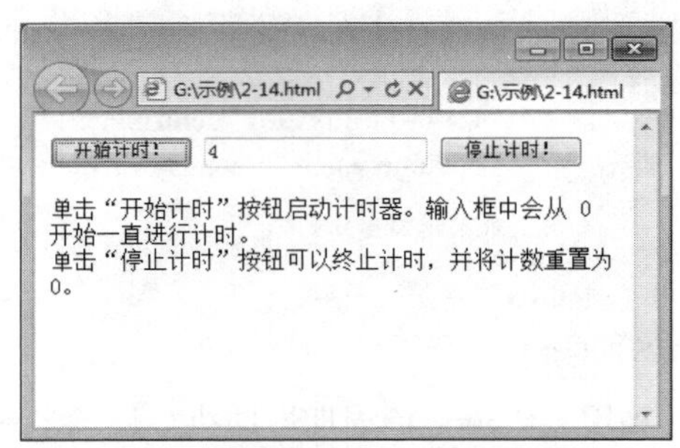

图 2-34　计时运行效果

2.6.2　location 对象

location 对象提供有关当前显示文档的 URL，用于设置和返回当前网页的 URL 信息。例如，要使浏览器跳转到 login.htm 页面，代码如下：

```
<script>location.href="login.htm";</script>
```

其中 location.href 是最常用的属性，用于获得或设置窗口的 URL，改变该属性的值就可以导航到新的页面。location 对象的常用属性和方法如表 2-14 所示。

表 2-14　location 对象的常用属性和方法

名称	示例	描述
href	http://www.nba.com	返回当前完整的 URL 地址
host	www.nba.com:80	返回服务器名称和端口号
hostname	www.nba.com	返回服务器名称
port	8080	返回 URL 中指定的端口号，如果没有，返回空字符串
pathname	/games/2015	返回 URL 中的目录和文件名
protocol	http:	返回页面使用的协议，通常是 http:或 https:
search	？username=Games	返回 URL 的查询字符串，这个字符串以问号开头
assign()	location.assign(url)	立即打开新的 URL 并在浏览器历史中生成一条记录，相当于直接设置 location.href 的值，也可以修改 location 对象的其他属性来重新加载
replace()	location.replace(url)	打开新的 URL，但是不会生成历史记录，使用 replace()之后，用户不能通过“后退”按钮回到前一个页面
reload()	location.reload([true])	重新加载当前页面，不传递参数时会以最有效的方式加载(可能从缓存中加载)，传入 true 时，则强制从浏览器重新加载

例 2.16　加载一个新文档，代码如下：

```
<html>
  <head>
    <script>
      function newDoc(){
```

```
            window.location.assign("http://www.baidu.com"); }
        </script>
    </head>
    <body>
        <form name="myform">
            <input type="button" value="加载新文档" onclick="newDoc()"/>
        </form>
    </body>
</html>
```

页面的运行效果如图 2-35 所示，当单击“加载新文档”按钮后，页面会跳转到新的链接页面，如图 2-36 所示。

图 2-35　页面的运行效果

图 2-36　打开新的 URL

2.6.3　history 对象

history 对象主要用于控制浏览器的后退和前进。该对象提供了与历史清单有关的信息，保存当前地址前后访问过的浏览历史和浏览网页信息。其常用的属性和方法如表 2-15 所示。

表 2-15　history 对象的常用属性和方法

名称	描述	示例
length	返回浏览器历史列表中的 URL 数量，即用户访问过的不同地址的数目	document.write(history.length);　//输出浏览历史的记录总数
go()	加载历史中的某个具体页面，参数为整型数字或字符串，0 表示刷新页面，负数表示向后跳转，正数表示向前跳转，字符串参数表示跳转到历史记录中包含该字符串的最近一个位置(可能前进，也可能后退)	history.go(-1);　// 浏览器后退一页 history.go(1);　//浏览器前进一页 history.go(0);　//浏览器刷新当前页
back()	后退一页，可模仿浏览器的“后退”按钮	history.back();　//相当于 history.go(-1);
forward()	前进一页，可模仿浏览器的“前进”按钮	history.forward();　//相当于 history.go(1);

例 2.17　实现跳转到上一页和下一页的效果。

页面 1 的代码如下：

```
<html>
    <head>
        <script>
```

```
        function goForward() {
          if(history.length > 1) {
            window.history.go(1);   //实现浏览器前进一页
          }else {
            alert("访问历史中只有一张页面");
          }
        }
      </script>
    </head>
    <body>
      <h2>页面 1</h2>
      <a href="page2.html">页面 2</a>
      <form>
        <input type="button" value="下一页" onclick="goForward()" />
      </form>
    </body>
</html>
```

页面 2 的代码如下：

```
<html>
  <head>
    <script>
      function goBack() {
      window.history.go(-1);   //实现浏览器后退一页
      }
    </script>
  </head>
  <body>
    <h2>页面 2</h2>
    <input type="button" value="上一页" onclick="goBack()" />
  </body>
</html>
```

运行页面 1 时，如果直接单击“下一页”按钮，将会弹出对话框提示历史页面中没有下一页，效果如图 2-37 所示。只有页面 2 也被访问后，“下一页”按钮才会实现跳转的功能，浏览器转到页面 2，效果如图 2-38 所示，单击“上一页”按钮同样可实现跳转功能。

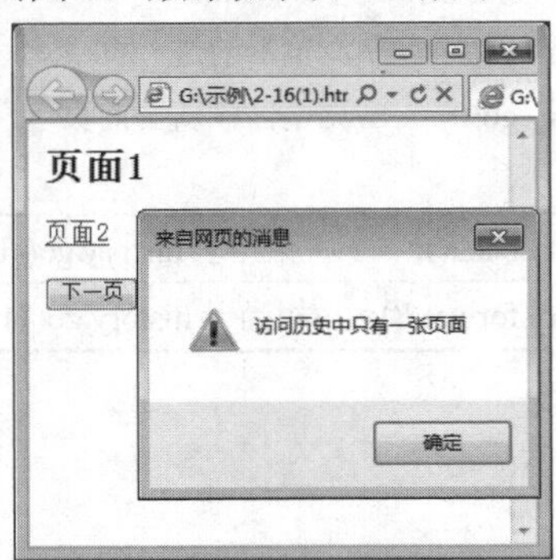

图 2-37　页面的运行效果

图 2-38　打开新的 URL

2.7 本章小结

本章讲述了 HTML 和 JavaScript 语言的基本用法。首先，介绍了 HTML 语言的基本结构和标签的概念。接下来，对网页中较常出现的标签元素进行了分析，介绍了如何编辑最基本的网页，并对实现动态网页时用于数据传递的表单进行了分析。之后，对 JavaScript 进行了详述，包括 JavaScript 的组成与引入、事件、文档对象模型和浏览器对象模型等内容。

2.8 习题

一、选择题

1. 在 HTML 中，可以使用(　　)标签向网页中插入 GIF 文件。

   A. <form>　　B. <table>　　C. <img>　　D. <body>

2. 以下说法正确的是(　　)。

   A. <a>标签是页面链接标签，只能用来链接到其他页面

   B. <a>标签是页面链接标签，只能用来链接到本页面的其他位置

   C. <a>标签的 src 属性用于指定要链接的地址

   D. <a>标签的 href 属性用于指定要链接的地址

3. 可以使单元格中的内容进行左排列的正确 HTML 标签是(　　)。

   A. <td align="left">　　B. <td valign="left">

   C. <td leftalign>　　D. <tdleft>

4. JavaScript 是运行在(　　)的脚本语言。

   A. 服务器端

   B. 客户端

   C. 在服务器运行后，把结果返回到客户端

   D. 在客户端运行后，把结果返回到服务器端

5. setTimeout("buy()",20)表示的意思是(　　)。

   A. 间隔 20 分钟后，buy()函数被调用一次

   B. 间隔 20 秒后，buy()函数被调用一次

   C. 间隔 20 毫秒后，buy()函数被调用一次

   D. buy()函数被持续调用 20 次

6. 在 JavaScript 中，能够实现页面重新加载的选项是(　　)。

   A. document.replace();　　B. document.reload();

   C. location.replace(href);　　D. location.reload();

ꙮ 第3章 ꙮ

PHP基本语法

PHP 自诞生以来不仅拥有广泛的用户群，还拥有庞大的开发团队。PHP 社区是全球最活跃的开发社区之一，人们可以在此共享代码、交流技术。JavaScript 和 CSS 都运行在浏览器上，而 PHP 代码则运行在服务器端。把针对浏览器的网页设计称为 Web 前端开发，把针对服务器端的程序开发称为 Web 后台编程。本章主要介绍 PHP 的基本语法。

本章的主要学习目标：

- 掌握 PHP 的基本语法格式
- 掌握 PHP 中常量、变量、运算符和表达式的概念和使用
- 掌握 PHP 数据类型和类型转换方式
- 掌握 PHP 语言结构
- 掌握 PHP 数据数组的使用

3.1 语法入门

学习 PHP 语言的基本语法是进行 PHP 编程开发的第一步，PHP 语言的语法混合了 C、Java 和 Perl 语言的特点，语法非常灵活，与其他编程语言相比有很多不同之处，初学者如果学习过其他编程语言，可通过体会 PHP 与其他语言的区别来学习 PHP。

3.1.1 PHP 基本格式

PHP 是一种可嵌入 HTML 中、运行在服务器端的脚本语言。PHP 代码一般是由运行在浏览器端的 HTML 代码及嵌入其中的 CSS 和 JavaScript 等客户端代码，以及运行在服务器端位于 PHP 脚本定界符“<?”和“?>”之间的服务器脚本代码两部分组成。

PHP 脚本定界符“<?”和“?>”分别标识脚本的开始和结束。由于 PHP 文件中，HTML 代码和 PHP 代码混杂在一起，没有实现页面和程序的分离，因此使用 PHP 脚本限定符就可以将 PHP 代码与其他代码进行区分，方便服务器识别。

默认情况下，PHP 是以“<?php”和“?>”标识符作为开始和结束的，有人将这种脚本定界符嵌入 HTML 中的方式称为 PHP 的 XML 风格。根据定界符的不同，PHP 代码有以下几种表示风格。

1. XML 风格

PHP 的 XML 表示风格以“<?php”和“?>”作为定界符。需要注意的是“<?”和“php”之间不能有空格。例如第 1 章第 4 节中在开发第一个 PHP 网站时输入的演示代码：

```
<?php echo 'Hello world!';?>
```

2. 短风格

有时候，会看到将 XML 风格中的 php 省略后出现的<? ?>情况，使用“<?”和“?>”作为定界符称为短风格。使用短风格，必须保证 php.ini 文件中的 short_open_tag=ON(默认是 OFF 关闭状态)。为此，可单击 WampServer 软件，在弹出的菜单中选择“PHP”，之后在弹出的子菜单中选择“php.ini”，在打开的文件中搜索“short_open_tag”，找到第 203 行，修改保存后重启所有服务使修改生效，演示代码如下：

```
<? echo 'PHP short stytle!';?>
```

但是短风格在正常情况下并不推荐使用，在 php.ini 文件中 short_open_tags 的默认设置是关闭的，一些功能设置会与这种表示方法相冲突，如与 XML 的定界符相冲突。

3. 脚本风格

PHP 7 之前的版本支持将 PHP 代码写在<script></script>标签对中，这种表示方式称为脚本风格，与 HTML 页面中 JavaScript 的表示方式十分相似，演示代码如下：

```
<script language="php">echo 'PHP script stytle';</script>
```

4. ASP 风格

受到 ASP 的影响，为了照顾 ASP 使用者对 PHP 的使用，早期的 PHP 版本提供了 ASP 的表示风格，这种风格将 PHP 代码写在“<%”和“%>”中间，但 PHP 5.3.0 以后的版本不再支持。这种表示风格仅在特殊情况下使用，并不推荐正常使用，较早版本可以通过将 php.ini 文件中的 asp_tags 由 OFF 修改为 ON 来实现。

3.1.2　PHP 编码规范

由于现在的 Web 开发往往需要多人合作，因此使用相同的编码规范显得非常重要，特别是在新的开发人员参与时，通常需要知道前期开发代码中变量的意义或函数的作用等，这就需要统一的编码规范。

1. 什么是编码规范

编码规范是一套某种编程语言的导引手册，这种导引手册规定了一系列该语言的默认编程风格，以增强这种语言的可读性、规范性和可维护性。一种语言的编程规范主要包括：文件组织、缩进、注释、声明、空格处理、命名规则等。

遵循编码规范有以下好处：

- 编码规范是对团队开发中每个成员的基本要求，编码规范程度是一个程序员能力成熟度的表现。

- 提高程序的可读性，有利于开发人员相互交流。
- 形成良好一致的编程风格，在团队开发中可以达到事半功倍的效果。
- 有助于程序的后期维护，降低软件开发成本。

2. PHP 中的编码规范

PHP 作为一种高级语言，十分强调编码规范，以下是此规范在 3 个方面的体现。

(1) 表述

在 PHP 的表述中，通常每条 PHP 语句都以“;”结尾，例如：

```
<?php
    echo 'Hello world!';
?>
```

(2) 空白

PHP 对空格、回车导致的新行、Tab 等留下的空白都进行了忽略，这与浏览器对 HTML 语言中的空白的处理是一样的。

(3) 注释

为了增强可读性，程序员会在程序语句的后面添加文字说明。PHP 支持以下几种风格的文字注释。

① 单行注释

单行注释可以使用 C++语言风格的“//”和“SHELL”风格的“#”，这在配置 Apache 服务器时，在 httpd.conf 文件中可以看到。例如：

```
<?php
    echo 'C plus plus stytle!' ;    //C++风格
    echo 'SHELL stytle!';           #SHELL 风格
?>
```

需要注意的是，单行注释的内容本身不能包含“?>”，否则解释器会认为 PHP 的脚本到此结束，而去执行“?>”后面的代码，例如：

```
<?php
    echo 'C plus plus stytle!';// There will be an error here ?> 出现错误
?>
```

② 多行注释

多行注释比较适合需要大段注释的情况，但需要注意的是多行不能嵌套使用。例如：

```
/*
    此部分是 C 语言风格的注释内容，
    可以添加多行注释。
*/
```

3.1.3 编写 PHP 程序的注意事项

PHP 是一种区分大小写的语言，主要表现在 PHP 变量和常量名是区分大小写的，但是 PHP

中的类型和方法名，以及一些关键字(如 echo、for)是不区分大小写的。在书写时，建议除了常量名外的符号都使用小写。

PHP 代码中的字符均为半角字符，中文和全角字符只能出现在字符串常量中。书写 PHP 代码时需要确保输入法在英文状态下。

在 PHP 定界符“<?php”和“?>”中必须是一行或多行完整的语句，不能把一条完整的语句存放在多对定界符中。

在 PHP 中，每条语句都以“;”结束，PHP 解析器只要看到“;”就认为一条语句结束了。因此，可以将多条语句写在一行，也可以将一条语句写成多行。

3.1.4　使用 PHP 输出 HTML

PHP 代码作为服务器端脚本在后台运行，运行得出的数据通过 PHP 自带的显示函数输出到浏览器页面中，一般使用 echo()和 print()函数。

echo()函数在前面的内容中已经使用过了，print()函数的用法与 echo()函数类似，下面是一个使用 echo()函数和 print()函数的例子，代码如下：

```
<?php
    echo("hello");          //使用带括号的 echo()
    echo"world";            //使用不带括号的 echo()
    print("hello");         //使用带括号的 print()
    print"world";           //使用不带括号的 print()
?>
```

显示函数在输出字符串时一般使用双引号将字符串括起来，单引号也可以。echo()和 print()其实都不是真正的函数，而是一种语言结构，所以调用时也可以不加括号，在实际编程中也推荐使用这种不加括号的方法。

为了使 PHP 输出更加美观的界面内容，显示风格多样的内容，可以使用 PHP 显示函数输出 HTML 代码来实现。代码如下：

```
<?php
    header("Content-type:text/html;charset=utf-8");   /*如果使用 PHP 显示函数，输出到网页中的中文内容无
法正常显示，需要添加此行代码，charset 可以选择 UTF-8 和 GBK*/
    echo '<p align="center">大标题</p>';
    print"<br/>";
    echo"<font size='5'>内容使用 5 号宋体</font>";
?>
```

为了避免在 PHP 显示函数中输入的 HTML 代码出现问题，应尽量使用单引号内部嵌入双引号，或双引号内部嵌入单引号的方式。也可以使用转义字符“\”将嵌套的引号转义。例如：

```
echo "<font size="5" >内容使用 5 号宋体</font>";   //错误的代码，双引号配对出错
```

将上述代码使用转义字符“\”进行修改后如下：

```
echo "<font size=\"5\">内容使用 5 号宋体</font>";  //使用“\”的双引号配对
```

还可以将 HTML 代码嵌入 PHP 标记之间来输出 HTML，但是这种方法对后期代码的维护

有一定的难度，特别是当 HTML 语句过长时，在编写程序逻辑代码时容易产生错误。

3.1.5 在 HTML 中嵌入 PHP

在 HTML 代码中嵌入 PHP 代码相对来说比较简单，下面是一个在 HTML 中嵌入 PHP 代码的例子，代码如下：

```
<html>
    <head>
        <title>这是一个在 HTML 中嵌入 PHP 代码的例子</title>
    </head>
    <body>
        HTML 文本框
        <input type =text value="
        <?php
        header("Content-type:text/html;charset=utf-8");
        echo'这是 PHP 输出的内容'?>;
        ">
    </body>
</html>
```

服务器在解析 PHP 文件时，如果遇到“<?php”和“?>”符号，就把这两个符号内的代码作为 PHP 代码进行解析。在 HTML 中插入 PHP 代码正是使用这种方法来完成的。上面代码的运行结果是在文本框中显示 PHP 显示函数输出的内容。

3.1.6 在 PHP 中使用简单的 JavaScript

在 PHP 代码中嵌入 JavaScript 脚本，能够与客户端进行友好的交互，强化 PHP 的功能，其应用十分广泛。在 PHP 中生成 JavaScript 脚本的方法与输出 HTML 的方法一样，可以使用显示函数。例如：

```
<?php
    header("Content-type:text/html;charset=utf-8");
    echo"<script>";
    echo"alert('这里是 JavaScript 脚本')";
    echo"</script>";
?>
```

运行页面后会弹出如图 3-1 所示的对话框。需要注意的是，同 HTML 一样，在使用 PHP 生成 JavaScript 时也要注意引号嵌套问题。

图 3-1 JavaScript 对话框

3.2 常量、变量和数据类型

程序在运行中会在内存中存储两种形态的信息，在程序运行中不能改变的值称为常量，而根据各种条件会发生变化的值称为变量。不同的变量类型对应不同的数据类型。PHP 中变量不需要声明就可以直接赋值，所以值的类型在一定程度上就是变量的数据类型。

3.2.1　常量

1. 常量的声明和定义

常量是在程序运行中其值不能改变的量。常量可以直接书写成 10、1.2、"hello"等形式，也可以使用一个标识符来代替一个常量，称为符号常量。在 PHP 中使用 define()函数来定义符号常量，符号常量一旦定义就不能再修改它的值。define()函数的原型如下：

```
boolean define ( string $name , mixed $value [, boolean $case_insensitive = false ] )
```

其中各部分解释如下：

- name 代表常量名，常量名是一个字符串，通常遵循 PHP 的编码规范使用大写英文字母表示，如 CLASS_NAME、MYAGE 等。
- value 代表常量值，可以是多种数据类型。PHP 7 系列中，value 必须是 integer、float、string、boolean、NULL 等标量类型，PHP 7 系列版本还允许使用 array 类型，但不推荐使用 resource 类型，数据类型我们将在后面具体讲解。常量就像变量一样存储数值，但与变量不同的是，常量的值只能设定一次，并且无论在代码的任何位置，它都不能被改动。常量声明后具有全局性，在函数内外都可以访问。
- case_insensitive 标识是否对大小写敏感，该值设置为 true 表示大小写不敏感，大小写不敏感的常量以小写的方式存储。设置为 false 表示大小写敏感，默认是大小写敏感的。
- 返回值类型为 boolean 型，成功时返回 true，否则返回 false。

用户可以根据 define()函数的返回值来判断一个符号常量是否已经被定义过。如果返回值为 true，表示该符号常量尚未被定义过，可以定义；返回值为 false，表示该符号常量已经被定义过，此次定义失败。例如：

```
<?php
    define("PI","3.14");                    //定义符号常量 PI，值为 3.14，默认区分大小写
    define("flag","I love PHP!",true);      //定义符号常量 flag，不区分大小写
    define("PI","3.1415926");               //这里的 PI 已经定义，返回值为 false
?>
```

2. 内置常量

PHP 的内置常量是指 PHP 在系统建立之初就已定义的那些系统常量，这些常量可以被随时调用(需要注意_FILE_等常量左右两边的两个下画线)。下面是一些常见的内置常量。

(1) _FILE_

这个内置常量存储 PHP 程序文件的物理路径及文件名。

(2) _LINE_

这个内置常量存储该变量在程序中所在的行号。

(3) PHP_VERSION

这个内置常量存储当前 PHP 解析器的版本号。

(4) _FUNCTION_

这个内置常量存储该常量所在的函数的名称。

(5) PHP_OS

这个内置常量存储执行当前 PHP 解析器的操作系统的名称。

(6) TRUE

这个内置常量存储真值(true)。

(7) FALSE

这个内置常量存储伪值(false)。

(8) E_ERROR

这个内置常量存储最近的有错误的代码位置。

(9) E_WARNING

这个内置常量存储最近的有警告的代码位置。

(10) E_PARSE

这个内置常量存储解析到语法有潜在问题的代码位置。

(11) E_NOTICE

这个内置常量存储发生不寻常但不一定是错误的代码位置，例如，访问了一个不存在的变量的代码。

3.2.2 变量

变量是指程序运行过程中其值可以变化的量。可以将变量比作一个贴有名字标签的空盒子，不同的变量类型对应不同种类的数据，就像不同种类的东西要放入不同种类的盒子。变量包括变量名、变量值和变量的数据类型三个要素。PHP 的变量是一种弱类型变量，它无特定数据类型，不需要事先声明，可以通过赋值将其初始化为任何数据类型，也可以通过赋值随意改变变量的数据类型。

1. PHP 中的变量声明

PHP 中的变量不同于 C 或者 Java 语言中的变量，需要对每个变量声明类型，PHP 中的变量不需要事先声明。PHP 中的变量名一般是以“$”作为前缀，然后以字母 a～z 的大小写或者“_”开头。合法的变量名可以是：

```
$_hello
$Aform1
```

非法的变量名如：

```
$168
$!like
```

2. 变量的作用域和生存期

(1) 变量的作用域

变量的作用域是指变量在程序中可以被使用的代码范围。在 PHP 中有 5 种基本的变量作用域法则。

- 内置的超全局变量(built-in superglobal variable)，在代码中的任意位置都可以访问。
- 常数(constant)，一旦声明，就是全局性的。可以在函数内外使用。
- 全局变量(global variable)，在代码间声明，可在代码间访问，但不能在函数内访问。
- 在函数中创建和声明为静态变量的变量，在函数外是无法访问的。但是这个静态变量的值可以保留。
- 在函数中创建和声明的局部变量，在函数外是无法访问的，并且在本函数终止时失效。

① 超全局变量

超全局变量也称自动全局变量，这种变量的特性是在程序的任何地方都可以访问，不管是在函数外还是函数内都可以。这些超全局变量是由 PHP 预先定义好以方便开发者使用的变量。超全局变量主要包括以下几种：

- $GLOBALS：包含全局变量的数组。
- $_GET：包含所有通过 GET 方法传递给代码的变量的数组。
- $_POST：包含所有通过 POST 方法传递给代码的变量的数组。
- $_FILES：包含文件上传变量的数组。
- $_COOKIES：包含 cookie 变量的数组。
- $_SERVER：包含服务器环境变量的数组。
- $_ENV：包含环境变量的数组。
- $_REQUEST：包含用户所有输入内容的数组(包括$_GET、$_POST 和$_SERVER)。
- $_SESSION：包含会话变量的数组。

② 全局变量和局部变量

对于 PHP 变量来说，如果变量被定义在函数内部，则只有这个函数内的代码才可以使用该变量，该变量的作用域是这个函数内部，这样的变量被称为局部变量。如果变量定义在所有函数外，其作用域则是除去用户自定义的函数区域后的整个 PHP 文件，此种变量被称为全局变量。在全局变量这一点上，PHP 和 ASP(VBScript)语言是不同的。例如：

```
<?php
    $a="Global variables";          //定义全局变量$a
    function fun(){                 //自定义函数 fun()
        echo $a;
        $a="Local variables";       //定义局部变量$a
        echo $a;
    }
    fun();                          //调用自定义函数输出局部变量$a
    echo $a;
?>
```

代码在运行时，会给出提示信息“NOTICE：Undefined variable: a……on line 4”，即在第 4 行有一个没有定义的变量$a。

如果一定要在函数内部引用外部定义的全局变量，或者在函数外部引用函数内部定义的局部变量，可以使用 global 关键字。例如，可以在上面的代码中增加一行代码，如下所示：

```
<?php
```

```
    $a="Global variables";          //定义全局变量$a
    function fun(){
        global $a;                  //使用 global 关键字引用函数外定义的变量$a
        echo $a;                    //输出 Global variables
        $a="Local variables";       //将变量$a 的值由 Global variables 修改为 Local variables
        echo $a;                    //输出 Local variables
    }
    fun();
    echo $a;                        //输出 Local variables
?>
```

代码运行后的输出结果为“Global variables、Local variables、Local variables”。

使用 global 关键字需要注意以下几点：

- global 的作用并不是将变量的作用域设置为全局，而是起传递参数的作用。在函数外部声明的变量，如果想在函数内部使用，就要在函数内用 global 来声明该变量。
- 不能在用 global 声明变量的同时给变量赋值。例如，global $a="Global variables"是错误的。
- global 只能写在自定义函数内部，写在函数外部没有任何用途。
- 对于 global 变量，应该用完之后就用 unset()销毁，因为它占用的资源较多。

(2) 变量的生存期

变量的生存期表示该变量在什么时间范围内存在，也可以理解为变量从被定义、分配内存空间起到变量的存储空间被回收释放为止。全局变量的生存期从它被定义的那一刻起到整个脚本代码执行结束为止；局部变量的生存期从定义它的函数被调用、变量被定义、分配内存空间开始到该函数运行结束为止。

通常，局部变量在函数调用结束后，变量中存储的值会被自动清除，所占用的存储空间也会被释放。为能在函数调用结束后，继续保存局部变量的值，可以使用 static 关键字，将局部变量定义为静态局部变量，这样当再次调用该函数时，可以继续使用上次调用结束时的变量值。例如：

```
<?php
    function teststatic(){
        static $s=0;
        echo $s;
        $s++;
    }
    teststatic();
    teststatic();
?>
```

第一次调用 teststatic()函数时，输出的 s 的结果为 0，s 自增，由 0 变成了 1；由于 static 使 s 的生存期延长，第二次调用 teststatic()函数时，输出的 s 的结果为 1。如果将上述程序中的 static 删去，则两次输出的 s 的结果都是 0：第一次调用 teststatic()函数后，s 产生的变化随着函数的结束而丢失，没有保存到第二次调用 teststatic()函数时。

静态变量的作用域也在局部函数内部，函数外部不能引用函数内部的静态变量。对静态变量赋值时不能将表达式赋给静态变量。

3. 可变变量与变量的引用

一般的变量表示很容易理解，但是有两个变量表示在概念上比较容易混淆，就是可变变量和变量的引用。

(1) 可变变量

可变变量是一种特殊的变量，这种变量的名称不是预先定义的，而是动态地设置和使用的。可变变量一般是使用一个变量的值作为另一个变量的名称，所以可变变量又称为变量的变量。直观上看可变变量就是在变量名前加一个“$”，例如：

```
<?php
    $value="guest";
    $$value="Bob";        //相当于$guest="Bob"
    Echo $guest;
?>
```

输出结果为 Bob。也可以这样理解：$value="guest"，$($value)等价于$guest，这里使用变量$value 的值 guest 作为另一个变量的名称。

(2) 变量的引用

变量的引用相当于给变量添加了一个别名，使用“&”来引用原始变量的地址，修改新变量的值将影响原始变量，反之亦然。就像是给同一个盒子贴了两个名字标签，两个名字标签指的都是同一个盒子。例如：

```
<?php
    $value="guest";
    $value1=&$value;     //为$value 取个别名$value1
    Echo $value1;
    $value1="user";      //修改$value1 相当于修改$value
    Echo $value;
?>
```

输出结果为 guest、user。使用“&”引用变量$value 并赋值给变量$value1，此时输出$value1 的值相当于输出$value 的值；修改$value1 的值相当于修改$value 的值，故输出$value 的值为 user。

3.2.3　数据类型

数据类型是一个值的集合以及定义在这个集合上的一组操作，不同的数据类型存储的数据的种类也不同。数据类型的使用往往和变量的定义联系在一起，变量的数据类型决定了变量的存储方式和操作方法。

作为一种弱类型语言，PHP 也被称为动态类型语言。在强类型语言之一的 C 语言中，一个变量只能存储一种类型的数据，并且这个变量在使用前必须先声明其类型。而在 PHP 中，不需要事先声明，赋值即可声明，给变量赋什么类型的值，这个变量就是什么类型。PHP 的数据类型如表 3-1 所示。

表 3-1　PHP 中的数据类型

数据类型	描述
整型(integer)	用来存储整数，占用 4 字节
浮点型(float 或 double)	用来存储实数，即包含小数的数
布尔型(boolean)	用来存储逻辑判断的真(true)或假(false)两种结果
字符串型(string)	用来存储字符序列，组成字符串的字符可以是字母、数字或者符号
数组型(array)	用来存储由一组具有相同数据类型的元素组成的数据结构
对象型(object)	是面向对象语言中的一种复合数据类型，对象就是类的一个实例
NULL 型	空类型，只有一个值 NULL。未被赋值的变量的值就是 NULL
资源型(resource)	资源型是 PHP 特有的数据类型，可以用来表示 PHP 扩展资源，可以是一个数据库访问操作，或一个打开的文件，也可以是其他数据类型

例如，以下几个变量：

```
$hello = "Hello world!";
```

由于 Hello world!是字符串，因此变量$hello 的数据类型就是字符串类型。

```
$hello = 10;
```

同样，由于 10 为整型，因此$hello 也就是整型。

```
$wholeprice = 10.0;
```

由于 10.0 是浮点型，因此$wholeprice 就是浮点型。

对于变量而言，如果没有定义变量的类型，则它的类型由所赋的值的类型决定。下面详细介绍几种数据类型。

1. 整型(integer)

整型(integer)是数据类型中最为基本的类型。在 32 位运算器的情况下，整型的取值是从−2147483648～+2147483647。整型可以表示为十进制、十六进制和八进制。例如：

```
3560      //十进制整数
01223     //八进制整数
0x1223    //十六进制整数
```

2. 浮点型(float 或 double)

浮点型(floating-point)表示实数。在大多数运行平台下，这个数据类型的大小为 8 字节。它的近似值范围是 2.2E-308~1.8E+308(科学记数法)。例如：

```
-1.432
1E+07
0.0
```

3. 布尔型(boolean)

布尔型(boolean)只有两个值，就是 true 和 false。布尔型是十分有用的数据类型，通过它程序可以实现逻辑判断的功能。其他的数据类型基本都有布尔属性：

- 整型，为 0 时，其布尔属性为 false；为非零时，其布尔属性为 true。
- 浮点型，为 0.0 时，其布尔属性为 false；为非零时，其布尔属性为 true。
- 字符串型，为空字符串" "，或者零字符串“0”时，其布尔属性为 false；包括除此以外的字符串时其布尔属性为 true。
- 数组型，若不含任何元素，其布尔属性为 false；只要包含元素，其布尔属性就为 true。
- 对象型，资源型，其布尔属性永远为 true。
- 空型，其布尔属性永远为 false。

4. 字符串型(string)

字符串型的数据用引号表示。引号分为双引号(" ")和单引号(' ')，这两种引号都可以表示字符串。但是这两种表示方法也有一定的区别。

双引号几乎可以包含所有的字符，但是在其中的变量显示变量的值，而不是变量的变量名，而有些特殊字符加上“\”符号就可以了；单引号内的字符是被直接显示出来的，如果存在变量，则会输出变量的名称而不是变量的值。

5. 数组型(array)

数组是 PHP 变量的集合，它是按照“键值”与“值”的对应关系组织数据的。数组的键值可以是整数，也可以是字符串。另外，数组不特意表明键值的默认情况下，数组元素的键值为从零开始的整数。

6. 对象型(object)

对象就是类的实例。当一个类被实例化以后，这个被生成的对象就被传递给一个变量，这个变量就是对象型变量。对象型变量也属于资源型变量。

7. NULL 型

NULL 型是仅拥有 NULL 值的类型。这个类型用来标记一个变量为空。一个空字符串与 NULL 是不同的。在数据库存储时会把空字符串和 NULL 分开处理。NULL 型在布尔判断时永远为 false。很多情况下，在声明一个变量时可以直接先赋值为 NULL 型，如$value=NULL。

8. 资源型(resource)

resource 类型，也就是资源型，是一种十分特殊的数据类型。它表示 PHP 的扩展资源，可以是一个打开的文件，也可以是一个数据库连接，甚至可以是其他的数据类型。但是在编程过程中，资源型几乎永远接触不到。

3.3 表达式和运算符

表达式是 PHP 中最重要的基石。在 PHP 中，几乎所写的任何有值的东西都可以是表达式，一般的表达式都是由变量、常量和运算符组成的。而运算符是一种符号，用来指定要在一个或多个表达式中执行的操作。

3.3.1 表达式

表达式是在特定语言中表达一个特定操作或动作的语句。一个表达式包括“操作数”和“操作符”。操作数可以是变量，也可以是常量。操作符或运算符则体现了要表达的各种行为，如逻辑判断、赋值或者运算等。在 PHP 代码中，使用“;”号来区分表达式，即一个表达式和一个分号组成了一条 PHP 语句。在编写程序时，应该特别注意表达式后面的“;”，不要漏写或写错，否则会提示语法错误。

3.3.2 运算符

PHP 包含多种类型的运算符。常见的运算符包括算术运算符、赋值运算符、比较运算符、逻辑运算符、连接运算符等。

1. 算术运算符

算术运算符是最简单，也是最常见的运算符，算术运算符的运算结果是一个算术值。常见的算术运算符如表 3-2 所示。

表 3-2 常见的算术运算符

运算符	名称
+	加法运算符
-	减法运算符
*	乘法运算符
/	除法运算符
%	取余运算符
++	自增运算符
--	自减运算符

如果算术运算符左右两边的任何一个操作数或两个操作数都不是数值型，那么会将操作数先转换成数值型，再执行算术运算。其中字符串转换为数值型的原则是：从字符串开头取出整数或浮点数，如果开头不是数字的话，就是 0。布尔型的 true 会转换成数值 1，false 转换成数值 0。例如：

```
$a=10+'20';
$a='5'+'5';
$a='1.3tfr'+'abc2.2';
```

上述代码中，第一行结果为 30，第二行结果为 10，第三行结果为 1.3('1.3tfr'转换为数值型数据时为 1.3，'abc2.2'转换为数值型数据时为 0)。

特别说明：++运算符是自增运算符，--运算符是自减运算符。既可以出现在变量的左边，也可以出现在变量的右边，都可以实现变量的增加 1 或减少 1 的功能。但是表达式的取值有所不同。$a++表达式的值取$a 增 1 之前的值。++$a 取$a 增 1 之后的值。

例如，

```
$a=3;
```

```
echo $a++;      //输出 3
echo $a;        //输出 4

$b=3;
echo ++$b;      //输出 4
echo $b;        //输出 4
```

2. 赋值运算符

最基本的赋值运算符是“=”，它用于对变量进行赋值，因此它的左边只能是变量，而不能是表达式。此外，PHP 中还支持像 C 等语言那样将赋值运算符与其他运算符缩写成一个新的运算符。赋值运算符的具体含义如表 3-3 所示。

表 3-3　赋值运算符的含义

赋值运算符	含义
=	将后边的值赋值给左边的变量
+=	将左边的值加上右边的值后赋给左边的变量
-=	将左边的值减去右边的值后赋给左边的变量
*=	将左边的值乘以右边的值后赋给左边的变量
/=	将左边的值除以右边的值后赋给左边的变量
.=	将左边的字符串连接到右边
%=	将左边的值对后边的值取余数后赋给左边的变量

例如，$a-=$b 等价于$a=$a-$b，$a.=$b 等价于$a=$a.$b，其他赋值运算符与之类似。从表 3-3 可以看出，赋值运算符可以使程序更加简洁，从而提高执行效率。

3. 比较运算符

比较运算符用来比较运算符两侧的操作数，如果比较结果为真，则返回 true，否则返回 false。PHP 中的比较运算符及其具体含义如表 3-4 所示。

表 3-4　比较运算符的含义

比较运算符	含义
==	是否相等
!=	不相等
>	大于
<	小于
>=	大于或等于
<=	小于或等于
===	精确等于(数值和类型都相同)
!==	不精确等于(数值不同或类型不同)

其中，“===”和“!==”需要特别注意，$b===$c 表示$b 和$c 不仅数值相等，而且两者的类型也一样。$b!==$c 有可能是数值不等，也有可能是类型不同。例如：

```
$a=6;$b=3;
```

那么$a<$b 的结果是 false，$a>$b 的结果是 true，$a!=$b 的结果是 true。

```
$c="PHP";
```

那么$c<"php"的结果是 true，因为 PHP 的第一个字符 P 比 php 的第一个字符 p 的 ASCII 码值小。

```
$d="5";
```

那么$d==5 返回的结果是 true，$d===5 返回的结果是 false，$d!==5 返回的结果是 true。

```
$e=1;
```

那么$e==true 的结果是 true，$e===true 返回的结果是 false，$e!==true 返回的结果是 true。

4. 连接运算符

PHP 中的连接运算符只有一个，即“.”，连接运算符主要用来把两个字符串连接成一个字符串。如果连接运算符左右两边的任何一个操作数或两个操作数都不是字符串类型，那么会将操作数先转换成字符串，再执行连接操作。如果其中一个操作数是整型或浮点型，PHP 也会自动把它们转换为字符串输出，如下面的示例所示：

```
$a='php'. '7';
```

此时$a 的值为 php7。

```
$a='php'. 7;
```

此时$a 的值也为 php7。

例 3.1 下面通过实例来体会“.”和“+”之间的区别。当使用“.”时，变量$m 和变量$n 两个字符串组成一个新的字符串；当使用“+”时，PHP 会认为这是一次算术运算。如果“+”的两边有字符类型，则自动转换为整型；如果是字母，则输出为 0；如果是以数字开头的字符串，则会截取字符串头部的数字部分，再进行运算。本实例代码如下：

```
<?php
    $a="520abc";
    $b=9;
    $c=$a.$b;
    echo $c."<br>";
    $d=$a+$b;
    echo $d."<br>";
?>
```

本例运行结果如图 3-2 所示。输出结果 520abc9，说明“.”运算是对两边的数据进行拼接。输出结果 529，说明“+”运算是对两边的数据进行加法运算。字符串“520abc”自动转换为整数 520 后参与加法运算。

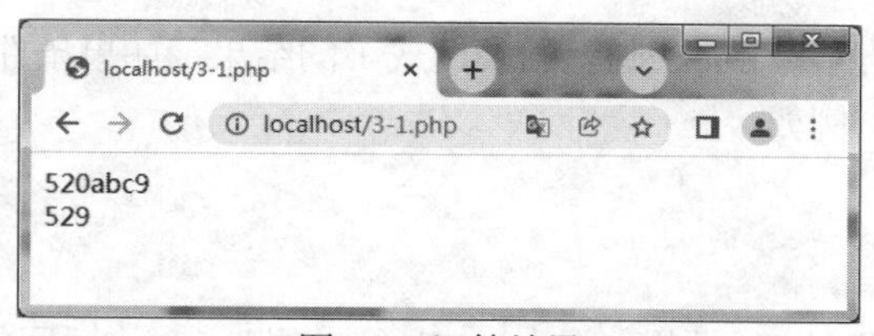

图 3-2　运算结果

5. 逻辑运算符

编程语言最重要的功能之一就是进行逻辑判断和运算。逻辑运算符用来组合逻辑运算的结果，例如，对两个布尔值或两个比较表达式进行逻辑运算，再返回一个布尔值(true 或 false)。逻辑与(&&或 AND)、逻辑或(||或 OR)、逻辑非(!或 NOT)等都是逻辑运算符。逻辑运算符的含义如表 3-5 所示。

表 3-5　逻辑运算符的含义

<table>
<tr><th>逻辑运算符</th><th>含义</th></tr>
<tr><td>&&</td><td>逻辑与</td></tr>
<tr><td>AND</td><td>逻辑与</td></tr>
<tr><td>||</td><td>逻辑或</td></tr>
<tr><td>OR</td><td>逻辑或</td></tr>
<tr><td>!</td><td>逻辑非</td></tr>
<tr><td>NOT</td><td>逻辑非</td></tr>
<tr><td>XOR</td><td>逻辑异或</td></tr>
</table>

例如：

```
!5<3&&'b'=="b";
```

上一行代码的逻辑运算结果为 true，因为 5<3 返回结果为 false，!5<3 的逻辑结果为 true；'b'=="b"返回结果为 true，因此!5<3&&'b'=="b"的逻辑运算结果为 true。

```
!(5>3&&'b'==="b");
```

上一行代码的逻辑运算结果为 true，因为 5>3 返回结果为 true，但是'b'== ="b"返回结果为 false，5>3&&'b'==="b"的结果为 false，因此!(5>3&&'b'==="b")的逻辑运算结果为 true。

另外需要注意的是：逻辑与运算符&&和 AND，以及逻辑或运算符||和 OR，它们的含义虽然相同，但是运算的优先级不同，&&的优先级比 AND 高，||的优先级比 OR 高，但是&&和||，以及 AND 和 OR 的优先级相同。如果优先级不同，则优先级高的先运算；如果优先级相同，则按从左向右的顺序执行。

6. 条件运算符

条件运算符是一个三元运算符，三元运算符需要有三个操作数。这样的操作符在 PHP 中只有一个，即“?:”。其语法结构如下：

```
条件表达式?表达式 1:表达式 2
```

如果条件表达式的结果为 true，则返回表达式 1 的结果；如果条件表达式的结果为 false，则返回表达式 2 的结果。例如：

```
$a=10;$b=3;
$a>$b?"a>b":"a<b"
```

上面的表达式会得到 a>b 的结果，因为$a>$b 的结果为 true，返回的是表达式 1 也就是 a>b 的结果。

7. 运算符的优先级和结合规则

运算符的优先级和结合规则如下。

- 运算符的优先级和结合其实与正常的数学运算符的规则十分相似。
- 加减乘除的先后顺序同数学运算中的完全一致。
- 对于括号，则先括号内再括号外。
- 对于赋值，则由右向左进行，即值依次从右边向左边的变量进行赋值。

PHP 的运算符在运算中遵循的规则是优先级高的先进行运算，优先级低的后进行运算，同一优先级的操作按照从左到右的顺序进行。一般情况是：

算术运算>关系运算>逻辑运算> 赋值运算

PHP 中详细的运算符优先级如表 3-6 所示。

表 3-6　PHP 运算符的优先级

优先级别(从高到低)	运算符
1	++，--
2	!，~
3	*，/，%
4	+，-
5	<<，>>
6	<，<=，>，>=
7	==，!=，===，!==
8	&
9	!，^
10	‖，&&
11	?:
12	赋值运算符
13	OR，AND，XOR

下面通过实例来体会运算符之间的优先级和结合规则。

例 3.2　当使用“.”时，变量$m 和变量$n 两个字符串组成一个新的字符串；当使用“+”时，PHP 会认为这是一次算术运算。如果“+”的两边有字符类型，则自动转换为整型；如果是字母，则输出为 0；如果是以数字开头的字符串，则会截取字符串头部的数字部分，再进行运算。本实例的代码如下：

```
<?php
    $a = 3 * 4 % 5;                          // (3 * 4) % 5 = 2
     echo "变量 a 的值为：".$a."<br>";      //输出 2
     $b = true ? 0 : true ? 1 : 2;           // (true ? 0 : true) ? 1 : 2 = 2
     echo "变量 b 的值为：".$b."<br>";      //输出 2

     $c = 2;
     $d = $c += 3;                           // $d = ($c += 3) -> $c = 5, $d = 5
     echo "变量 c 的值为：".$c."<br>";      //输出 5
     echo "变量 d 的值为：".$d."<br>";      //输出 5

     $e= ++$d + $d++;                      //++$d 表达式的值取$d 自增后的值，$d++表达式取$d 自增前的值
     echo "变量 d 的值为：".$d."<br>";      // 输出 7
     echo "变量 e 的值为：".$e."<br>";      //  输出 12
?>
```

本例运行结果如图 3-3 所示。

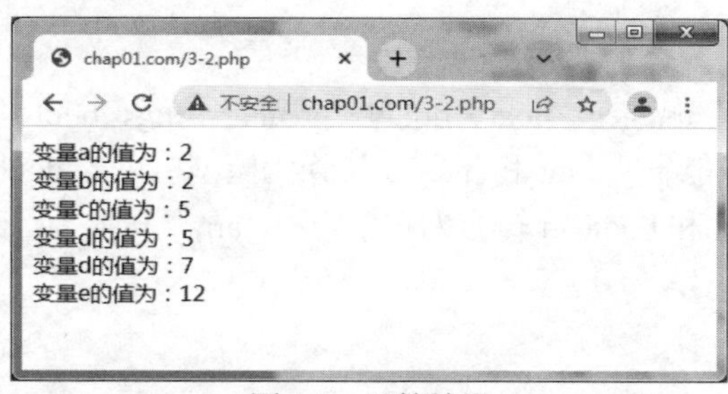

图 3-3　运算结果

在实际应用中，如果写的表达式太复杂，不妨多加一些()，让表达式更加简洁，可读性更强，也可以减少逻辑错误。

3.3.3　数据类型之间的转换

在 PHP 中数据类型的转换主要有自动类型转换和强制类型转换两种。

1. 自动类型转换

PHP 中的自动类型转换一般发生在变量重新赋值和对不同类型的变量进行运算时。

(1) 给变量重新赋值

PHP 中定义变量时不需要明确的数据类型定义，会根据使用该变量的上下文环境及赋值的数据来决定变量的类型。当对变量重新赋了一个与之前不同数据类型的值后，变量的数据类型会自动转换。例如：

```
$var="tom";        //$var 原是 string 类型
$var=10;           //重新给$var 赋值，$var 由 string 类型自动转换为 integer 类型
```

(2) 不同数据类型变量的运算

如果不同数据类型的变量进行运算，一般是算术运算符中的加法运算符“+”和连接运算

符“.”，将会选用占字节最多的一个操作数的数据类型作为运算结果的数据类型，而另外一个操作数会自动转换为占字节最多的一个操作数的数据类型。

例如，在以下代码中，“+”会自动按数字运算。

```
$x=1+1.2;           //1.2 为浮点数，1 会被当成浮点数，运算结果 2.2 是浮点数
$y=2+"1.2";         //"1.2"自动转换为浮点数 1.2，然后使用上一行转换规则进行加法运算
$z=3+"Hello";       //"Hello"转换为整型数据 0，运算结果为 3，是整型
```

例如，在以下代码中，“.”会自动按字符串运算。

```
$a=1;
$b=$a.'a';      //结果为 1a，将整型操作数 1 转换为'1'后与'a'连接成'1a'
```

2. 强制类型转换

PHP 中的强制类型转换有两种方式：

(1) 使用强制类型转换

强制类型转换可以将数据类型转换为指定的数据类型，其语法格式如下：

```
(类型名)变量或表达式
```

其中类型名包括 int、integer、float、double、real、string、bool、boolean、array、object，类型名两侧的括号一定不能省略。int 和 integer 转换为整型，float、double 和 real 转换为浮点型，string 转换为字符串，bool 和 boolean 转换为布尔类型，array 转换为数组，object 转型换为对象。例如：

```
$num1=3.14;
$num2=(int)$num1;
print_r($num1);         //输出 float(3.14)
print_r($num2);         //输出 int(3)
```

PHP 中，echo、print 和 print_r 语句的区别如下：

- echo 可以输出一个或多个字符串。
- print 只能输出简单类型变量的值，如 int，string。
- print_r 可以输出复杂类型变量的值，如数组，对象。

(2) 使用类型转换函数

可以使用 intval()、floatval()、strval()、settype()等函数实现类型的强制转换。例如：

```
$str="123.9abc";
$int=intval($str);              //转换为 int 型数值 123
$float=floatval($str);          //转换为 float 型数值 123.9
$str=strval($float);            //转换为 string 型"123.9"
$num4=12.8;
settype($num4,"int");           //将$num4 中的数据转换为 int 型
```

虽然强制数据类型转换使用起来比较方便，但也存在一些问题，例如，字符串转换为整型该如何转换，整型转换成布尔型该如何转换，这些都需要一些明确的规定，PHP 为此提供了相关的规定，如表 3-7 所示。

表 3-7　PHP 类型转换的规定

源类型	目标类型	转换规则
float	integer	保留整数部分，小数部分无条件舍去
boolean	integer 或 float	false 转换为 0，true 转换为 1
boolean	string	false 转换为空字符串" "，true 转换为 1
string	integer	从字符串开头取整数，若开头没有则转换为 0
string	float	从字符串开头取浮点数，若开头没有则转换为 0.0
string	boolean	空字符串" "或字符串 0 转换为 false
integer、float	boolean	0 转换为 false，非零的数转换为 true
integer、float	string	将所有数字转换为字符串
integer、float、boolean、string	array	创建一个数组，第一个元素是源类型数据本身
object	boolean	没有对象的转换为 false，否则转换为 true

3.4 程序流程控制结构

程序流程控制在编程语言中占有非常重要的地位，大部分的程序段都要依靠其来完成。PHP 的程序流程控制主要包括分支、判断、循环等，而这些控制语句之间大多都可以进行嵌套使用。

流程控制也叫控制结构，在一个应用程序中用来定义程序的执行流程。它决定了某个程序段是否会被执行和执行多少次。

PHP 中的控制结构语句分为 3 类：顺序控制语句、条件控制语句和循环控制语句。其中顺序控制语句是从上到下执行的，这种结构没有分支和循环，是 PHP 程序中最简单的结构。下面主要讲述条件控制语句和循环控制语句。

3.4.1　条件控制语句

在 PHP 中，有 if 语句和 switch 两种条件控制语句。if 语句又可分为单分支选择 if 语句、双分支选择 if 语句和多分支选择 if 语句三种。

1. 单分支选择 if 语句

if 语句是最为常见的条件控制语句，它的语法格式为：

```
if(条件表达式){
    语句块;
}
```

这种结构形式表示当条件表达式成立时(值为 true)，则执行语句块，否则不执行。例如：

```
if($num%2==0){
    echo "$num 是偶数。";
}
```

上述代码判断变量$num 对 2 取模的结果是否等于 0，如果条件成立，说明$num 是个偶数，会执行 echo 语句，并跳出 if 语句；如果条件不成立，则什么也不做，跳出 if 语句。如果语句块中仅有一行代码，也可将大括号省略。

2. 双分支选择 if 语句

如果是非此即彼的条件判断，就可以使用 if…else 语句。它的语法格式为：

```
if(条件表达式){
    语句块 A;
}else{
    语句块 B;
}
```

这种结构形式首先判断条件表达式是否成立(值是否为 true)，如果成立(值为 true)，则执行语句块 A，否则执行语句块 B。例如：

```
if($num%2==0){
    echo "$num 是偶数。";
}
else{
    echo "$num 是奇数。";
}
```

这里将单分支结构 if 语句的例子进行了修改，会发现两者的不同之处在于：当$num%2==0 的判断结果不成立，也就是变量$num 的值为奇数时，会执行 else 后的语句块，而单分支结构 if 语句的例子什么也不会执行。

3. 多分支选择 if…elseif…else 语句

在条件控制结构中，有时会出现多选一的情况，此时可以使用 if…elseif…else 语句。它的语法格式为：

```
if(条件表达式 1){
    语句块 1;
}elseif(条件表达式 2){
    语句块 2;
}
…
else{
    语句块 n;
}
```

这种结构形式首先判断条件表达式 1 是否成立，如果成立则执行语句块 1，执行完毕后退出该选择结构，不再判断其他条件表达式。如果条件表达式 1 不成立，则判断条件表达式 2~n-1 是否成立，如果成立则执行对应的语句块，执行完毕后退出该选择结构。如果所有表达式都不成立，则执行 else 后的语句块 n。无论何种情况，if…elseif…else 语句只会执行其中一个语句块，也就是从 n 个语句块中选择 1 个语句块。例如，求 a、b、c 三个数中的最大数，代码如下：

```
if($a<$b){
    $max=$b;
}elseif($a<$c){
```

```
        $max=$c;
    }else{
        $max=$a;
    }
```

需要注意的是，if 语句可以嵌套使用，这说明在语句块中还可以存在一个完整的 if 语句。如果语句块只有一条语句，则语句块后面一定要有“;”，如果语句块是由{}包含的复合语句，则{}后不能有“;”。

4. 多分支选择 switch 语句

switch 语句的结构给出不同情况下可能执行的程序块，条件满足哪个程序块，就执行相应的语句。可以将 switch 语句看成是多分支选择 if 语句的另外一种形式，两者可以相互转换。在要判断的条件有很多种可能的情况下，使用 switch 语句将使多分支选择结构更加清晰。它的语法格式为：

```
switch(变量或算术表达式){
    case 常量 1:语句块 1;break;
    case 常量 2:语句块 2;break;
    case 常量 3:语句块 3;break;
    …
    case 常量 n:语句块 n;break;
    default:语句块 n+1;
}
```

其中，若“条件判断语句”的结果符合某个“可能的判断结果”，就执行其对应的“命令执行语句”。如果都不符合，则执行 default 对应的默认项的“命令执行语句”。例如：

```
switch($x){
    case 1:echo "数值为 1";break;
    case 2:echo "数值为 2";break;
    case 3:echo "数值为 3";break;
    case 4:echo "数值为 4";break;
    case 5:echo "数值为 5";break;
    default: echo "数值不在 1 和 5 之间";break;
}
```

上述例子用于判断变量$x 的值，如果$x 为 1～5 其中的一个，则执行与之对应的 case 语句，然后跳出 switch 分支结构；如果$x 不为 1～5 之中的任何一个数，则执行 default 语句，然后跳出分支结构。

使用多分支 switch 语句时需要注意以下几点：

- case 语句后不能跟表示范围的条件表达式，只能跟常量。
- 各个 case 中的常量必须不相同，如果相同，则满足条件时只会执行前面一个 case 语句，后面一个 case 语句中的语句块不会被执行。
- 多个 case 可共用一组语句，此时必须写成“case 常量 2:case 常量 3:”的形式，不能写成“case 常量 2，常量 3”。
- 每个 case 语句后一般需要一个 break 语句，这样执行完该 case 语句后就会跳出该 switch

分支结构，否则，执行完该case语句后还会按顺序执行下面的case语句，直到遇到break或该分支结构执行完毕。

3.4.2　循环控制语句

循环控制语句主要包括3种，即while循环、do…while循环和for循环。while循环在代码运行的开始检查表述的真假；而do…while循环则在代码运行的末尾检查表述的真假，这样，do…while循环至少要执行一次。

1. while循环语句

while循环的语法格式为：

```
while(条件表达式){
    循环体语句块;
}
```

当“条件表达式”为真时，执行后面的“循环体语句块”，然后返回到条件表达式处继续进行判断，直到表达式的值为假，才能跳出循环，执行循环结构后面的语句。例如：

```
$num=1;
$str="20 以内的奇数有：";
while($num<=20){
    if($num%2!=0){           //判断变量$num 是否为奇数
        $str.=$num." ";      //将 str 与 1 个奇数连接起来，后面增加一个空格
    }
    $num++;                  //变量$num 自增 1
}
```

上述代码表示的含义是：判断变量$num是否小于或等于20，如果条件表达式的值为真，则执行循环体语句块。首先判断$num是否能整除2，如果不能整除则将$str和$num进行连接，如果能整除则什么也不做；然后将$num的值增加1。继续判断$num是否小于或等于20，如果条件表达式的值为真，会再次执行循环体语句块(此时$num会再增加1)，直到条件表达式的值为假，才会跳过循环体语句块部分，执行循环结构后面的语句。

2. do…while循环语句

do…while循环的语法格式为：

```
do{
    循环体语句块;
}while(条件表达式);      //注意此处有“;”
```

do…while语句是后测式循环，它将条件表达式的判断操作放在循环体语句块的下面，这样就保证了循环体语句块至少会被执行一次。与之对应的是while语句是前测式循环，while循环的循环体语句可能一次也不执行。例如：

```
$a=0;
while($a!=0){
    echo "while 要执行的内容";
```

```
}
do{
    echo "do…while 要执行的内容";
}while($a!=0);
```

上例中，$a!=0 的结果为 true，则 while 循环体语句块一次也不会执行，而 do…while 循环体语句块会执行一次。

3. for 循环语句

for 循环的语法格式为：

```
for(初始表达式;循环条件表达式;计数器表达式){      //三个参数之间用“;”分隔
    循环体语句块;
}
```

for 循环的执行过程是：先执行初始表达式(通常是给循环变量赋初值)；然后判断循环条件表达式是否成立，若成立则执行循环体语句块，否则跳出循环结构；正常执行完循环体语句块后，执行计数器表达式(通常是对循环变量进行计数)；转到判断循环体条件表达式处判断是否继续循环。例如：

```
for($i=0;$i<=5;$i++)
{
    echo "循环体语句块被执行一次<br/>";
}
```

上述代码中 for 循环会执行 6 次，当$i 的值变成 6 时，会跳出循环体结构。

4. foreach 循环语句

foreach 语句常用来对数组或对象中的元素进行遍历操作，例如，在数组中的元素个数未知的情况下很适合使用 foreach 语句，它的语法格式为：

```
foreach(数组名 as 数组元素){
    循环体语句块;        //对数组元素执行操作的代码
}
```

可以根据数组的情况分为两种，即不包含键值的数组和包含键值的数组。

不包含键值的数组如下：

```
foreach(数组 as 数组元素值){
    循环体语句块;        //对数组元素执行操作的代码
}
```

包含键值的数组如下：

```
foreach(数组 as 键值 => 数组元素值){
    循环体语句块;        //对数组元素执行操作的代码
}
```

每进行一次循环，当前数组元素的值就会被赋值给数组元素变量，数组指针会逐一移动，直到遍历结束为止。例如：

```
$arr=array("one","two","three");                //数组$arr
foreach($arr as $value){                        //使用不包含键值的数组
    echo "数组值：".$value."<br/>";
}
```

上述代码中，循环体语句块内的 echo 语句会执行 3 次，分 3 行输出数组中的 3 个数组元素。

5. 使用 break/continue 语句跳出循环

使用 break 语句可以跳出(也就是终止)循环控制语句和条件控制语句中的 switch 语句的执行。例如：

```
$n=0;
while(++$n){
    switch($n){
        case 1:echo "case one";break;
        case 2:echo "case two";break 2;
        default:echo "case three";break 1;
    }
}
```

在这段程序中，while 循环体语句块中包含一个 switch 流程控制语句。其中在“case 1”后的 break 语句会跳出 switch 语句。“case 2”后的 break 2 语句会跳出 switch 语句和包含 switch 的 while 语句。“case 3”下的 break 1 语句和“case 1”下的 break 语句一样，只是跳出 switch 语句。其中，break 后面带的数字参数是 break 要跳出的控制语句结构的层数。上述代码只会输出 case one 和 case two，无法输出 case three，因为 case 2 语句后的 break 2 会同时跳出 switch 和 while 两个控制结构。

使用 continue 语句的作用是，跳出当前的循环迭代项，直接进入下一个循环迭代项，继续执行程序，例如：

```
$n=0;
while($n++<6){
    if($n%2==0){
        continue;
    }
    echo $n."<br/>";
}
```

使用 continue 关键字，在当 n 能被 2 整除的时候，跳出本次循环，并且直接进入下一个循环迭代项。另外，continue 关键字和 break 关键字一样，都可以在后面直接跟一个数字参数，用来表示跳开循环的结构层数，例如，“continue”和“continue 1”相同，“continue 2”表示跳开所在循环和上一级循环的当前迭代项。上述代码输出 1、3、5 共 3 个数字，每个数占一行。

3.5 数组

数组是具有相同属性变量的集合，其本质作用就是操作和管理存储在其中的变量，数组可以通过用户创建获得，也可以由函数返回或由函数创建生成。

3.5.1　数组及数组类型

数组是一个能在单个变量中存储多个值的特殊变量。数组中的数值被称为数组元素(element)，每个元素都有一个与之对应的标识(index)，也称键值(key)。数组中的标识既可以是数字也可以是字符串，通过标识可以访问相应的数组元素。

PHP 中按照标识的不同将数组分为数字索引数组和关联索引数组，即标识是数字的数组和标识是字符串的数组。

1. 数字索引数组

数字索引数组是最常见的数组类型，标识默认从 0 开始计数。另外，数组变量在使用时即可创建，创建后即可使用。声明数组的方法主要有以下两种。

(1) 使用 array()函数声明数组

例如，创建一个包含 4 个数组元素的数组，其简单形式为：

```
$arr=array("电脑","冰箱","空调","洗衣机");
```

$arr 数组的长度为 4，也就是有 4 个数组元素。数组元素的标识默认从 0 开始计数，也就是 0、1、2、3，例如，$arr[0]表示数组的第 1 个元素“电脑”，$arr[2]表示数组的第 3 个元素“空调”。

也可以自行给每个数组元素的标识赋值，这需要使用 array()函数的完整形式定义。例如：

```
$arr=array("1"=>"电脑","2"=>"冰箱","3"=>"空调","4"=>"洗衣机");
```

使用完整形式进行定义，增加了对数组元素标识的赋值，标识值类型为数字就是纯数字索引数组，如果标识值类型为字符串则是关联索引数组。

(2) 直接通过为数组元素赋值的方式声明数组

如果在创建数组时不知道数组的大小，或者数组的大小可能会根据实际情况发生变化，此时可以使用直接复制的方式声明数组，创建空数组的语句也可以省略。

```
$arr=array();        //创建空数组，此语句可以省略
arr[1]="电脑";
arr[3]="冰箱";
arr[4]="空调";
arr[]="洗衣机";
```

如果给数组元素赋值时不写标识值，则其标识值为数组标识值的最大值加 1。即数组元素“洗衣机”的标识值为 4+1=5。

2. 关联索引数组

关联索引数组的标识值可以是数值和字符串的混合形式，而不像数字索引数组的标识值只能为数字。这里也可以使用完整形式的 array 函数来声明数组，例如：

```
$arr=array("商务间"=>"699","标准间"=>"399","单间"=>"299");
```

各个数组元素的标识值分别为：商务间、标准间和单间，如$arr[标准间]表示第 2 个数组元素，而不能再使用$arr[1]来访问该数组元素。

3. 创建数组时的注意事项

在创建数组时需要注意以下几项：

- 如果数组元素的标识值是浮点数、布尔型和纯数字字符串等类型，则会被强制转换为整数，如$arr[1.5]将转换为$arr[1]，$arr["5"]将转换为$arr[5]。
- 如果一个数组的标识值中存在非数字的字符，那么该标识值将以字符串的形式保存，而这个数组就是关联索引数组。
- 如果数组元素的标识值是字符串，最好给标识值加上双引号。
- 同一数组中各元素的数据类型可以不同，也可以将数组作为另外一个数组的元素。

3.5.2 构造数组

1. 一维数组

像前一小节列举的例子中，所有数组中的数组元素都是单一变量，那么这样的数组就是一维数组。这里不再举例。

2. 多维数组

如果数组中数组元素的值是一个数组，这样含有数组的数组就是多维数组，若数组元素的值是一维数组，则该数组为二维数组；若数组元素的值是二维数组，则该数组是三维数组，以此类推。也可以将多维数组看作数组的“嵌套”。创建多维数组同样可以使用 array()函数和直接给数组元素赋值两种方式。例如：

(1) 使用 array()函数创建二维数组

```
$arr=array(array("土豆","洋葱","西红柿"),array("苹果","柠檬","香蕉"),array("牛肉","羊肉","鸡肉"));
```

这里声明了一个二维数组$arr，该数组中有 3 个数组元素，每个数组元素都是一个一维数组，一维数组分别存放蔬菜、水果和肉类等信息。刚才使用 array()函数没有给数组元素标识值赋值，要访问二维数组元素，可以使用“数组名[标识值 1][标识值 2]”的形式访问，其中标识值 1 为二维数组的数组元素(也是个一维数组)的标识值，标识值 2 为上述一维数组的数组元素的标识值。例如：

```
echo $arr[1][2];        //输出$arr 中数组标识值为 1 的一维数组中标识值为 2 的元素，即香蕉
```

(2) 直接给数组元素赋值

```
$arr[0][3]="青椒";   //添加数组元素
$arr[1][2]="葡萄";   //修改数组元素，由香蕉修改为葡萄
```

例 3.3 二维数组的应用。在开发网页时，经常遇到要将数组元素的数据展示到网页上，如下学生表数据用二维数组存储，然后用 foreach 结构循环访问，显示到页面，效果如图 3-4 所示。

```
$student=array(array("20220101","张三",19),array("20220102","李四",18),
    array("20220103","王五",20));
```

```
echo '<table width="300" border="1">';
echo "<tr><th>学号</th><th>姓名</th><th>年龄</th></tr>";
foreach($student as $item){
    echo "<tr>";
        echo "<td>".$item[0]."</td>";
        echo "<td>".$item[1]."</td>";
        echo "<td>".$item[2]."</td>";
    echo "</tr>";
}
echo "</table>";
```

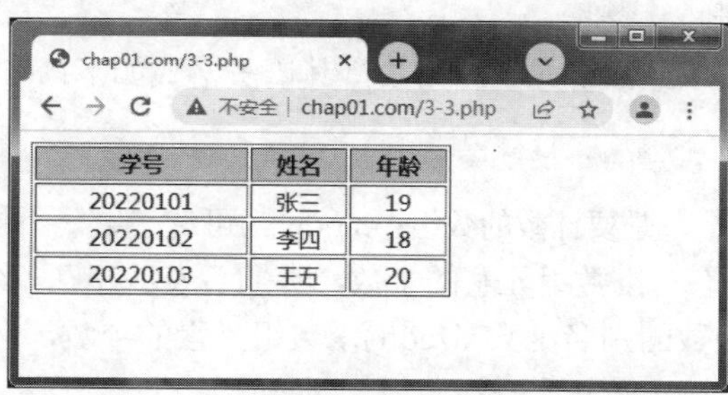

图 3-4　运算结果

3.5.3　访问数组和数组元素

1. 访问数组

数组名就代表整个数组，将数组名赋值给变量就能够复制该数组，数组名前加“&”表示数组的地址，数组同样支持传值赋值和传址赋值。传值赋值是将包含数组在内的变量数据完整地复制给新变量，原变量和新变量是各自独立存在的；传址赋值是将存放变量数据的地址赋值给新的地址变量，相当于变量的引用。例如：

```
$user=array("Tom","Bob","Jeff");
$admin=$user;                    //复制数组(传值赋值)
$admin[1]="Robin";               //修改数组元素，将 Bob 修改为 Robin
$arr=&$user                      //引用复制数组(传址赋值)，两个数组信息将保持同步
```

2. 访问数组元素

数组元素也是变量，访问单个数组元素的最简单方法就是通过“数组名[标识值]”的形式访问，该方法在前面内容中已多次使用，这里不再讲解。也可以使用大括号代替中括号的形式访问数组元素。如果要访问数组中的所有数组元素，可以使用 foreach 语句遍历数组。

3. 添加、删除和修改数组元素

数组创建完成后，用户还可以继续添加和删除数组元素。给不存在的数组元素赋值就实现了数组元素的添加，给已存在的数组元素赋值就实现了数组元素的修改，而实现数组元素的删除一般是通过 unset()方法来实现。例如：

```
$arr=array(0,1,2,3,4);          //创建数组，数组元素标识值为 0～4
$arr[5]=10;                     //添加数组元素，其标识值为 5
```

```
$arr[5]=5;                    //将标识值为5的数组元素的值修改为5
unset($arr[5]);               //将标识值为5的数组元素删除
```

3.5.4 数组的常用内置函数

PHP提供了很多操作数组的内置函数，用来对数组进行统计、快速创建、排序等操作，同时支持一维数组和多维数组。数组的常用内置函数大致可分为以下几类。

1. 数组统计

(1) 求数组元素的个数

可以使用count()函数统计数组元素的个数，其语法格式如下：

```
int count(array,mode)
```

其中array为必选参数，是要计数的数组；mode为可选参数，不填(默认为0)或者填“0”表示统计多维数组中的所有一维数组元素的个数，填“1”表示计算多维数组中的所有元素的个数，也可以使用count()函数的别名函数sizeof()求数组元素的个数，例如：

```
$arr=array(1,2,3,4,5);
echo count($arr);                              //输出5
$arr1=array(array("土豆","洋葱","西红柿","苹果"),array("苹果","柠檬","香蕉"),array("牛肉","羊肉","鸡肉"),
            array("土豆","洋葱","西红柿","苹果"),);
echo count($arr1);                             //输出4，一维数组的元素个数
echo count($arr1,1);                           //输出18，其中一维数组的元素有4个，二维数组的
                                               //元素有14个
```

(2) 求数组元素最大值、最小值

使用max()和min()可以返回数组中数组元素最大值和最小值，例如：

```
$a=array(1,3,55,99);
echo max($a);                   //输出数组元素中的最大值
echo min($a);                   //输出数组元素中的最小值
```

如果想定位数组元素最大值(最小值)所在的标识值，可使用array_search()函数，例如：

```
$pos=array_search(max($a),$a);
```

(3) 求所有数组元素值的和

使用array_sum()函数可返回数组中所有元素值的和，例如：

```
$a=array("a"=>52.2,"b"=>13.7,"c"=>0.9);
echo array_sum($a);             //输出66.8
```

(4) 求所有数组元素的乘积

使用array_product()函数可计算并返回数组元素的乘积，例如：

```
$a=array(5,5);
echo array_product($a);         //输出25
```

(5) 统计数组中所有值出现的次数

使用 array_count_values()函数可以统计数组中所有值出现的次数，并将结果返回到另外一个数组中。该函数一般用于统计投票次数，例如：

```
$a=array("A","Cat","Dog","A","Dog");
print_r(array_count_values($a));//输出结果：Array ( [A] => 2 [Cat] => 1 [Dog] => 2 )
```

2. 数组元素的添加与删除

数组是数组元素的集合。如果向数组中添加元素，就像往一个盒子里放东西一样，涉及“先进先出”和“后进先出”的问题。其中“先进先出”就像排队买票，越早进入队列就越早买到票；而“后进先出”就像给子弹夹上子弹，最后压入弹夹的最先被打出去。

(1) 向数组添加元素

可以使用 array_unshift()和 array_push()函数来实现，其中 array_unshift()在数组开头插入一个或多个元素，然后返回新数组中元素的个数；array_push()将一个或多个元素插入数组的末尾(相当于入栈)，然后返回新数组的长度，例如：

```
$a=array("a"=>"red","b"=>"green");
array_unshift($a,"blue");             //在数组开头插入一个数组元素
array_push($a,"blue","yellow");       //在数组末尾添加两个数组元素
print_r($a);                          //输出 Array ( [0] => blue [a] => red [b] => green [1] => blue [2] => yellow )
```

上例使用 array_push()函数向数组输入两个数组元素，相当于调用两次$array[]= $value(数组元素的标识值在当前最大值的基础上加 1)，即使当前数组中有字符串键名，使用 array_push()添加的元素也始终是数字键的。

(2) 从数组中删除数组元素

可以使用 array_shift()和 array_pop()函数来实现，其中 array_shift()删除数组中的第一个元素，并返回被删除元素的值；array_pop()删除数组中的最后一个元素(相当于出栈)，例如：

```
$a=array("a"=>"red","b"=>"green","c"=>"blue");
echo array_shift($a);                 //删除 red
print_r ($a);                         //输出 Array ( [b] => green [c] => blue )
array_pop($a);
print_r($a);                          //输出 Array ( [b] => green )
```

(3) 删除数组中重复的元素

使用 array_unique()函数可移除数组中重复的元素值，并返回没有重复值的新数组，例如：

```
$a=array("a"=>"red","b"=>"green","c"=>"red");
print_r(array_unique($a));     //输出 Array ( [a] => red [b] => green )
```

3. 数组元素与字符串之间的转换

可使用 explode()和 implode()函数来实现字符串和数组之间的转换。

(1) 将字符串转换为数组

使用 explode()函数可将字符串按照一定的规则拆分为数组中的元素，形成一个新数组。其语法格式为：

```
explode(separator,string,limit)
```

其中 separator 为必填项，规定在哪里分割字符串和要拆分的字符串；limit 为选填项，如果设置 limit 参数，返回的数组包含最多 limit 个元素，而最后那个元素将包含 string 参数的剩余部分，limit 值取正数、负数和 0 时有不同的效果。其中，limit 大于 0 时返回包含最多 limit 个元素的数组；limit 小于 0 时返回包含除了最后的-limit 个元素以外的所有元素的数组；limit 等于 0 时会被当作 1，返回包含一个元素的数组。

例如：

```
$str="Hello world. What a beautiful day.";
print_r (explode(" ",$str));          //limit 未赋值，数组元素个数与整个字符串分隔出的元素个数相同
print "<br>";
print_r (explode(" ",$str,2));        //limit 值为 2，按照 2 个元素存储
print "<br>";
print_r (explode(" ",$str,-3));       //limit 值为-3，按照 3 个元素存储
print "<br>";
print_r (explode(" ",$str,0));        //limit 值为 0，按照 1 个元素存储
```

输出结果为：

```
Array ( [0] => Hello [1] => world. [2] => What [3] => a [4] => beautiful [5] => day. )
Array ( [0] => Hello [1] => world. What a beautiful day. )
Array ( [0] => Hello [1] => world. [2] => What )
Array ( [0] => Hello world. What a beautiful day. )
```

(2) 将数组转换为字符串

使用 implode()函数可将数组中的元素按照一定的连接方式转换为字符串，其语法格式如下：

```
implode(separator,array)
```

其中 separator 参数可选，规定字符串中数组元素之间放置的内容，默认是""(空字符串)；array 参数必需，是要组合为字符串的数组，例如：

```
$arr=array(1,2,3,4,5);
echo implode(" ",$arr)."<br>";        //间隔符为“ ”
echo implode("+",$arr)."<br>";        //间隔符为“+”
echo implode("-",$arr)."<br>";        //间隔符为“-”
echo implode("*",$arr);               //间隔符为“*”
```

输出结果为：

```
1 2 3 4 5
1+2+3+4+5
1-2-3-4-5
1*2*3*4*5
```

implode()函数还有一个别名，即 join()函数。

4. 数组元素的排序

数组中的元素可以按字母或数字顺序进行降序或升序排列。PHP 中常用的排序函数有以下几个：

- sort()：根据数组元素值进行升序排列，为数组元素赋予新的键值(标识值)。
- rsort()：根据数组元素值进行降序排列，为数组元素赋予新的键值(标识值)。
- asort()：根据数组元素值进行升序排列，数组元素的键值(标识值)不改变。
- arsort()：根据数组元素值进行降序排列，数组元素的键值(标识值)不改变。
- ksort()：根据关联数组的键值(标识值)，对数组进行升序排列。
- krsort()：根据关联数组的键值(标识值)，对数组进行降序排列。
- array_reverse()：将数组中的元素进行逆序排列，返回逆序后的数组。

排序函数的示例如下：

```
$cars=array("Volvo","BMW","Toyota");
sort($cars);                                    //对元素值进行升序排列，重新赋键值
print_r($cars);print "<br>";
rsort($cars);                                   //对元素值进行降序排列，重新赋键值
print_r($cars);print "<br>";
$cars1=array("Volvo","BMW","Toyota");
asort($cars1);                                  //对元素值进行升序排列，键值不变
print_r($cars1);print "<br>";
arsort($cars1);                                 //对元素值进行降序排列，键值不变
print_r($cars1);print "<br>";
$cars2=array("Volvo"=>"50w","BMW"=>"30w","Toyota"=>"20w");
ksort($cars2);                                  //对键值进行升序排列
print_r($cars2);print "<br>";
krsort($cars2);                                 //对键值进行降序排列
print_r($cars2); print "<br>";
$cars3=array("Ford","BMW","Toyota");
$arr= array_reverse($cars3);                    //将数组元素逆序排列，返回逆序后的数组
print_r($arr);
```

输出结果为：

```
Array ( [0] => BMW [1] => Toyota [2] => Volvo )
Array ( [0] => Volvo [1] => Toyota [2] => BMW )
Array ( [1] => BMW [2] => Toyota [0] => Volvo )
Array ( [0] => Volvo [2] => Toyota [1] => BMW )
Array ( [BMW] => 30w [Toyota] => 20w [Volvo] => 50w )
Array ( [Volvo] => 50w [Toyota] => 20w [BMW] => 30w )
Array ( [0] => Toyota [1] => BMW [2] => Ford )
```

5. 数组和变量之间的转换

使用 PHP 内置函数可以快速实现数组元素和变量之间的相互转换。常用的函数有：

- list()：使用数组元素给一组变量赋值，要求数组键值为数字且从 0 开始连续递增。
- extract()：利用数组生成一组变量，变量名为数组键值，变量值为数组元素值。
- compact()：利用一组变量返回一个数组，其作用与 extract()相反。

示例如下：

```
$arr=array("a","b","c","d");
List($s1,$s2,$s3,$s4)=$arr;
echo $s1.$s2.$s3.$s4;
print"<br/>";
$city=array("bj"=>"Beijing","tj"=>"Tianjin","sh"=>"Shanghai");
extract($city);
print_r($bj);
print"<br/>";
$newcity=compact("bj","tj","sh");
print_r($newcity);
```

输出结果为：

```
abcd
Beijing
Array ( [bj] => Beijing [tj] => Tianjin [sh] => Shanghai )
```

6. 搜索数组

PHP 内置的搜索函数主要用来检查数组中是否存在某个值或某个键值，常用的搜索函数如下：

- in_array()：检查数组中是否存在指定的值，返回 true 或 false。
- array_search()：检查数组中是否存在某个值，返回其键值。
- array_key_exists()：检查数组中是否存在指定的键值，返回 true 或 false。
- array_keys()：返回数组中所有的键值并保存到一个新数组。
- array_values()：返回数组中所有的值并保存到一个新数组中。

示例如下：

```
$arr=array("BJ"=>"BeiJing","TJ"=>"TianJin","CQ"=>"ChongQing");
print_r(in_array("BeiJing",$arr));          //数组$arr 存在值为"BeiJing"的元素，输出 1
echo "<br/>";
print_r(array_search("TianJin",$arr));      //数组$arr 存在值为"TianJin"的元素，输出其键值 TJ
echo "<br/>";
print_r(array_key_exists("BJ",$arr));       //数组$arr 存在键值为"BJ"的元素，输出 1
echo "<br/>";
print_r(array_keys($arr));                  //将数组$arr 的所有键值作为元素值组成新数组，输出新数组
echo "<br/>";
print_r(array_values($arr));                //将数组中所有的元素值组成新数组，输出新数组
```

输出结果为：

```
1
TJ
1
Array ( [0] => BJ [1] => TJ [2] => CQ )
Array ( [0] => BeiJing [1] => TianJin [2] => ChongQing )
```

7. 操作数组指针

数组在创建时都会建一个指针(current)指向数组的第一个元素，通过指针函数可以获取指针指向的元素或键值，也可以移动 current 指针，对数组进行遍历。常用的数组指针函数如下。

- current()：返回当前指针所指向元素的值。
- key()：返回当前指针所指向元素的键值。
- next()：移动指针指向下一个元素。
- perv()：移动指针指向上一个元素。
- reset()：使指针指向第一个元素并返回所指元素的值。
- end()：使指针指向最后一个元素并返回所指元素的值。
- each()：以数组形式返回当前元素的键名和键值，其中键值为 1 和 value 的两个数组元素的值为 current 指针指向的元素的值，键值为 0 和 key 的两个数组元素的值为 current 指针指向的元素的键值。

示例如下：

```
$arr=array("BJ"=>"BeiJing","TJ"=>"TianJin","SH"=>"ShangHai","CQ"=>"ChongQing");
echo current($arr).next($arr).end($arr).prev($arr).reset($arr)."<br/>";
                                //输出第一元素、第二元素、最后一个、倒数第二个和倒数第一个元素的值
echo key($arr)."<br/>";         //当前 current 指针指向第一个元素，输出其键值
print_r(each($arr));            //以数组形式返回 current 指针指向的元素
```

输出结果如下：

```
BeiJingTianJinChongQingShangHaiBeiJing
BJ
Array ( [1] => BeiJing [value] => BeiJing [0] => BJ [key] => BJ )
```

3.6 本章小结

本章讲述了 PHP 语言的基本语法。首先，介绍了 PHP 的基本格式、编码规范和注意事项，以及如何使用 PHP 输出 HTML。接下来，对常量、变量和数据类型进行了详细讲解，对表达式和运算符进行了详细介绍。之后，对程序流程控制结构中的条件控制语句和循环控制语句进行了详述。最后，对数组的基本类型和具体操作进行了探讨。

3.7 习题

一、选择题

1. 关于 PHP 变量的说法正确的是(　　)。

　A. PHP 是一种强类型语言

　B. PHP 变量声明时需要指定其变量的类型

C. PHP 变量声明时在变量名前面使用的字符是“&”

D. PHP 变量使用时，上下文会自动确定其变量的类型

2. 下列不正确的变量名是(　　)。

A. $_test　　B. $2abc　　C. $Var　　D. $printr

3. 在 PHP 中属于比较运算符的是(　　)。

A. =　　B. !　　C. ==　　D. &

4. 运算符“%”的作用是(　　)。

A. 无效　　B. 取整　　C. 取余　　D. 除

5. 假设$a=5，有$a+=2，则$a 的值为(　　)。

A. 5　　B. 6　　C. 7　　D. 8

6. PHP 表达式$foo=1+“bob3”，则$foo 的值是(　　)。

A. 1　　B. 1bob3　　C. 1b　　D. 92

7. PHP 语法中，假设已知$a=“hello”，$b=“china”，则要得到“hello china”的字符串，应该如何操作(　　)。

A. $a+$b　　B. $a-$b　　C. $a.$b　　D. $a+=$b

8. 阅读以下 PHP 代码，并选择正确的运算结果(　　)。

```
<?php
echo ((3+(5-7*9+8)%(6-4/2)));
?>
```

A. 1　　B. 3　　C. 5　　D. 7

9. 关于 PHP 中的各种循环，说法正确的是(　　)。

A. foreach 语句用于循环遍历数组

B. do...while 是先判断再执行循环

C. while 是先循环再判断条件

D. for 循环是条件判断型的循环，与 while 相似

10. 新建一个数组的函数是(　　)。

A. array　　B. next　　C. count　　D. reset

二、编程题

1. 利用 PHP 的循环语句，输出 1～100 中所有奇数的和。

2. 编写程序，首先声明一个数组{5，20，19，42，89}，然后输出该数组中元素的最大值和最小值。

ꙮ 第4章 ꙮ

字符串和正则表达式

字符串类型的数据在 PHP 程序中经常会用到。由于 PHP 是弱类型语言，因此当使用字符串处理函数时，其他类型的数据也会被当作字符串来处理。PHP 提供了大量的字符串处理函数，这些函数使用简单、功能全面。本章主要学习如何使用字符串处理函数来处理字符串，此外，还会讲述如何使用正则表达式进行字符串的复杂处理和高级操作。

本章的主要学习目标：

- 掌握字符串的定义和显示
- 掌握常用的字符串函数
- 掌握正则表达式的语法规则
- 掌握使用正则表达式进行字符串处理的方法

4.1 字符串的定义与显示

无论何种语言，字符串操作都是其中重要的部分。由于 PHP 是弱类型语言，因此当使用字符串处理函数时，其他类型的数据也会被当作字符串来处理，PHP 提供了多种字符串的定义和显示方式。

4.1.1 字符串的定义

任何使用字母、数字、文字和符号组成的零个和多个字符序列都叫作字符串，其长度范围在 PHP 中没有严格限制，因此在操作字符串时，不用担心其长度过长的问题。PHP 规定字符串的前后必须同时加上单引号“'”或双引号“"”，单引号或双引号必须成对使用，不能混用。如果字符串中出现单引号“'”或双引号“"”并希望输出时，则需要使用转义字符(\'或\")进行转义，否则字符串内的单引号或双引号会与字符串两端的单引号或双引号造成配对错误。

1. 单引号

使用单引号包含的是纯粹的字符串，在单引号中出现的变量名和转义序列都会被当作普通字符输出。

```
<?php
    $a='hello,world!';
```

```
    echo '$a';                                   //此处会把$a 当普通字符直接输出
?>
```

2. 双引号

使用双引号包含的字符串变量名会自动被替换成其变量值后输出。

```
<?php
    $a='hello,world!';
    echo "$a";                                   //此处会输出变量$a 的值
    echo "$a This ia a good day ";               //注意变量$a 与后面的字符之间有一个空格
?>
```

需要注意的是，如果双引号包含的字符串中存在变量名，并且变量名后面有其他字符，则需要在变量名后面加上空格，将变量名与其他字符分隔开，这样可以避免 PHP 解析器将变量名及其后面的字符看成是一个新的变量名，出现未定义变量的错误。也可以使用“{”和“}”将变量名包含起来，如下所示：

```
echo "{$a}This ia a good day ";
```

在双引号中可以通过“\”转义字符输出的特殊字符主要有以下几种：

- \n：换行。
- \t：Tab。
- \\：反斜杠。
- \0：ASCII 码的 0。
- \$：把此符号转义为单纯的美元符号，而不再作为声明变量的标识符。
- \r：回车。

另外，单引号中可以通过“\”转义字符输出的特殊字符只有以下两种：

- \'：转义为单引号本身，而不作为字符串标识符。
- \\：用于将反斜杠前的反斜杠转义为反斜杠本身。

3. 定界符

除了使用单引号或双引号表示字符串外，还可使用定界符表示字符串或变量。使用定界符时需要先给定界符定义标识符，并使用两个标识符将字符串和变量包含起来。定界符标识符前必须有 3 个左尖括号，后面不能有空格；结束定界符必须单独另起一行，前面不能有任何字符。如下所示：

```
<?php
    header("Content-type:text/html;charset=GBK");
    $a="变量的内容被显示";
    echo <<<ABC
    双引号“”可以直接输出，不需要转义，\$a 也可以被输出，变量$a  也可以输出
    ABC;
?>
```

程序的输出结果为：

```
双引号“”可以直接输出，不需要转义，$a 也可以被输出，变量变量的内容被显示  也可以输出
```

上述例子中使用定界符 ABC 将含有双引号的字符串和变量的值直接输出，其中的“\$a”表示显示字符“$”。定界符中的双引号可以不使用转义字符直接显示，这适合在处理大量内容时，又不希望频繁使用转义字符的场合。

4.1.2　字符串的显示

前面的章节中已经对字符串的显示函数进行了简单的介绍，虽然显示字符串的语法格式很简单，但是在具体使用过程中要注意很多问题。本节介绍其他的显示函数，同时介绍将字符串输出到文件中的方法。

1. 输出到屏幕

字符串显示函数 echo()和 print()的使用方法前面已介绍过，两者虽然都能实现输出，但是也存在着一些区别：首先是 print()函数有返回值，echo()函数没有返回值；另外，print()函数能用于复合语句中，echo()函数则不能；最后 echo()函数可以一次输出多个字符串，而 print()函数则不可以，例如：

```
$a=print "test!";                    //输出 test!
echo $a;                             //输出 1，变量$a 的值为 print()函数的返回值
echo "hello"."world","!";            //输出 helloworld!
print "hello"."world","!";           //将提示语法错误，不期待出现“,”
```

此外，PHP 还提供了一些字符串格式化输出函数，如 printf()、sprintf()、vprintf()和 vsprintf()函数等。

printf()函数输出格式化的字符串，将参数值依次填充到指定的字符串中。这个命令和 C 语言中的 printf()函数的结构和功能是一致的，它的语法格式如下：

```
int printf(format,arg1,arg2,arg++)
```

第一个参数 format 是格式控制字符串，它规定了字符串以及如何格式化其中的变量。格式控制字符串中的字符“%”指出了一个替换标记。格式控制字符串中的每个替换标识都由一个百分号组成，后面可能跟有对齐方式字符、字段宽度或类型说明符等。例如，字符串的类型说明符为“s”，十进制整数的类型说明符为“d”，浮点数的类型说明符为“f”。arg1 规定插到 format 字符串中第一个“%”符号处的参数，arg2 规定插到第二个“%”符号处的参数，arg++以此类推。返回值是被输出字符串的长度，例如：

```
$str="hello world!";
printf("%s\n",$str);                 //输出字符串变量$str 的值，并回车
printf("%20s\n",$str);               //在字符串左边加空格补够 20 个字符后输出
printf("%020s\n",$str);              //在字符串左边加 0 补够 20 个字符后输出
$a=100;
printf("%d",$a);                     //输出整型变量$a 的值
```

由于 HTML 不识别“\n”，因此该部分代码嵌入网页中显示时只有一行。如果想将“%”打印出来，必须使用“%%”。

sprintf()函数所带的参数和 printf()函数的参数一样，但是返回值是一个内置的字符串，不输出字符串。

vprintf()函数允许使用数组作为参数，其用法和printf()函数基本相同。

vsprintf()函数和vprintf()函数一样，可以将数组作为参数，但不输出字符串。

2. 输出到文件

使用printf()函数，可以将给定的字符串格式化后输出到指定的文件或数据库中。它的语法格式如下：

```
int fprintf(stream,format,arg1,arg2,arg++)
```

fprintf()函数和printf()函数相差一个stream参数，这个参数规定在哪里写入或输出字符串，其他参数的用法和printf()函数相似，例如：

```
$number = 123;
$file = fopen("test.txt","w");      /*使用fopen()函数打开test文件，w代表只写模式。打开并清空文件的内容；
                                      如果文件不存在，则创建新文件。*/
fprintf($file,"%f",$number);        //将浮点型变量$number的值写入test文件中
```

PHP中使用fopen()函数打开文件，使用fclose($file)关闭打开的文件，fclose()函数中的$file参数一般指向前期调用fopen()函数时打开的文件。

4.2 字符串的基本操作

PHP程序开发中对字符串的操作非常频繁，如用户在注册时输入的用户名、密码以及用户留言等都被当作字符串来处理。很多时候要对这些字符串进行截取、过滤、大小写转换等操作，这时就需要用到字符串处理函数。

除了常用的字符串函数外，字符串的处理操作还包括字符串的对比与处理、字符串的替换与插入等操作，这些操作都可以使用相应的函数进行快速处理。

4.2.1 字符串的常用函数

常用的字符串处理函数如表4-1所示。

表4-1 常用的字符串处理函数及功能介绍

函数名	功能描述	示例
strlen(string)	返回字符串的长度(中文按两个字符计算)	strlen("abc8")，返回4
substr(string,start,[length])	从字符串的第start个字符开始，取长度为length的子串。如果length省略，则表示取到字符串的结尾；如果start为负数，则表示从倒数第|start|个字符的位置开始截取；如果length为负数，则表示从start开始截取到倒数第|length|个字符	substr("2010-9-6",5)，返回9-6 substr("2010-9-6",2,4)，返回10-9 substr("2010-9-6,2,-2")，返回10-9 substr("2010-9-6,-3,3")，返回9-6
strtr(string,find,replace)	将字符串中的find替换为replace，如果find和replace长度不同，则只替换两者中的长度较小者	strtr("Hilla Warld","ial","eo")，返回Hilla world (i替换成e，a换成o)

(续表)

函数名	功能描述	示例
strtok(string,split)	根据 split 指定的分隔符把字符串分隔为更小的字符串	strtok($str, " ")
strpos(string,find,[start])	返回子串 find 在字符串 string 中第一次出现的位置，未找到该子串则返回 false，区分大小写。如果有 start 参数，表示开始搜索的位置	strpos("ABCabc", "bc")，返回 4 strpos("ABCabc", "bc",5)，返回 false
stripos(string,find,[start]))	查找字符串在另一字符串中第一次出现的位置，不区分大小写。其他与 strops()函数相似	stripos("ABCabc", "bc")，返回 1
strstr(string,search)	返回从 search 开始，被搜索字符串的其余部分。如果未找到所搜索的字符串，则返回 false	strstr("ABCabc", "ab")，返回 abc
strspn(string,find,[start])	返回字符串 string 中包含 find 子串的连续字符的个数	strspn("babaadabc", "abc")，返回 5
strrev(string)	反转字符串	strrev("Hello")，返回 olleH
str_repeat(string, repeat)	把字符串重复指定的次数	str_repeat(".",6)，返回……
str_pad(string, pad_ length, pad_string, pad _type)	用特定字符串填充字符串到指定长度	echo str_pad("123",5,'+',返回 123++，将字符串 123 使用+填充到 5 位，默认填充到右侧
strip_tags(string, [allow])	去除字符串中的 HTML、XML、PHP 标记	strip_tags("Hello<b>world!</b>")，返回 Hello world !
chr(number)	返回与指定 ASCII 码对应的字符	chr(13)返回回车符
ord(string)	返回字符串中第一个字符的 ASCII 码值	ord("h")，返回 104
strtolower($str)	将字符串中的字符转换为小写	strtolower("ABc")，返回 abc
strtoupper($str)	将字符串中的字符转换为大写	strtoupper("ABc")，返回 ABC
ucfirst($str)	将字符串的第一个字符转换为大写	ucfirst("ab cd")，返回 Ab cd
ucwords($str)	将每个单词的首字母转换为大写	ucwords("ab cd")，返回 Ab Cd

下面介绍其中几个常用的字符串函数及其应用实例。

1. strlen()函数

函数 strlen()可以用来检查字符串的长度。如果从客户端传递一个字符串到服务器，若需要对字符串的长度进行限制，可以先用 strlen()获取字符串的长度，再进行下一步的处理。其语法格式如下：

```
int strlen(string str)
```

该函数的返回值为int类型，参数为字符串类型。示例如下：

```
$mystring="php";
echo strlen($mystring);                    //长度为3
$mystring="php\n";
echo strlen($mystring);                    //长度为4，其中\n代表换行符，按一个字符计算
```

程序的输出结果为：

```
3
4
```

2. strpos()函数

strpos()函数用来查找一个字符串在被搜索的字符串中第一次出现的位置，而且strpos()函数是区分大小写的。其语法格式如下：

```
int strpos ( string mystring, string substr [, int start] )
```

此函数返回一个整数，该整数为substr第一次出现在mystring字符串中的位置，例如：

```
echo strpos("hello world","world");
```

程序返回world在字符串hello world中首次出现的位置，即返回6。

strpos()函数除了有定位子串位置的功能外，还具有查找子串的功能，只要检测其返回值是否不恒等于false即可(注意：这里不能用返回值是否等于0来判断，因为如果特定子串的位置是第0个字符，其返回值也为0)。如果使用参数start，则在被搜索字符串中前start个字符中出现的substr都会被忽略。示例如下：

```
$mystring = 'abc';
$findme = 'a';
$pos = strpos($mystring, $findme);
if($pos===false)              //注意此处用===，因为a在字符串abc的第一个位置，返回值为0
{
    echo "The string '$findme' was not found in the string '$mystring'";
}
else
{
    echo "The string '$findme' was found in the string '$mystring'";
    echo " and exists at position $pos";
}
echo "<br/>";
$newstring = 'abcdef abcdef';
$pos = strpos($newstring, 'a', 1); //从第2个字符开始查询
echo $pos;
```

此程序中第二次调用的strpos()函数的参数start为1，则从字符串的第2个位置开始查询，程序的输出结果为：

```
The string 'a' was found in the string 'abc' and exists at position 0
7
```

3. stripos()函数

stripos()函数查找字符串在另一字符串中第一次出现的位置，与 strpos()函数不同的是，该函数不区分大小写。格式语法如下：

```
int stripos ( string mystring, string substr [, int start] )
```

例如，若要定位子串“php”在字符串“I like Php，I like learning phpn”中第一次出现的位置，大小写不敏感，语法示例如下：

```
$mystring="I like Php，I like learning phpn";
$substring="php";
echo stripos($mystring,$substring);
```

程序的输出结果为：

```
7
```

4. strstr()函数

strstr()函数用来返回从指定位置开始，字符串的其余部分。语法格式如下：

```
string strstr ( string mystring, string substr )
```

此函数返回一个字符串，该字符串是 mystring 字符串从第一次出现 substr 的位置到其字符串结尾部分的字符串，如果 substr 不存在，返回 false。如果 substr 是整数，则把它看作 ASCII 编码，转换为对应字符。示例如下：

```
$email = 'user@exam@ple.com';
$sub = strstr($email, '@');
echo $sub;
```

程序的输出结果为：

```
@exam@ple.com
```

5. substr()函数

substr()函数用来提取字符串的一部分。格式语法如下：

```
string substr ( string string, int start [, int length] )
```

此函数返回从指定的开始位置 start 取 length 长度的字符串，若不指定 length 长度，默认到字符串结束。如果 start 为负数，则从后往前来确定位置。示例如下：

```
echo substr('abcdef', 1);        //从 b 开始截取剩余字符串
echo "<br/>";
echo substr('abcdef', 1, 3);     //从 b 开始截取 3 个字符
echo "<br/>";
echo substr('abcdef', 0, 4);     //从 a 开始截取 4 个字符
echo "<br/>";
echo substr('abcdef', 0, 8);     //从 a 开始截取 8 个字符，相当于整个字符串
echo "<br/>";
```

```
echo substr('abcdef', -1, 1);    //从 f 开始截取 1 个字符
echo "<br/>";
```

程序的输出结果为：

```
bcdef
bcd
abcd
abcdef
f
```

6. str_repeat()函数

str_repeat()函数用来重复输出一个字符串。语法格式如下：

```
string str_repeat ( string input, int multiplier )
```

此函数返回一个重复了 multiplier 次的字符串，如果 multiplier 为 0，则返回空字符串。示例如下：

```
echo str_repeat("-=", 10);
```

程序的输出结果为：

```
-=-=-=-=-=-=-=-=-=-=
```

7. str_pad()函数

str_pad()函数的作用是用一个字符串去填充另一个字符串，最终字符串的长度为指定长度。其语法格式如下：

```
string str_pad ( string input, int pad_length [, string pad_string [, int pad_type]] )
```

此函数返回一个字符串，在原字符串 input 的左边、右边或两边填充字符串 pad_string，填充后的字符串总长度为指定的长度 pad_length。若指定长度小于填充后的字符串，超出部分不填充；如果没有指定填充字符串 pad_string，则默认填充字符串为空格。pad_type 可以是 STR_PAD_RIGHT、STR_PAD_LEFT、STR_PAD_BOTH，分别代表右边、左边、两边三种填充方式，默认在 input 的右边填充。示例如下：

```
$input = "hello";
echo str_pad($input, 10);                        //在原字符串右边填充空格，使长度达到 10
echo str_pad($input, 10, "-=", STR_PAD_LEFT);    //在原字符串左边填充“-=”，使长度达到 10
echo str_pad($input, 10, "_", STR_PAD_BOTH);     //在原字符串两边填充“_”，使长度达到 10
echo str_pad($input, 6 , "_");                   //在原字符串右边填充“_”，使长度达到 6
```

程序的输出结果如下：

```
hello
-=-=-hello
__hello___
hello_
```

4.2.2　字符串与空格

在实际应用中，字符串因经常被读取或者被其他函数操作会产生一些多余的空格。这些多余的空格参与运算时，会产生错误的结果。使用相关的字符串函数，可以很简单地解决这个问题。

1. 去除字符串左边的字符

使用 ltrim()函数可以去除字符串左边的指定字符，并返回去除指定字符后的字符串。其语法格式如下所示：

```
int ltrim(string,charlist)
```

其中参数 string 为要检查的字符串，参数 charlist 规定从字符串中删除哪些指定字符，如果省略该参数，则移除下列所有字符。

- "\0" ：NULL
- "\t" ：制表符
- "\n" ：换行
- "\x0B" ：垂直制表符
- "\r" ：回车
- " " ：空格

示例如下：

```
$str = " Hello World!";                    //注意双引号内的字符串最左侧有一个空格
echo "Without ltrim: " . $str;
echo "<br>";
echo "With ltrim: " . ltrim($str);         //去除字符串左侧的空格
echo "<br>";
$str1 = "\n\n\nHello World!";              //双引号内字符串最左侧有三个换行符
echo "Without ltrim: " . $str1;
echo "<br>";
echo "With ltrim: " . ltrim($str1);        //去除字符串左侧的换行符
```

程序的输出结果为：

```
Without ltrim: Hello World!
With ltrim: Hello World!
Without ltrim: Hello World!
With ltrim: Hello World!
```

其对应的 HTML 代码为：

```
Without ltrim:   Hello World!<br>With ltrim: Hello World!<br>Without ltrim:
Hello World!<br>With ltrim: Hello World!
```

2. 去除字符串右边的字符

使用 rtrim()函数可以去掉字符串右边的指定字符，并返回去除指定字符后的字符串，对字符串中间和左边的字符没有影响。其语法格式与使用方法与 ltrim()函数的相同。示例如下：

```
$str = "Hello World! ";                    //注意双引号内的字符串最右侧有一个空格
```

```
echo "Without rtrim: " . $str;
echo "<br>";
echo "With rtrim: " . rtrim($str);            //去除字符串右侧的空格
echo "<br>";
$str1 = "Hello World!\n\n\n";                  //双引号内字符串最右侧有三个换行符
echo "Without rtrim: " . $str1;
echo "<br>";
echo "With rtrim: " . rtrim($str1);           //去除字符串右侧的换行符
```

程序的输出结果为：

```
Without rtrim: Hello World!
With rtrim: Hello World!
Without rtrim: Hello World!
With rtrim: Hello World!
```

其对应的 HTML 代码为：

```
Without rtrim: Hello World! <br>With rtrim: Hello World!<br>Without rtrim: Hello World!
<br>With rtrim: Hello World!
```

3. 去除字符串两边的字符

使用 trim()函数可以去掉字符串左右两边的指定字符，字符串内部的字符不受影响，并返回去除指定字符后的字符串。其语法格式与使用方法与 ltrim()和 rtrim()函数的相同。这里就不再赘述了。

4.2.3 字符串的比较

字符串的比较主要集中在对类型以及大小写标记的对比上。在实际应用中，如果遇到因为书写同一英文单词时，字符的大小写不同造成运算结果出错的话，最好先对字符串进行比较，再根据比较结果进行下一步的操作。

1. 字符串的比较

字符串的比较可以使用“==”“!=”“===”“!==”等比较运算符来进行，使用“==”和“!=”比较的两个对象不一定要类型相同，如整型也可以和字符串比较。而使用“===”和“!==”比较的两个对象的类型要严格相同才可能返回 true。例如：

```
$var1="100";
$var2=100;
$var3="Hello world!";
$var4="100Hello world!";
var_dump($var1==$var2);         //返回 true
var_dump($var1===$var2);        //返回 false，要求类型也要相同
var_dump($var1==$var4);         //返回 false
var_dump($var2==$var4);         //返回 true，整型与字符串比较，会把字符串转换为整型再进行比较
var_dump($var2===$var4);        //返回 false
```

这里使用的是 var_dump()函数，可以显示一个或多个表达式的结构信息，包括表达式的类型与值。

2. 使用函数比较字符串

常用的字符串比较函数有 strcmp()、strcasecmp()、strncmp()和 strncasecmp()，它们的语法格式如下所示：

```
strcmp()函数：int strcmp(string $str1,string $str2)
strcasecmp()函数：int strcasecmp(string $str1,string $str2)
strncmp()函数：int strncmp(string $str1,string $str2,int $len)
strncasecmp()函数：int strncasecmp(string $str1,string $str2,int $len)
```

这 4 个函数都可用于比较字符串大小，如果$str1 比$str2 大，则返回大于 0 的整数；如果$str1 比$str2 小，则返回小于 0 的整数；如果两者相等，则返回 0。

上述 4 个函数的区别主要在于是否区分大小写，strcmp()函数用于区分大小写字符串的比较，而 strcasecmp()函数用于不区分大小写的字符串比较；strncmp()函数用于比较字符串的从头开始的一部分，长度取决于参数$len，区分大小写，而 strncasecmp()的功能和 strncmp()相似，只是它不区分大小写。示例如下：

```
$str1="abcd";
$str2="AbCd";
$str3="abCd";
echo strcmp($str1,$str2) ."<br/>";              //输出 1，区分大小写，a 的 ASCII 码值比 A 大
echo strcasecmp($str1,$str2) ."<br/>";          //输出 0，不区分大小写，故相等
echo strncmp($str1,$str3,3) ."<br/>";           //输出 1，区分大小写，c 的 ASCII 码值比 C 大
echo strncasecmp($str1,$str3,3) ."<br/>";       //输出 0，不区分大小写，故相等
```

程序的输出结果为：

```
1
0
1
0
```

4.2.4　字符串的替换与插入

字符串的替换和插入函数可以使用指定的字符串替换掉原来字符串中的相关字符，以组成新的字符串来参与运算。目前很多网站使用的模板系统都是使用字符串替换作为基础的。

1. 替换当前字符串中的字符

字符串替换操作中最常用的就是 str_replace()函数，其语法格式如下：

```
mixed str_replace(mixed $search,mixed $replace ,mixed $subject[,int $count])
```

str_replace()函数在字符串$subject 中查找$search 子串，并用$replace 将其替换。$count 是可选参数，表示要执行的替换操作的次数。str_replace()函数的返回值为替换后的字符串，该函数区分大小写。可以使用 str_ireplace()函数执行不区分大小写的搜索，其用法与 str_replace()函数相同，示例如下：

```
$str="I love apple!";
$replace="banana";
```

```
$finally=str_replace("apple",$replace,$str);
echo $finally;                                    //输出结果为 I love banana!
```

使用 str_replace()函数可以实现多对一、多对多的替换，但无法实现一对多的替换，示例如下：

```
$str="It is a beautifual day today.";
$arr=array("a","e","o","f");
echo str_replace($arr,"",$str);            //将字符串中的多个字符用空格替换，实现多对一
echo "<br/>";
$array1=array("a","b","c");
$array2=array("1","2","3");
echo str_replace($array1,$array2,"a1b2c3");//分别使用 1、2、3 替换 a、b、c，实现多对多
```

程序的输出结果为：

```
It is butiul dy tdy.
112233
```

使用多对多替换时，第一个数组中的元素被第二个数组中对应的元素替换，如果有一个数组的元素个数比另一个数组的元素个数少，则不足的部分会当作空来处理，例如：

```
$array1=array("a","b");
$array2=array("1","2","3");
echo str_replace($array1,$array2,"a1b2c3");       //查找字符少一个，不执行对应的替换
echo "<br/>";
echo str_replace($array2,$array1,"a1b2c3");       //被替换字符少一个，会被当作空来处理
```

程序的输出结果为：

```
1122c3
aabbc
```

2. 在指定位置插入字符串

PHP 中的 substr_replace()函数可以在指定位置插入字符串并返回一个新字符串，从而实现替换字符串一部分的效果，其语法格式如下：

```
mixed substr_replace(mixed $string ,string $replacement,int $start[,int $length])
```

其中参数$string 为需要插入替换字符串的字符串；$replacement 为替换字符串；$start 是从 0 开始计算的替换位置的偏移量，如果为 0 或者正值则从字符串开始向右计算偏移量，如果为负值则从字符串末尾向左计算偏移量；$length 是可选参数，表示要替换的长度，默认是与字符串长度相同。如果未设置$lengh 参数，则从$start 位置替换到字符串的结束位置；如果为 0，则替换字符串会在$start 位置处插入字符串；如果为正值，则表示要用替换字符串替换掉的字符串长度；如果为负值，则表示从字符串末尾开始到$length 个字符位置停止替换。

示例如下：

```
$var1="I love cat!";          //该字符串长度为 11
$var2="I love dog!";          //该字符串长度也为 11
echo substr_replace($var1,$var2,0)."<br/>";          //从$var1 的第一个字符开始替换$var2
```

```
echo substr_replace($var1,$var2,0,0)."<br/>";        //从$var1 的第一个字符开始插入$var2
echo substr_replace($var1,$var2,0,strlen($var1))."<br/>";   /*从$var1 的第一个字符开始替换字符，替换长度
                                                          为$var1 的长度，与上一行效果相同*/
echo substr_replace($var1,$var2,20,0)."<br/>";       /*从$var1 的第 20 个字符插入$var2，因本例中$var1 的长
                                                      度为 11，相当于从$var1 的最后一个字符之后开始*/
echo substr_replace($var1,$var2,-10,16)."<br/>";     /*从$var1 的倒数第 11 个字符开始从左到右替换$var2*/
echo substr_replace($var1,$var2,10,0)."<br/>";       //从$var1 的第 11 个字符插入$var2
```

程序的输出结果为：

```
I love dog!
I love dog!I love cat!
I love dog!
I love cat!I love dog!
II love dog!
I love catI love dog!!
```

3. 字符串替换函数与模板

使用 str_replace()函数替换字符串可以实现简单的模板系统。其函数原型如下所示：

```
mixed str_replace (mixed $search,mixed $replace,mixed $object [,int &$count])
```

其中$search 为要被搜索并替换的字符串，$replace 为要替换搜索的字符串，$subject 为操作的字符串，&$count 为替换次数。该函数返回在$subject 搜索$search 并替换为$replace 的新字符串或数组。

可以使用 str_replace()函数制作一个简单的网页模板，对网页的 title 和 detail 等 HTML 标签进行设置和替换。

例 4.1 字符串替换函数与模板的应用举例。

```
<?php
$html="                                     //创建一个字符串变量，值为 HTML 代码
<html>
<head>
<title>[PageTile]</title>                   //将 title 标签的值用一个特定标识符代替
</head>
<body>
<h1>[content]</h1>                          //将网页内容用一个特定标识符代替
<img src=[url]>                             //将图片路径用一个特定标识符代替
</body>
</html>
";
$html=str_replace("[PageTile]","冬奥会优秀运动员",$html);      //用具体的值替代 title 的值
$html=str_replace("[content]","刻苦训练的年轻小将苏翊鸣获奥运冠军",$html);
 //用具体的值代替网页内容
$html=str_replace("[url]","./images/苏翊鸣.png",$html);        //用具体的值代替图片路径
echo "$html";                                                 //使用 echo()输出 HTML 代码
?>
```

程序的输出结果如图 4-1 所示。

图 4-1　简单网页模板的应用

4.2.5　字符串与 HTML

在读取和操作 HTML 文件时，经常会遇到一些特殊的字符串，这些特殊的字符串都是由 HTML 标签转换而成的。在操作带有 HTML 标签的字符串或文件时，可以使用相关函数来得到需要的结果。

1. 把字符转换为 HTML 实体形式

使用 htmlspecialchars()函数可以把 HTML 文件中类似&、‘、“、<、>这样的字符，转换为 HTML 的实体形式。而使用 htmlentities()函数，可以把所有能转换为 HTML 实体的字符，都转换为 HTML 实体形式。例如：

```
$html='<p align="center">     CONTENT</p>';
echo "输出带特殊字符的 HTML 代码";
echo $html;
echo "输出转换后的 HTML 代码"."<br/>";
$html=htmlspecialchars($html);
echo $html;
```

程序的输出结果为：

```
输出带特殊字符的 HTML 代码
     CONTENT
输出转换后的 HTML 代码
<p align="center">     CONTENT</p>
```

使用 htmlspecialchars()函数可以转换下面的 5 个字符，并在网页中显示，如表 4-2 所示。

表 4-2　htmlspecialchars()函数可以转换的字符列表

原字符	字符名称	转换后的字符
&	AND 字符	&
‘	单引号	'
“	双引号	"
<	小于号	<
>	大于号	>

2. 把 HTML 实体转换为特殊字符

使用 htmlspecialchars_decode()函数，可以把 HTML 的实体形式转换为 HTML 格式，而使用 html_entity_decode()函数可以把所有转换为 HTML 实体的字符，转换为 HTML 格式，例如：

```
$html='&lt;b&gt;正文内容&lt;/b&gt;';
echo $html."<br/>";
$html=htmlspecialchars_decode($html);            //将 HTML 实体形式转换为 HTML 格式
echo $html;
```

程序的输出结果为：

```
<b>正文内容</b>
正文内容
```

htmlspecialchars()函数与 htmlspecialchars_decode()函数的功能是相反的，htmlentities()函数与 html_entity_decode()函数的功能也是相反的。

3. 换行符的转换

在 HTML 文件中使用“\n”显示 HTML 代码后，并不能显示换行的效果，这时可以使用 nl2br()函数把字符串的“\n”替换为“
”，示例如下：

```
$string="测试用带\n 的字符串";
echo "显示带有\\n 的字符串". "<br/>";
$string=nl2br($string);
echo $string;
```

程序的输出结果为：

```
显示带有\n 的字符串
测试用带
的字符串
```

4.3 正则表达式

正则表达式(Regular Expression)具有广泛的应用范围，不仅 PHP 脚本代码中支持正则表达式，类似 JavaScript 这一类的客户端脚本也提供了对正则表达式的支持。PHP 较早前的版本支持 POSIX 和 Perl 两种风格的正则表达式语法。自 PHP 5.3 版以后，不再支持 POSIX 风格的正则表达式。本节将对 Perl 风格的表达式进行介绍。

4.3.1 正则表达式的基本知识

在上一节的字符串基本操作中，虽然可以使用字符串函数进行简单的模式匹配，但是需要给出确切的匹配字符串来进行操作，而要进行更加复杂的模式匹配，就需要使用正则表达式。

正则表达式就是由普通字符(又称原子，如字符 a~z)和特殊字符(又称元字符)组成的字符串，是一种描述字符串结果的语法规则，可以用来匹配、替换和截取匹配的字符串。当正则表达式使用这些规则时，可以根据设定好的内容对限定的字符串进行匹配。

使用正则表达式可以完成以下操作：

- 测试字符串是否符合某个模式。例如，可以对一个输入字符串进行测试，判断该字符串中是否存在一个 Email 地址模式、一个手机号或身份证号模式。这些测试称为数据有效性验证。
- 替换文本。可以在文档中使用一个正则表达式来标识特定字符串，然后可以全部将其删除，或者替换为其他的字符串。
- 根据模式匹配从字符串中提取一个子字符串。可以用来在文本或输入字段中查找特定字符串。

4.3.2 正则表达式的语法

要编写正则表达式，首先要了解正则表达式的语法。正则表达式由普通字符和元字符组成，通过普通字符和元字符的不同组合，可以写出具有不同功能的正则表达式。元字符主要用于模式匹配，表 4-3 列出了元字符的含义说明。

表 4-3 元字符的含义说明

元字符	描述	示例
\	转义符，将字符串中的元字符当作普通的字符匹配	正则表达式*a 匹配*a
.	匹配除“\n”外的任意单个字符	正则表达式 a.c 可以匹配 aac，a2c，a#c 等
$	匹配字符串的结尾	正则表达式 abc$可以匹配以 abc 为结尾的字符串
^	匹配字符串的开始	正则表达式^what 可以匹配以 what 开始的字符串
*	匹配*前面的子串零次或多次	正则表达式 zo*能匹配 z 以及 zoo。*等价于{0,}
+	匹配*前面的子串一次或多次	正则表达式 zo+能匹配 zo 以及 zoo，但不能匹配 z。+等价于{1,}
?	匹配?前面的子串零次或一次	正则表达式 a?b 可以匹配 b、ab 等字符串
{n}	匹配指定个数的字符	正则表达式[0~9]{11}可以匹配由 11 个 0~9 的数字字符组成的字符串
{n1,n2}	匹配个数在 n1～n2 范围的字符	正则表达式[0~9]{8,11}可以匹配由 8~11 个数字字符组成的字符串

(续表)

元字符	描述	示例
[ ]	匹配[]中的任何一个字符	正则表达式[ab]c 可以匹配 ac、bc
[c1-c2]	在[]中使用连字符-指定字符区间	正则表达式[0-9]可以匹配任何数字字符
[^c1-c2]	匹配除了[]中的任意字符	正则表达式[^0-9]匹配除数字字符之外的任意字符
|	从多个选项中选择一个进行匹配	正则表达式(a|b|c)可以匹配 a 或 b 或 c
()	用于定义匹配的子模式	使用圆括号“()”可将表达式分割为多个子表达式
(pattern)	匹配 pattern 并获取这一匹配	可在产生的 Matches 集合中得到获取的匹配
(?:pattern)	匹配 pattern 但不获取匹配结果	非获取匹配，匹配结果不保存
(?=pattern)	正向预查，在匹配 pattern 的字符串中查找	非获取匹配，匹配结果不保存
(?!pattern)	负向预查，在不匹配 pattern 的字符串中查找	非获取匹配，匹配结果不保存
\b	匹配一个单词的边界	er\b 匹配 nerver 的 er，不匹配 verb 的 er
\B	匹配非单词的边界	er\B 匹配 verb 的 er，不匹配 nerver 的 er
\cx	匹配由 x 指明的控制字符，x 的值必须为大写或小写字母	正则表达式\cM 匹配一个回车符
\d	匹配一个数字字符	等价于[0-9]
\D	匹配一个非数字字符	等价于[^0-9]
\f	匹配一个换页符	等价于\x0c 和\cL
\n	匹配一个换行符	等价于\x0a 和\cJ
\r	匹配一个回车符	等价于\x0d 和\cM
\s	匹配任何空白字符，含空格、换页符等	等价于[\f\n\r\t\v]
\S	匹配任何非空白字符	等价于[^\f\n\r\t\v]
\t	匹配一个制表符	等价于\x09 和\cI
\v	匹配一个垂直制表符	等价于\x0b 和\cK
\w	匹配包括下画线的任何单词字符	等价于[A-Za-z0-9_]
\W	匹配任何非单词字符	等价于[^A-Za-z0-9_]
\num	匹配 num，其中 num 是正整数	

Perl 中正则表达式函数使用的模式类似于 Perl 中的语法，其表达式应包含在定界符中，除数字、字母、反斜线外的任一字符，都可以用作定界符。如果作为定界符的字符要出现在表达式中，可以使用反斜线进行转义。

正则表达式按照从左到右的顺序进行运算，并遵循优先级顺序，这与算术表达式非常类似。相同优先级的从左到右进行运算，不同优先级的运算先高后低。表 4-4 从最高到最低说明了各种正则表达式运算符的优先级顺序。

表 4-4　PHP 正则表达式运算符的优先级

运算符	描述
\	转义符
(), (?:), (?=), []	圆括号和方括号
*, +, ?, {n}, {n,}, {n,m}	限定符
^, $, \任何元字符、任何字符	定位点和序列(即位置和顺序)
		替换，“或”操作字符具有高于替换运算符的优先级，使得“m|food”匹配“m”或“food”。若要匹配“mood”或“food”，请使用括号创建子表达式，从而产生“(m|f)ood”

1. 返回与模式匹配的数组单元

使用 preg_grep()函数，可以根据给定的字符或正则表达式查找指定数组，并返回与查找条件相匹配的单元。其语法格式如下：

```
array preg_grep( string $pattern, array $input [, int $flags] );
```

该函数返回给定数组 input 中与模式 pattern 匹配的元素组成的数组。如果将 flag 设置为 PREG_GREP_INVERT，则该函数返回 input 数组中与给定模式 pattern 不匹配的元素组成的数组。

示例如下：

```
$foods = array("pasta","steak","fish","potatoes");
$p_foods = preg_grep('/^f/', $foods);       /*正则表达式中的'/'为定界符，^f 表示匹配以 f 开头的字符串*/
print_r ($p_foods);
```

程序的输出结果为：

```
Array( [2] => fish )
```

需要注意的是，preg_grep()函数运行后，返回的数组会使用原数组的键名进行索引。

2. 正则表达式的匹配

使用 preg_match()函数可以查找字符串与字符串匹配的情况，并返回字符串的长度，还可以借助参数返回匹配字符的数组。其语法格式如下：

```
int preg_match(string $pattern,string $subject[,array &$matches[,int $flags [,int $offset]]])
```

该函数在 subject 中按照 pattern 给定的正则表达式进行搜索匹配。如果提供了参数 matches，它将被用来填充搜索结果。$matches[0]将包含完整模式匹配到的文本，$matches[1]将包含第一个子模式匹配到的文本。flags 被设置为 PREG_OFFSET_CAPTURE 时，每一个成功的匹配都会返回相对于目标字符串的偏移量，但会改变填充 matches 参数的数组，使其每个元素成为一个由第 0 个元素匹配到的字符串，第 1 个元素是该匹配字符串在目标字符串 subject 中的偏移量。参数 offset 用于指定从目标字符串的某个位置开始搜索(单位是字节)。返回值为 pattern 的匹配次数，值是 0 或 1，因为 preg_match()在第一次匹配后将会停止搜索。

例如，从网页的 URL 中获取主机名称，示例如下：

```
preg_match('@^(?:http://)?([^/]+)@i',"http://www.sohu.com/index.html",$matches);
/*从 URL 中获取主机名称。正则表达式中的@为定界符，末尾@后的 i 表示大小写不敏感搜索，^(?:http://)?
表示字符串以 http://开头或者不以 http://开头；([^/]+)表示截取 URL 到末尾(URL 中不存在“/”时)或者第
一个“/”的位置处。*/
$host = $matches[1];
preg_match('/[^.]+\.[^.]+$/', $host, $matches);
/*获取主机名称的后面两部分。正则表达式中的/为定界符，[^.]+表示不包含“.”的任一字符串，长度为 1
个或者多个字符串；\.[^.]+$表示以“.”为开始，不包含“.”的任一字符的，且长度为 1 个或者多个字符
串为结尾的字符串。*/
echo "domain name is: {$matches[0]}\n";
```

程序的输出结果为：

```
domain name is: sohu.com
```

preg_match()函数运行后将返回一个数值，当查找到相关匹配时，返回 1 并停止搜索；如果没有查到相关匹配，则返回 0。

3. 全局正则表达式匹配

preg_match_all()函数可以在字符串中搜索与给定的正则表达式相匹配的内容，并将结果按指定的顺序放到数组中。preg_match_all()函数与 preg_match()函数的作用一样，其区别在于：preg_match()函数在搜索到第 1 个字符匹配后，将停止搜索；而 preg_match_all()函数在搜索到第 1 个匹配后，会从第 1 个匹配项继续搜索，直到搜索完整个字符串。其语法格式如下：

```
int preg_match_all(string $pattern,string $subject[,array &$matches[,int $flags[,int $offset]]])
```

preg_match_all()函数的$flags 参数的取值可以为以下几种：

(1) PREG_PATTERN_ORDER：结果排序为$matches[0]保存完整模式的所有匹配，$matches[1]保存第一个子模式的所有匹配，以此类推。

(2) PREG_SET_ORDER：结果排序为$matches[0]包含第一次匹配得到的所有匹配(包含子组)，$matches[1]包含第二次匹配得到的所有匹配(包含子组)的数组，以此类推。

(3) PREG_OFFSET_CAPTURE：如果这个标记被传递，每个发现的匹配在返回时会增加它相对目标字符串的偏移量。

例如，使用 preg_match_all()函数查找匹配的 HTML 标签，示例如下：

```
$html = "<b>bold text</b><a href=howdy.html>click me</a>";
preg_match_all('/(<([\w]+)[^>]*>)(.*?)(<\/\2>)/', $html, $matches,PREG_SET_ORDER);
/*\2 是一个后向引用的示例。它必须匹配正则表达式中的第二个圆括号( ([\w]+)), 使用相同的标签*/
foreach ($matches as $val) {
    echo "matched: " . $val[0] . "\n";
    echo "part 1: " . $val[1] . "\n";
    echo "part 2: " . $val[2] . "\n";
    echo "part 3: " . $val[3] . "\n";
    echo "part 4: " . $val[4] . "\n\n";
}
```

程序的输出结果为：

```
matched: bold text
part 1:
part 2: b
part 3: bold text
part 4:
matched: click me
part 1:
part 2: a
part 3: click me
part 4:
```

4. 转义正则表达式字符

当在正则表达式中使用特殊字符时，需要对这些特殊字符进行转义。使用preg_quote()函数可以对指定的字符串中的特殊字符自动进行转义，这些字符包括：.、\、+、*、?、[、^、]、$、(、)、{、}、=、<、>、|、:。

preg_quote()函数不仅可以用于转义正则表达式的特殊字符(元字符)，也可以为字符串中的特殊字符加上反斜线“\”。其格式语法如下：

```
string preg_quote ( string $str [, string $delimiter = NULL ] );
```

参数$str为输入字符串，参数$delimiter为可选参数，用于指定需要转义的字符，这通常用于转义正则表达式使用的分隔符。返回值为转义后的字符串。也可用于二进制对象的操作，示例如下：

```
//转义$和/等特殊字符(元字符)
$keywords = '$40 for a g3/400';
$keywords = preg_quote($keywords, '/');
echo $keywords;
```

程序的输出结果为：

```
\$40 for a g3\/400
```

5. 正则表达式的搜索和替换

使用preg_replace()函数，可以在字符串中搜索与正则表达式相匹配的项，并替换为一个指定的字符串。preg_replace()函数默认替换所有匹配项，也可以使用参数控制替换的匹配项。preg_replace()函数与POSIX风格的正则表达式ereg_replace()函数实现的功能是一样的。其语法格式如下：

```
mixed preg_replace (mixed $pattern , mixed $replacement , mixed $subject [, int $limit = -1 [, int &$count ]] )
```

该函数在subject中搜索符合pattern模式的子字符串，并以replacement进行替换。其中，$pattern为要搜索的模式，可以是字符串或一个字符串数组；$replacement为用于替换的字符串或字符串数组；$subject为要搜索替换的目标字符串或字符串数组；$limit可选，对于每个模式用于每个subject字符串的最大可替换次数，默认是-1(无限制)；$count也可选，为替换执行的次数；如果 subject 是一个数组，则 preg_replace()函数返回一个数组，其他情况下则返回一个字符串。如果匹配被找到，则返回替换后的 subject，其他情况下返回没有改变的 subject。如果发生错误，返回 NULL。

示例如下：

```
$str = 'goo o     gle';
//将字符串中的空格用‘’字符代替，返回生成的新字符串
$str = preg_replace('/\s+/', '', $str);
echo $str."<br/>";
$count = 0;
//将字符串中的数字和空格用“*”代替，使用参数 count 并将替换的字符个数赋值给它
echo preg_replace(array('/\d/', '/\s/'), '*', 'wind dows    2000 to xp', -1 , $count)."<br/>";
echo $count."<br/>";
```

程序的输出结果为：

```
gooogle
wind*dows*******to*xp
9
```

6. 用正则表达式分隔字符串

preg_split()函数可以使用正则表达式作为边界将字符串分割成多个子字符串，其返回值是以子字符串为元素的数组。其语法格式如下：

```
array preg_split ( string $pattern , string $subject [, int $limit = -1 [, int $flags = 0 ]] );
```

其中，$pattern 参数为字符串形式，表示用于搜索的模式；$subject 为要被分隔的字符串；$limit 参数可选，如果指定，将限制分隔得到的子串最多只有 limit 个，返回的最后一个子串将包含被分隔的字符串中的所有剩余部分。limit 值为-1、0 或 null 时都代表“不限制”子串的个数。$count 参数也是可选的，可以是下面标记的任意组合。

- PREG_SPLIT_NO_EMPTY：如果这个标记被设置，preg_split()将返回分隔后的非空部分。
- PREG_SPLIT_DELIM_CAPTURE：如果这个标记被设置，用于分隔的模式中的括号表达式将被捕获并返回。
- PREG_SPLIT_OFFSET_CAPTURE：如果这个标记被设置，对于每个出现的匹配在返回时将会附加字符串偏移量。

示例如下：

```
header("Content-type:text/html;charset=GBK");
$keywords = preg_split("/[\s,]+/", "php,Hypertext Preprocessor");
echo "使用逗号或空格分隔字符串:<br/>";
print_r($keywords);
echo "<br/>";

$str = 'Hypertext';
$chars = preg_split('//', $str, -1, PREG_SPLIT_NO_EMPTY);
echo "将一个字符串分隔为组成它的字符 :<br/>";
```

```
print_r($chars);
echo "<br/>";

$str = 'hypertext language programming';
$chars = preg_split('/ /', $str, -1, PREG_SPLIT_OFFSET_CAPTURE);
echo "分隔一个字符串并获取每部分的偏移量:<br/>";
print_r($chars);
echo "<br/>";
```

程序的运行结果如下：

```
使用逗号或空格分隔字符串:
Array ( [0] => php [1] => Hypertext [2] => Preprocessor )
将一个字符串分隔为组成它的字符 :
Array ( [0] => H [1] => y [2] => p [3] => e [4] => r [5] => t [6] => e [7] => x [8] => t )
分隔一个字符串并获取每部分的偏移量:
Array ( [0] => Array ( [0] => hypertext [1] => 0 ) [1] => Array ( [0] => language
    [1] => 10 ) [2] => Array ( [0] => programming [1] => 19 ) )
```

上例中的 preg_split()函数将$count 参数设置为 PREG_SPLIT_OFFSET_CAPTURE，返回值为一个二维数组，每个数组元素都是一个一维数组，一维数组中存放截取的单词以及这个单词首字母与字符串的偏移量。

4.3.3 正则表达式应用实例

正则表达式主要应用在复杂的字符串操作上，最常见的用法是检测特殊字符串是否符合某类规定，例如，电子邮件地址、身份证号、手机号、IP 地址及邮政编码等。本节将介绍正则表达式的综合应用实例。

例 4.2 使用正则表达式验证用户输入表单的内容是否满足格式要求。

新建一个 PHP 文件，文件名为 4-2.php，输入以下代码：

```
<html>
<head>
<meta http-equiv="Content-Type" Content="text/html;charset="UTF-8"/>
<title>用户注册页面</title>
<!--
.STYTLE1{font-size:14px;color:red;}
-->
</head>
<body>
<form name="frame1" method="post" action="check.php">
<div align="center"><font size="5" color="blue">新用户注册</font></div>
<table border="1" align="center">
<tr><td>用户名：</td>
<td><input type="text" name="ID"></td>
<td class="STYTLE1">*不超过 10 个字符(数字、字母和下画线)</td></tr>
<tr><td>密码：</td>
<td><input type="text" name="PWD" size="21"></td>
<td class="STYTLE1">*4~14 个数字</td></tr>
```

```
<tr><td>手机号码：</td>
<td><input type="text" name="PHONE"></td>
<td class="TYTLE1">*11 位数字，首位为 1</td></tr>
<tr><td>邮箱：</td>
<td><input type="text" name="EMAIL"></td>
<td class="STYTLE1">*有效的邮件地址</td></tr>
<tr><td colspan="3" align="center">
<input type="submit" name="GO" value="注册">    
<input type="reset" name="NO" value="取消"></td></tr>
</table>
</form>
</body>
</html>
```

另外新建一个 PHP 文件，文件名为 check.php，输入以下代码：

```
<?php
include "4-2.php";
$id=$_POST['ID'];
$pwd=$_POST['PWD'];
$phone=$_POST['PHONE'];
$email=$_POST['EMAIL'];
$checkid=preg_match("/^\w{1,10}$/",$id);
$checkpwd=preg_match("/^\d{4,14}$/",$pwd);
$checkphone=preg_match("/^1\d{10}$/",$phone);
$checkemail=preg_match("/^[a-zA-Z0-9_\-]+@[a-zA-Z0-9]+\.[a-zA-Z0-9\-\.]+$/",$email);

if($checkid&&$checkpwd&&$checkphone&&$checkemail)
    echo "注册成功！";
else
    echo "注册失败，未按要求注册！";
?>
```

新用户注册页面的运行效果如图 4-2 所示。

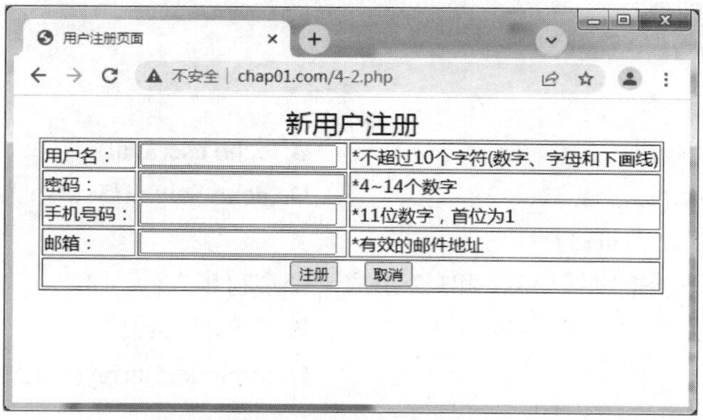

图 4-2　新用户注册页面

如果用户未按照要求进行注册，将会跳转到 check.php 页面，并在页面输出提示信息“注册失败，未按要求注册！”，如图 4-3 所示。

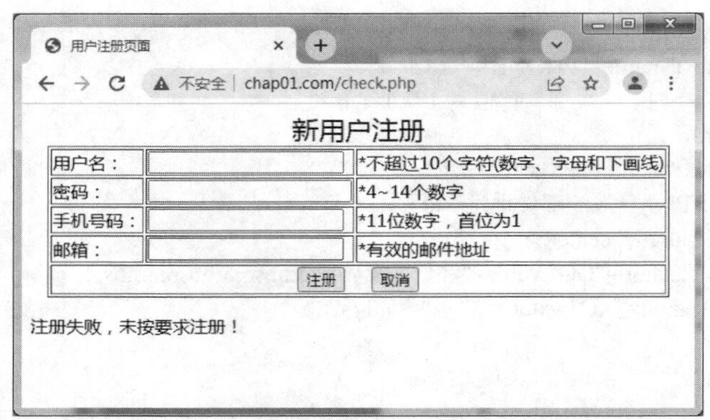

图 4-3　注册失败页面

4.4　本章小结

本章首先介绍了字符串的定义方式和常用的格式化显示函数，通过示例讲解了字符串常用的内置函数；然后介绍了正则表达式的基本知识及Perl兼容正则表达式的语法，以及常用的preg系列函数，最后通过一个综合实例练习了正则表达式的用法。

4.5　习题

一、选择题

1. 考虑如下脚本。标记处应该添加什么代码才能让脚本输出字符串php？(　　)

```
<?php
$alpha = 'abcdefghijklmnopqrstuvwxyz';
$letters = array(15, 7, 15);
foreach($letters as $val) {
        /*这里应该加入什么代码*/
}
?>
```

A. echo chr($val);　　　B. echo asc($val);

C. echo substr($alpha, $val, 2);　　　D. echo $alpha{$val};

E. echo $alpha{$val+1}

2. 以下哪一项不能把字符串$s1和$s2组成一个字符串？(　　)

A. $s1 + $s2　　　B. "{$s1}{$s2}"

C. $s1.$s2　　　D. implode('', array($s1,$s2))

E. 以上都可以

3. 变量$email 的值是字符串 user@example.com，以下哪项能把字符串转换成example.com？(　　)

A. substr($email, strpos($email, "@"));　　　B. strstr($email, "@");

C. strchr($email, "@");　　D. substr($email, strpos($email, "@")+1);
E. strrpos($email, "@");

4. 给定一个用逗号分隔一组值的字符串，以下哪个函数仅调用一次就能把每个独立的值放入一个新建的数组中？(　　)

A. strstr()　　B. 不可能只调用一次就完成
C. extract()　　D. explode()
E. strtok()

5. 要比较两个字符串，以下哪种方法最万能？(　　)

A. 用 strpos 函数　　B. 用==操作符　　C. 用 strcasecmp()　　D. 用 strcmp()

6. 以下哪个正则表达式能匹配字符串 php|architect？(　　)

A. .*　　B. ...|.........　　C. d{3}|d{8}
D. [az]{3}|[az]{9}　　E. [a-z][a-z][a-z]|w{9}

7. 基于指定的模式(pattern)把一个字符串分隔开并放入数组，以下哪些函数能做到？(　　)(双选)

A. preg_split()　　B. ereg()　　C. str_split()
D. explode()　　E. chop()

8. 以下脚本输出什么？(　　)

```
<?php
echo 'Testing ' . 1 + 2 . '45';
?>
```

A. Testing 1245　　B. Testing 345　　C. Testing 1+245
D. 245　　E. 什么都不输出

9. 以下脚本输出什么？(　　)

```
<?php
$s = '12345';
$s[$s[1]] = '2';
echo $s;
?>
```

A. 12345　　B. 12245　　C. 22345
D. 11345　　E. Array

10. 方框中的正则表达式能与以下哪些选项匹配？(双选) (　　)

```
/.**123d/
```

A. ******123　　B. *****_1234　　C. ******1234
D. _*1234　　E. _*123

11. 以下哪个比较项将返回 true？(双选) (　　)

A. '1top' == '1'　　B. 'top' == 0　　C. 'top' === 0
D. 'a' == 'a'　　E. 123 =='123'

12. 如果用+操作符把一个字符串和一个整型数字相加，结果将怎样？(　　)

A. 解释器输出一个类型错误

B. 字符串将被转换成数字，再与整型数字相加

C. 字符串将被丢弃，只保留整型数字

D. 字符串和整型数字将连接成一个新字符串

E. 整型数字将被丢弃，而保留字符串

13. 考虑如下脚本。假设 http://www.php.net 能被访问，以下脚本将输出什么？(　　)

```
<?php
$s = file_get_contents ("http://www.php.net");
strip_tags ($s, array ('p'));
echo count ($s);
?>
```

A. www.php.net 主页的字符数

B. 剔除<p>标签后的 www.php.net 主页的字符数

C. 1

D. 0

E. 剔除<p>以外的标签后的 www.php.net 主页的字符数

14. 以下哪个函数在不区分大小写的情况下可以对两个字符串进行二进制比对？(　　)

A. strcmp()　　B. stricmp()　　C. strcasecmp()

D. stristr()　　E. 以上都不能

15. 以下脚本输出什么？(　　)

```
<?php
$x = 'apple';
echo substr_replace ($x, 'x', 1, 2);
?>
```

A. x　　B. axle　　C. axxle

D. applex　　E. xapple

二、编程题

1. 请写出匹配任意数字，任意空白字符，任意单词字符的符号。

2. 写出一个密码匹配规则，要求以字母开头，6～18 位。

3. 写出一个国内电话和手机的匹配规则，匹配的电话形式为 010-8888888，0528-1234567，0798-12345678，13988888888，+8613988888888。

꩜ 第 5 章 ꩜

函数和面向对象编程

在实际的软件项目开发过程中，为了提高代码的可重用性和实现程序的模块化，经常把重复执行的程序封装成一个函数来实现复用，这使得函数得以广泛使用。一个函数代表一个功能模块，这样一个程序可以由许多函数构成，程序的执行就是函数之间的相互调用。

面向对象编程(Object Oriented Programming，OOP)是一种高级编程思想，面向对象方法将程序中的实体集合抽象成类。面向对象的程序由对象(object)构成，把所有的对象都划分成类(class)，每个类定义一组固有的属性和动态的方法。面向对象编程有三个基本特性，分别是封装性、继承性和多态性，继承是 OOP 语言代码重用的重要手段，合理的继承关系在减少工作量的同时也提高了系统的可扩展性。继承的目的是实现、扩展和重载(overload)，重载是多态性的根源。

本章的主要学习目标：

- 理解内置函数的应用
- 掌握自定义函数的调用
- 理解面向对象编程的思想
- 掌握类和函数的使用

5.1 PHP 的内置函数

PHP 提供了大量的内置函数，用于方便开发者对字符串、数值、日期、数组等各种类型的数据进行处理。内置函数无须定义就可使用，如 date()函数就是 PHP 的一个内置函数。

5.1.1 字符串处理函数

在 PHP 程序开发中对字符串的操作非常频繁。如用户在注册时输入的用户名、密码以及用户留言等都被当作字符串来处理。很多时候要对这些字符串进行截取、过滤、大小写转换等操作，这时就需要用到字符串处理函数。常用的字符串处理函数及功能介绍如表 5-1 所示。

表 5-1　常用的字符串处理函数及功能介绍

函数名	功能描述	示例
strlen(string)	返回字符串的长度(中文按两个字符计算)	strlen("abc8")，返回 4
trim(string)	去掉字符串两端的空格	trim(" abcd* ")，返回 abcd*
ltrim(string) rtrim(string)	分别去掉字符串左边或右边的空格	ltrim(" abcd* ")，返回 abcd*
substr(string,start,[length])	从字符串的第 start 个字符开始，取长度为 length 的子串。如果省略 length，则表示取到字符串的结尾；如果 start 为负数，则表示从倒数第|start|个字符的位置开始截取；如果 length 为负数，则表示取到倒数第|length|个字符	substr("2010-9-6"，5)，返回 9-6 substr("2010-9-6"，2，4)，返回 10-9 substr("2010-9-6"，2，-2)，返回 10-9 substr("2010-9-6"，-3，3)，返回 9-6
str_replace(find,replace,string,[&count])	替换字符串中的部分字符，将 find 替换为 replace，如果有参数 count，count 变量的值则为替换次数	str_replace("AB", "*", "ABCabc"),返回*Cabc
strtr(string,find,replace)	等量替换字符串中的部分字符，将 find 替换为 replace，如果 find 和 replace 长度不同，则只替换两者中的较小者	strtr("Hilla Warld", "ial","eo")，返回 Hilla world(i 替换成 e，a 换成 o)
substr_replace(string,replace,start,[length])	从字符串的第 start 个字符开始，用 replace 替换长度为 length 的字符，若省略 length，将替换到结尾	substr_replace("ABXabc","*",3)，返回 ABC* substr_replace("ABXabc", "*",3,2), 返回 ABC*c
strtok(string,split)	根据 split 指定的分隔符把字符串分隔为更小的字符串	strtok($str, " ")
strpos(string,find,[start])	返回子串 find 在字符串 string 中第一次出现的位置，如果未找到该子串，则返回 false，该函数查找时区分大小写。如果有 start 参数，表示开始搜索的位置	strpos("ABCabc", "bc")，返回 4 strpos("ABCabc", "bc",5)，返回 false
stripos(string,find[,start]))	查找字符串中某字符最先出现的位置，不区分大小写。如果有 start 参数，表示开始搜索的位置	stripos("ABCabc", "bc")，返回 1
strstr(string,search)	返回从 search 开始，被搜索字符串的其余部分。如果未找到所搜索的字符串，则返回 false	strstr("ABCabc", "ab")，返回 abc
strspn(string,find,[start])	返回字符串 string 中包含 find 中特定连续字符的个数	strspn("babaadabc", "abc")，返回 5
strcmp(str1,str2)	返回两个字符串比较的结果。若 str1 小于 str2，比较结果为-1；若 str1 等于 str2，比较结果为 0；若 str1 大于 str2，比较结果为 1	strcmp("ABC", "abc")，返回-1 strcmp("abc","abc")，返回 0 strcmp("abc", "aa")，返回 1
strrev(string)	反转字符串	strrev("Hello")，返回 olleH

(续表)

函数名	功能描述	示例
str_repeat(string, repeat)	将字符串重复指定的次数	str_repeat(".",6)，返回……
nl2br(string)	将 string 中的/n 转换为换行标记 	nl2br("a\nb")，返回 a b
strip_tags(string,[allow])	去除字符串中的 HTML、XML、PHP 标记	strip_tags("Hello<b>world!</b>")，返回 Hello world !
chr(number)	返回与指定 ASCII 码对应的字符	chr(13)，返回回车符 chr(0x52)，返回 R
ord(string)	返回字符串中第一个字符的 ASCII 码值	ord(“h”)，返回 104
strtolower($str)	字符串转换为小写	strtolower("ABc")，返回 abc
strtoupper($str)	字符串转换为大写	strtoupper("ABc")，返回 ABC
ucfirst($str)	将字符串的第一个字符转换为大写	ucfirst("ab cd")，返回 Ab cd
ucwords($str)	将每个单词的首字母转换为大写	ucwords("ab cd")，返回 Ab Cd

上述字符串函数都严格区分大小写。如果希望不区分大小写可使用对应的大小写不敏感函数(→表示对应关系)：strpos()→stripos()，strstr()→stristr()，str_replace()→str_ireplace()，strcmp()→strcasecmp()。另外，strchr()是 strstr()的别名。

在前面章节中已经介绍了常用的字符串处理函数，下面再详细介绍其中几个常用的字符串处理函数及其应用示例。

1. strrpos()函数

strrpos()函数用于查找字符最后一次出现在字符串中的位置，用法如下：

```
int strrpos (string str, string needle [, int offset] )
```

此函数返回 needle 在 str 中最后一次出现的位置，如果 needle 不存在，返回 false。当 offset>0 时，则把字符串前 offset 个字符排除掉后，再从剩余字符串中由前向后查找；当 offset<0 时，则把字符串后|offset|个字符排除掉，再从剩余字符串中由前向后查找。

例 5.1　返回字符“b”在字符串“abcdefjbhk”中最后一次出现的位置。

```
//5-1.php
<?php
$mystring = "abcdefjbhk";
$pos = strrpos($mystring, "b");
echo $pos;
?>
```

程序的输出结果为：

```
7
```

2. stristr()函数

例 5.2　stristr()函数的意义和用法同 strstr()函数，只是它不区分大小写，如下所示。

```
//5-2.php
```

```
<?php
$email = 'user@pPle.com';
$sub = stristr($email, 'p');
echo $sub;
?>
```

程序的输出结果为：

```
pPle.com
```

3. strtr()函数

strtr()函数逐个把 from 字符串中的每个字符替换为 to 字符串中对应的字符，用法如下。

例 5.3 strtr()函数的用法示例。

```
string strtr ( string str, string from, string to )
string strtr ( string str, array replace_pairs )
```

此函数返回一个字符串，有两种替换形式，一种是字符串替换，一种是数组对替换。数组对替换中的数组的键名和值分别相当于 from 和 to，不过元素中的键名和值作为一个整体逐个对应替换，具体用法见例 5.3。

```
//5-3.php
<?php
$str = "hello,i am lily";
echo $str."<br>";
$newstr=strtr($str,"il","ne");
//此时 newstr 的值为"heeeo,n am eney"
echo $newstr;
?>

<?php
$strs = array("hello" => "hi", "hi" => "hello");
echo strtr("hi all, I said hello to everybody", $strs);
// 输出结果为 hello all, I said hi to everybody
?>
```

4. explode()函数

explode()函数用来分割字符串，用法如下：

```
array explode ( string separator, string string [, int limit] )
```

此函数返回由字符串组成的数组，每个元素都是 string 的一个子串，它们被字符串 separator 作为边界点分割出来。如果设置了 limit 参数，则返回的数组最多包含|limit|个元素，而最后那个元素将包含 string 的剩余部分。

如果 separator 为空字符串(""，只是两个双引号，中间什么也没有)，程序将抛出 Warning 级错误(未屏蔽 Warning 级错误的情况下)。如果 separator 所包含的值在 string 中找不到，那么 explode()将返回包含 string 单个元素的数组。

如果 limit 参数是负数，则返回除了最后的|limit|个元素外的所有元素。必须要保证 separator

参数在 string 参数之前。

例 5.4　explode()函数的用法示例。

```
//5-4.php
<?php
$mystring = "piece1 piece2 piece3 piece4 piece5 piece6";
$pieces = explode(" ", $mystring);
echo $pieces{0}; // piece1
echo $pieces{1}; // piece2
<?php
$str = 'one|two|three|four';
// 正数的 limit
print_r(explode('|', $str, 2));
// 负数的 limit
print_r(explode('|', $str, -1));
?>
```

以上示例将输出：

```
Array
(
[0] => one
[1] => two|three|four
)
Array
(
[0] => one
[1] => two
[2] => three
)
```

5. implode()函数

implode()函数用于将数组中的所有元素组合为一个字符串，函数 join()为该函数的别名。用法如下：

```
string implode ( string glue, array pieces )
```

此函数返回一个字符串，其中包含数组中的所有元素且与数组中元素的顺序一致，用参数 glue 连接各个元素，具体用法见例 5.5。

例 5.5　implode()函数的用法示例。

```
//5-5.php
<?php
$array = array('lastname', 'email', 'phone');
$cons = implode(",", $array);
echo $cons; // 输出 lastname,email,phone
?>
```

注：implode()函数中的参数可以调换位置，上例中的 implode()也可写为：

```
implode($array，",");
```

5.1.2 日期和时间函数

在动态网站中，经常需要获取当前日期和时间的信息，例如，在论坛中要记录发言的日期和时间等，使用 PHP 提供的日期和时间函数能方便地获取日期和时间。

1. date()函数

date(string,[stamp])是最常用的日期和时间函数，用来返回或设置当前日期或时间，例如：

```
echo date("Y-m-d");              //输出当前日期，格式为 2017-06-16
echo date("Y 年 m 月 d 日");      //输出当前日期，格式为 2017 年 06 月 16 日
echo date("h:i:s");              //输出当前时间，格式为 15:33:15
```

其中，Y、m、d 等是 date()函数 string 参数中的格式字符，常见的格式字符如表 5-2 所示。除了格式字符外的字符都是普通字符，它们将按原样显示，如“年”“-”等。

- date()函数也可带有两个参数，此时用来设置时间。第二个参数必须是一个时间戳，它将使 date()返回时间戳设置的时间。例如，date('Y-m-d',0)将返回 1970-01-01。
- PHP 解析器默认采用格林尼治时间，使得调用时间函数与实际时间相差 8 小时。为此，需要设置 PHP 的时区，打开 php.ini 文件，将“; date.timezone”修改为“date.timezone=PRC”即可。

表 5-2 date()函数的格式字符及其说明

格式字符	说明
Y	以 4 位数显示年
y	以 2 位数显示年
m	以 2 位数显示月(会补零)
n	以数字显示月(不补零)
M	以英文缩写显示月
d	以 2 位数显示日(会补零)
j	以数字显示日(不补零)
w	以数字显示星期(0~6)
D	以英文缩写显示星期
l	以英文全称显示星期
H	以 24 小时制显示小时(会补零)
G	以 24 小时制显示小时(不补零)
h	以 12 小时制显示小时(会补零)
g	以 12 小时制显示小时(不补零)
i	以 2 位数显示分钟(会补零)
s	以 2 位数显示秒(会补零)
t	显示该星期所在的月有几天，如 31
z	显示该日期为一年中的第几天
T	显示本地计算机的时区
L	判断是否为闰年，1 表示是闰年

2. getdate()函数

getdate()函数也能返回当前日期，但它会将各种时间字段返回到数组中，例如：

```
<?php
$today = getdate();                        //$today 是 getdate()函数返回的数组结果
print_r($today);                           //打印结果
echo "<br>";
echo "$today[mon]月$today[mday]日";         //mon 和 mday 是数组元素的索引
?>
```

其中，print_r()是用于递归打印数组或对象的语句，可以将数组作为整体输出。

3. time()函数

time()函数会返回当前时间的时间戳。所谓时间戳是指从 1970/1/1 日 0:0:0 到指定日期所经过的秒数。

例如，当前时间为 2017-04-28　11:58:17，则 time()返回的时间戳是 1 369 249 097。因此利用 time()可对时间进行加减运算，示例程序如下：

```
<?php
echo '现在时间是：'. date("Y-m-d");
echo '<br>';
$next = time()+7*24*60*60;
echo '下一周时间是：'. date("Y-m-d", $next);
?>
```

程序的输出内容如下：

```
现在时间是：2017-5-1
下一周时间是：2017-5-8
```

4. mktime()函数

mktime()函数会返回自行设置的时间的时间戳。与 date()函数结合使用可以对日期进行加减运算及验证，语法如下：int mktime(时,分,秒,月,日,年)，例如：

```
echo date("Y-m-d",mktime(0,0,0,10,16,2015));
```

表示在 mktime()函数中将时间设置为 2015 年 10 月 16 日。如果 mktime()中的参数越界，会自动校正时间越界，例如：

```
mktime(0,0,0,10,56,2015)
```

自动校正输出结果为：

```
2015-11-25
```

5. strtotime()函数

strtotime()函数可将日期时间(英文格式)解析为时间戳，其功能相当于 date()函数设置时间的逆过程。date()函数(带有两个参数时)可以将时间戳设置为时间，而 strtotime()函数是将时间解析为时间戳。

```
<?php
echo strtotime("now");                          //输出当前时间的时间戳
echo "<br>";
echo strtotime("+5 hours");                     //输出加 5 小时后的时间戳
echo "<br>";
echo date("Y-m-d", strtotime(" +1 week"));      //利用返回的时间戳设置时间
?>
```

也可以使用 strtotime()函数对时间进行加减运算。

6. checkdate()函数

checkdate(月,日,年)函数可判断参数所指定的日期是否为有效日期。如果是，就返回 true；否则返回 false。例如，checkdate(10,3,2014)返回 true，因为 2014/10/3 日是有效的日期。而 checkdate(13,3,2012)则返回 false。

在网站开发中，可使用 checkdate()函数对用户输入的日期格式进行有效性检查。

5.1.3 检验函数

检验函数可以用来检查变量是否定义，是否为空，获取变量的数据类型，取消变量的定义等。

1. isset()函数

isset($var)函数用来检验变量$var 是否被定义且不为 NULL，如果变量已经定义，并且其值不为 NULL，则返回 true；否则返回 false。例如：

```
<?php
//a 未赋值，返回 false
if(isset($a)){
    echo '$a 存在[1]';
}else{
    echo '$a 不存在[1]';
}

echo "<br>";

//a 值为空，返回 false
$a = null;
if(isset($a)){
    echo '$a 存在[2]';
}else{
    echo '$a 不存在[2]';
}

echo "<br>";

//a 值不为空，返回 true
$a = '我是 a';
```

```
if(isset($a)){
    echo '$a 存在[3]';
}else{
    echo '$a 不存在[3]';
}
?>
```

通常情况下，如果有这个变量，则 isset($var)返回 true，否则返回 false。

2. empty()函数

empty()函数用来检查变量是否为空。所谓变量为空包括以下两种情况：

- 变量未定义。
- 变量值为“”、0、“0”、null、false、空数组，以及没有任何属性的对象等。

例如：

```
<?php
//a 未赋值，返回 true
if(empty($a)){
    echo '$a 为空[1]';
}else{
    echo '$a 不为空[1]';
}

echo "<br>";

//a 值为空，返回 true
$a = null;
if(empty($a)){
    echo '$a 为空[2]';
}else{
    echo '$a 不为空[2]';
}

echo "<br>";

//a 值不为空，返回 false
$a = '我是 a';
if(empty($a)){
    echo '$a 为空[3]';
}else{
    echo '$a 不为空[3]';
}
?>
```

因此，如果要检查变量是否为空，应尽量用 empty()方法。

3. unset()函数

unset($var)函数用来取消对变量$var 的定义。该函数的参数为变量名，没有返回值。需要注意的是：如果在某个自定义函数中用 unset()取消一个全局变量，则只是局部变量被取消，而在全局调用环境中的变量仍将保持调用 unset()之前的值，例如：

```
<?php
    $a = 12;
    function funl(&$a){
        unset($a);
        $a = 45;
    }
    funl($a);
    echo $a;
?>
```

上面代码的运行结果为 12。

4. gettype()函数

gettype()函数用来返回变量或常量的数据类型，返回值包括 integer、double、string、array、object、unknown type 等，其语法格式为 string gettype(mixed var)，例如：

```
<?
    $a='two';
    echo gettype($a);           //输出 a 的类型 string
    $a=50;
    echo gettype($a);           //输出 a 的类型 integer
?>
```

虽然 gettype()可用来获取数据类型，但由于 gettype()是在内部进行字符串的比较，因此它的运行速度较慢。建议使用下面介绍的 var_dump()和 is_*()来代替该函数。

5. var_dump()函数

var_dump()函数用来返回变量或常量的数据类型和值，并将这些信息输出，例如：

```
<?php
$a = 2.6;
$b = 'two';
var_dump($a);               //输出 a 的类型和值
echo '<br>';
var_dump($b);               //输出 b 的类型和值
?>
```

6. is_*()系列函数

is_*()系列函数包括 is_string()、is_int()、is_float()、is_bool()、is_null()、is _array()、is_object()、is_numeric()、is_resource()、is_integer()、is_long()、is_real()等。它们可用来判断变量是否为某种数据类型。如果是，则返回 true，否则返回 false。例如，is_string()可以判断变量是否为字符串类型，is_int()判断变量是否为整型，而 is_numeric()判断变量是否为数字或由数字组成的字符串，例如：

```
<?php
$a = 2.0;
```

```
    if(is_float($a)){
        echo '$a 为浮点型<br>';
    }

    $b = 'two';
    if(is_numeric($b)){
        echo '$b 为数字型<br>';
    }
    ?>
```

7. settype()函数

settype()函数可以进行强制数据类型转换。其语法格式为 int settype(string var，string type)，参数 type 为下列类型之一：integer、double、string、array 与 object，例如：

```
<?php
$a = 2.0;
var_dump($a);
echo '<br>';
settype($a,'integer');                    //将 a 转换为整型
var_dump($a);
echo '<br>';

$b = 'two';
var_dump($b);
echo '<br>';
settype($b,'bool');                       //将 b 转换为布尔型
var_dump($b);
echo '<br>';
?>
```

8. eval()函数

eval()函数可以动态执行函数内的 PHP 代码，该函数的参数是一个字符串，eval()会试着执行字符串中的代码，示例如下：

```
<?
  eval('$a=5+4;');                        //执行赋值语句
  echo $a.'<br>';                         //输出 a 的值 9
  eval('var_dump($a);');                  //输出 int(9)
?>
```

虽然 eval()函数非常易用，但它执行代码时的效率十分低下，且容易产生安全性问题。在获取表单中用户输入的数据时，应过滤这些数据中的 eval()关键字，因为它允许用户去执行任意代码，这是很危险的。

5.1.4　数学函数

数学函数的参数和返回值一般都是数值型，常用的数学函数及其功能如表 5-3 所示。

表 5-3　常用的数学函数及功能介绍

函数名	功能描述	示例
round(val [,int precision]	返回按指定位数四舍五入后的数值，如果省略 precision，则返回整数	round(3.14)，返回 3 round(3.14,1)，返回 3.1
ceil(val)	返回大于并最接近 val 的整数	ceil(3.14)，返回 4
floor(val)	返回小于并最接近 val 的整数	floor(3.14)，返回 3
intval(val)	返回 val 的整数部分	intval('3.14a')，返回 3 intval('3.14')，返回 3
abs(unm)	返回 num 的绝对值	abs(−3.14)，返回 3.14
sprt(unm)	返回 num 的平方根	sprt(16))，返回 4
pow(base,exp)	计算次方值，base 为底，exp 为幂	pow(2,3)，返回 8
log(num[,base])	计算以 e 为底的对数	log(10)，返回 2.3025…
exp(num)	返回自然对数 e 的幂次方	exp(10)，返回 22026…
rand(int min, int max)	返回 min~max 的伪随机数	rand(2.9)，返回 2～9 的整数
srand (int seed)	播下随机数发生器种子	已被淘汰，不建议使用
int getrandmax(void)	返回调用 rand()后可能返回的最大值	
sin(arg)等三角函数	包括 sin()、cos()、tan()等	sin(pi()/6)，返回 0.5
max(numl,num2,…,numn)	返回若干个参数中的最大值	max(2,3,3.5)，返回 3.5
min(numl,num2,…, numn)	返回若干个参数中的最小值	min(2,3,3.5)，返回 2
decbin (num)	十进制数转换为二进制	decbin(6)，返回 110
bindec(num)	二进制数转换为十进制	bindec(11)，返回 3
dechex	十进制数转换为十六进制	dechex(13)，返回 d
decoct	十进制数转换为八进制	decoct(13)，返回 15
base_convert(num, from, to)	在任意进制之间转换数字	base_convert('la', 16, 10)，返回 26
number_format(num, preci, [point], [sep])	格式化数字字符串	number_format(3.142, 2)，返回 3.14 number_format (1314.5205, 3, ".", " ")，返回 1 314.521

5.2 自定义函数及调用

除了直接调用 PHP 内置函数完成某些功能外，用户还可以直接编写函数，来实现特定的功能，这些函数称为自定义函数。使用自定义函数包括函数的定义和函数的调用两个步骤。

5.2.1　函数的定义

函数是一个可重用的代码块，用来完成某个特定功能。当需要反复执行一段代码时，可使用函数来避免重复编写相同的代码。不过，函数的真正威力体现在，函数就像一台机器(见图 5-1)，这台“机器”可以接受一些数据作为输入参数，进行加工后再把执行“结果”输出(通过 return 语句)。函数也可以有 0 个到多个参数，但只能有一个输出。用户设计函数的第一步就是要想清楚函数的输入和输出。

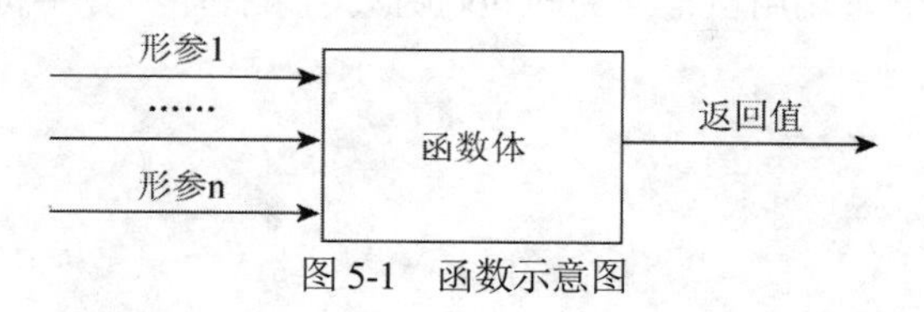

图 5-1　函数示意图

定义函数的语法如下：

```
function 函数名([形参 1，形参 2，…形参 n])
{
    函数体
    [return 返回值]
}
```

其中，function 是 PHP 定义函数的关键字，函数名是自定义函数的名称，必须符合变量的命名规则。参数是函数的输入接口，函数通过参数接收“外部”数据。函数体是函数的功能实现。return 语句用来返回函数的执行结果，如果不需要返回结果，可以省略 return 语句。

下面是一个求两数之和的函数，该函数的输入是两个数，输出是这两个数的和，代码如下：

```
<?php
//定义函数
function sum($a,$b)
{
    $c = $a + $b;
    return $c;
}

//调用函数
echo sum(3,4);
?>
```

需要注意的是，在函数体内虽然可以使用 echo 之类的输出语句，但一般不建议在函数内输出内容，因为大多数时候只是希望将函数返回的值传递给其他程序，而并不需要输出到页面上。一个函数应该是一个单一功能模块，而不应该把函数的特定功能与输出功能混在一起。函数的输出应通过 return 语句的返回值来实现。

5.2.2　函数的调用

要执行函数内的代码，必须调用函数。函数的调用有如下 3 种方式：

- 函数调用语句
- 赋值语句
- 函数的嵌套调用

1. 函数调用语句

如果函数没有返回值(无论是否有参数)，可使用函数调用语句来调用函数，形式为：

```
函数名([实参 1，实参 2，…实参 n])
```

例如，下面的程序通过调用自定义的 hello()函数，来打印一行字符：

```
<?php
function hello()
{
    echo "****************";
}
hello();
?>
```

例 5.6 设计一个函数，判断身份证号码的长度是否正确。

```
<?php
function isId($id)
{
    if(strlen($id)==18){
        echo "长度正确";
    }else{
        echo "长度不正确，请重输入";
    }
}

//调用函数判断身份证号码的长度
isId("41079919950104557");
?>
```

2. 赋值语句

如果函数有返回值，通常使用赋值语句将函数的返回值赋给一个变量，形式为：

```
变量名=函数名([实参 1，实参 2，…实参 n]);
```

下面的例子使用赋值语句调用函数，并且该函数有返回值。

例 5.7 设计一个函数，求整数 1 到 n 的和，其中 n 可以任意指定。

由于本例中函数的返回值有多个，因此让函数返回一个数组，该数组中保存了输入的整数各个位上的数字。

```
<?php
function sum($n)
{
    $sum = 0;
    for($i=1; $i<=$n; $i++){
        $sum += $i;
    }
    return $sum;
}

// 求整数 1 到 100 的和
$sum_number = sum(100);
```

```
echo "和为：".$sum_number;
?>
```

3. 函数的嵌套调用

函数可以嵌套调用，即把函数调用作为另一个函数的参数，例如：

```
<?php
function sum($a, $b)
{
    $c = $a + $b;
    return $c;
}

//嵌套调用函数
echo sum(7,sum(1,2));
?>
```

例 5.8　过滤字符串中的 HTML 标记。

有时需要把文本中的 HTML 标记都过滤掉，过滤的思路是：首先找到第一个 HTML 标记的开始和结束位置("<" 和 ">")，将 "<" 左边的字符与 ">" 右边的字符连接在一起，这样就去掉了第一个 HTML 标记，再把过滤后的字符串赋值给原字符串，进行下次过滤，直到文本中找不到 HTML 标记为止。

```
<?php
//right()函数用来截取字符串$s 右边的$n 个字符
function right($s,$n)
{
    return $n ? substr($s,-$n) : '';
}

//nohtml()函数用来去掉字符串$str 中的 html 标记
function nohtml($str)
{
    while(strpos($str,'<') !== false || strpos($str,'>') !== false)
    {
        $begin = strpos($str,'<');                //找到<标记的位置
        $end = strpos($str,'>');                  //找到>标记的位置
        $len = strlen($str)-$end-1;               //计算>标记右边的字符串长度
        $fileterstr = substr($str,0,$begin).right($str,$len);
        $str = $fileterstr;
    }
    return $str;
}

//调用函数
$str = "<font color=red size=8>hello</font>";
echo nohtml($str);
?>
```

程序的输出结果为：

```
hello
```

实际上，PHP 提供的内置函数 strip_tags()可实现 nohtml()函数的功能。

5.2.3 变量函数和匿名函数

变量函数类似于可变变量，它的函数名为变量。使用变量函数可实现通过改变变量值的方法来调用不同的函数。例如，可以在上面示例的末尾插入以下代码：

```
$fun= "nohtml";              //将一个函数名赋值给变量
echo $fun($str);             //相当于 echo nohtml($str)
$fun= "right";
echo $fun($str,8);           //相当于 echo nohtml($str,8)
```

可见，当某个变量名之后有小括号时，PHP 就会试着去找这个变量的值，然后去运行和该值同名的函数。但变量函数不能用于语言结构，如变量值不能为 echo、print、isset、empty、include、require 等。

5.2.4 传值赋值和传地址赋值

函数的参数赋值有两种方法，即传值赋值和传地址赋值。

1. 传值赋值

默认情况下，函数的参数赋值采用传值赋值方式，即将实参的值赋值给形参。这种赋值方式是单向的，即实参将值赋给形参，但调用结束后形参不会将值赋给实参，因此函数调用结束后实参的值不会发生改变，例如：

```
<?php
function add($a)
{
    $a++;
    return $a;
}
$b = 10;
echo add($b);
echo "<br>";
add($b);
echo $b;
?>
```

上述程序的执行过程是：

- 函数只有在被调用时才会执行。因此，程序执行的第一条语句是“$b=10;”，PHP 预处理器为$b 分配第一个存储空间。
- 执行语句“echo add($b)”，此时自定义函数 add()被调用，PHP 预处理器为函数参数$a 分配存储空间，将实参值 10 赋值给$a。
- $a 进行加 1 运算，使$a 的值为 11，但$b 的值仍为 10。

- 函数调用结束时，PHP 预处理器回收函数调用期间分配的所有内存，此时$a 消失。
- 第二次调用函数时，又将$b 的值赋值给$a，因此$a 的初始值仍为 10。

所以程序的运行结果为 11，10。

2. 传地址赋值

函数的参数值也可以使用传地址赋值，即将一个变量的“引用”传递给函数的参数。与变量传值赋值一样，在函数的参数名前加“&”就能实现传地址赋值，示例代码如下：

```
<?php
function add(&$a)
{
    $a++;
    return $a;
}
$b = 10;
echo add($b);
echo "<br>";
add($b);
echo $b;
?>
```

上述程序的执行过程是：

- 程序执行的第一条语句是“$b=10;”，PHP 预处理器为$b 分配第一个存储空间。
- 程序执行到“echo add($b);”，此时自定义函数 add()被调用，PHP 预处理器为函数参数$a 分配存储空间，由于这里是传地址赋值，因此形参$a 和变量$b 都指向同一个变量值 10 的地址。因此$a 的值为 10。
- 程序执行到“$a++; ”时，形参$a 修改地址中的值为 11，由于变量$a 也指向该地址，因此变量$b 的值也变为了 11。
- 函数调用结束时，PHP 预处理器回收函数调用期间分配的所有内存，此时$a 消失。但函数外变量$b 的值不会改变，仍然为 11。
- 第二次调用函数时，$a 又会修改$b 指向的地址中的值，使$b 的值变为 12。

所以程序的运行结果为 11，12。

可见，使用传值赋值的方式为函数参数赋值，函数无法修改函数体外的变量值；若使用传地址的方法为函数参数赋值，则函数可以修改函数体外的变量值。

但不管使用哪种赋值方式，函数参数(或函数体内变量)的生存期都是指函数运行期间，若要延长函数体内变量的生存期，需使用 static 关键字；函数参数(或函数体内变量)的作用域是指函数体内，若要扩大函数体内变量的作用域，需使用 global 关键字。

5.3 面向对象编程

面向对象编程(Object Oriented Programming，OOP)需要以一种不同的方式来考虑如何构造应用程序。在对应用程序所处理的现实任务、过程和思想进行编码时，通过对象可以实现更贴切的建模。OOP 方法并不是将应用程序作为一个将大量数据从一个函数传递给下一个函数的控制线程，而是允许将应用程序建模成一组相互协作的对象，并且这些对象可以独立地完成某些活动。

面向对象技术具有如下优势：

- 易于扩展现有代码的功能。
- 允许类型提示(type hinting)，能够对传递给函数的变量进行更加严格的控制。
- 允许使用现有的设计模式，可以用来解决常见的软件设计问题并使调试更加容易。

类和对象的概念，以及在软件开发过程中如何运用这些概念，正是隐藏在OOP背后的基本思想。从某种意义上说，OOP 与过程编程是相对立的，过程编程使用函数和全局数据结构来实施编程。相比较而言，OOP 方法优于过程编程(PHP 对 OOP 支持的全新实现首次出现在 PHP 5 中，并在 PHP 6 中做了进一步的改进)，并且 OOP 方法在性能上有巨大的改进。

5.3.1 类和对象

在现实世界中，任何一个具体事物都可以看作一个对象，例如一个人，一辆汽车等。对象均具有一些特征和行为，汽车具有相应的颜色、重量、制造厂商和一定容量的油缸，这些都是它的特征。汽车可以加速、停车、发出转弯信号以及鸣笛，所有这些都是它的行为。

1. 对象

在现实世界中，对象就是人们要研究的任何事物。对象随处可见，一盏台灯、一把椅子、一只小鸟，它们都可以被认为是对象。简单而言，对象对应的就是我们日常生活中的“东西”。对象是状态和行为的结合体，例如，小鸟有状态(名字、颜色、品种)和行为(飞翔、休息、觅食)。

面向对象的程序设计方法就是把现实世界中的对象抽象为程序设计语言中的对象，达到二者的统一。信息世界中用数据来描述对象的状态，用方法来实现对象的行为。而在信息世界中，数据又是通过变量来表述的，变量是一种有名称的数据实体。方法对应的则是和对象有关的函数或过程。

2. 类

现实世界中有很多的同类对象。类是组成程序的基本元素，类是对一个或者几个相似对象的描述，类把不同对象具有的共性抽象出来，定义某类对象共有的变量和方法，从而使程序实现代码的复用，所以说，类是同一类对象的原型。

例如，自行车种类很多：公路自行车、山地自行车、小轮车、技巧车等。我们从这些不同种类的自行车中抽象出它们的共同特征：车轮、轮胎、变速器、刹车器、如何驱动、如何变速，然后把这些共同特征设计成一个类——自行车类。车轮、轮胎、变速器、刹车器是自行车类的状态，如何驱动、如何变速是自行车类的行为。然后用这个共同特征，可以生成一个确定的对象：我们在状态(变量)和行为(方法)中对自行车的轮胎(窄而薄的)、车身(轻便的)/档位(灵活准确的)进行定义，这样就可以实例化为一辆公路自行车；我们在状态(变量)和行为(方法)中对自行车类的车身(结实的)、刹车(灵活的)、减震性(好)等进行定义，这样就可以实例化为一辆山地自行车。这两个确定的对象，就称为实例对象。与实例对象相关的方法称为实例方法。

所以说，类就是对象的一张软件图纸、模板和原型，这张图纸上定义了同类对象的共有状态(变量)和行为(方法)。用这张图纸我们可以生成实例对象。

对象和类的描述尽管非常相似，但它们之间还是有区别的。

类是组成程序的基本要素。类封装了一类对象的状态和方法。类是用来定义对象的模板。

类是具体的抽象，而对象是类的具体实现。类与对象的关系就好像图纸与实体的关系。利用 PHP 编程时要先定义一个类，然后按照类的模板创建对象，最后用对象来实现程序的功能。

3. 类的定义

在 PHP 中，使用 class 关键字可以定义一个类，语法格式为：

```
<?php
  class Demo {
    定义成员变量
    定义成员函数
  }
?>
```

这样就创建了一个 PHP 类。使用关键字 class 可让 PHP 知道将定义一个新类，其后是类名和一对大括号，大括号用来指出该类的代码的开始和结束位置。

例 5.9　定义类 Mystr。

```
<?php
    class Mystr {
            var $str;
            function sayHello ($name){
                    echo 'Hello, '.$name;
            }
    }
?>
```

在类定义中，使用权限关键字(public、protected、private)来定义成员变量。

类的成员变量可分为三种：一种是公有变量，用关键字 public 或 var 定义；一种是受保护变量，用关键字 protected 定义；一种是私有变量，用关键字 private 定义。公有变量可以在类的外部访问，它是类与其他类或者用户交流的接口，用户可通过公有变量向类中传递数据，也可通过公有变量获取类中的数据。受保护变量在类的外部无法访问，仅可在类内部或子类中访问，这就是面向对象中的继承性。私有变量在类的外部和子类中无法访问，仅可在本类中访问，这样可以保证类的设计思想和内部结构并不完全对外公开，这就是面向对象中的封装性。

如果 Mystr 类不能执行任何操作，那么它就不是特别有用，所以我们需要在 Mystr 类中创建一个方法。类的方法基本上只是一个函数。用户可以在类的大括号中编写一个函数将方法添加到该类中。

从该类派生的对象现在可以为调用 sayHello 方法的所有人输出一条问候信息。为了调用 $objMystr 对象的该方法，需要使用->操作符来访问新创建的函数：

```
<?php
  require_once('class.Mystr.php');
  $objMystr = new Mystr ();
  $objMystr ->sayHello('Lily');
?>
```

该对象现在可以输出一条友好的问候信息。->操作符用于访问对象的所有方法和属性。

为了实例化一个对象，首先需要引入包含类的文件以保证PHP知道在何处查找类的声明；然后，调用new操作符并提供类的名称，后跟开始和结束圆括号。该语句的返回值被赋给一个新的变量，在本例中为Mystr。现在，可以调用$Mystr对象的方法，并检查或设置其属性的值。

4. 添加属性

向类中添加属性与添加方法一样容易，仅仅需要在类中声明一个变量以保存属性的值即可。在面向过程代码中，当希望存储某个值时，会将该值赋给一个变量。在OOP中，当希望存储某个属性的值时，也可以使用一个变量。该变量在类声明的顶部声明，类声明位于包含类代码的大括号中。变量的名称就是属性的名称。如果变量名为$color，那么它就有一个名为color的属性。

打开class.Mystr.php文件，并添加如下突出显示的代码：

```
<?php
    class Mystr {
    public $name;
      function sayHello() {
     print "Hello $this->name!";
    }
  }
?>
```

要创建Mystr类中名为name的属性，只需声明新的变量$name即可。为了访问该属性，需要使用与前面示例中一样的->操作符以及属性名。改写后的sayHello方法展示了如何访问该属性的值。

创建名为testMystr.php的新文件，并在其中添加如下代码：

```
<?php
        require_once('class.Mystr.php');
     $objMystr = new Mystr();
     $objMystr ->name = 'Lily';
     $objAnotherMystr = new Mystr ();
     $objAnotherMystr->name = 'Sophy';
     $objMystr->sayHello();
     $objAnotherMystr->sayHello();
?>
```

保存该文件，然后在Web浏览器中打开该文件。字符串“Hello Lily!”和“Hello Sophy!”将输出到屏幕上。

关键字public用于让类知道允许从类外部访问该关键字后面的变量。类中某些成员变量的存在仅仅是为了类自身使用，而外部代码不可以访问它们；我们需要把这些变量声明为private或protected。在本例中，我们希望能够设置和获取name属性的值。注意，sayHello方法的工作方式已经发生了改变。它并没有使用任何参数，而是从name属性中获取值。

该代码使用了$this变量，因此该对象可以获取关于其自身的信息。例如，你可能已经拥有了某个类的多个对象，并且事先不知道对象变量的名称是什么，那么使用$this变量将可以引用当前实例。

需要注意的是，在访问属性时，仅仅需要使用一个$，语法是$obj->property，而不是$obj->$property。这一点对于 PHP 新手而言可能会产生一些困惑。属性变量声明为 public $property，但是使用$obj->property 来访问。

除了用于存储类的属性值的变量外，还有一些变量可以声明用于类的某些内部操作。这两种数据统称为类的内部成员变量。某些内部成员变量可以以属性的形式由类外部的代码访问，而另外一些内部成员变量则不能如此操作，而是严格地用于内部处理。例如，如果 Car 类由于某种原因需要从一个数据库中获取信息，那么它可能在某个内部成员变量中保存某个数据库连接句柄。

5. 构造函数

对于许多要创建的类，需要在初次实例化该类的对象时执行一些特殊的设置。例如，可能需要从数据库中获取某些信息，或者是初始化某些属性值。通过创建一个称为构造函数的特殊方法可以执行实例化对象所需要的任何活动，该方法在 PHP 中是通过名为_construct()的函数实现的。在实例化对象时，PHP 将自动调用这个特殊的函数。

例如，可以按照如下方式重写 Mystr 类：

```
<?php
class Demo {
   private $name;
   public function _construct($name) {
      $this->name = $name;
   }
   function sayHello() {
      print "Hello $this->name!";
   }
}
?>
```

_construct 函数将在实例化 Mystr 类的一个新对象时自动被调用。注意，需要更新 testMystr.php 文件以将变量 name 传递给构造函数，而不是传递给 setter 方法。

如果有这样一个类，它不需要任何特殊的初始化代码就可以运行，那么就不需要创建构造函数。正如在 Mystr 类的第一个版本中看到的那样，PHP 自动执行所需的操作以创建该对象。只有在需要构造函数时才创建该函数。

6. 析构函数

当请求的页面已经运行完毕，或者创建的对象变量已经不在其作用域内，又或者变量被显式地设置为 null 时，就需要从系统内存中移除该变量。在 PHP 6 中，可以在销毁对象之前做一些处理工作，并且在销毁发生时采取相应的操作。为此，可创建一个不带参数的名为_destruct 的函数。要在销毁对象之前就能自动调用该函数，前提是该函数必须存在。

调用该函数可以在销毁对象之前执行任何最后的清理工作(例如，关闭已由该类打开的文件句柄或数据库连接)，或者在销毁对象之前执行任何最后的内部处理工作。

下面的示例从一个数据库中获取某个对象的属性。如果对象的任何属性发生了改变，这些属性都将在销毁对象之前自动保存回数据库中，这样就不需要显式地调用保存方法。该析构函数还关闭了打开的数据库连接句柄。

使用如下的 SQL 语句创建一个名为 widget 的表：

```
CREATE TABLE "widget" (
   "widgetid" SERIAL PRIMARY KEY NOT NULL,
   "name" varchar(255) NOT NULL,
   "description" text
);
```

插入一些数据：

```
INSERT INTO "widget" ("name", "description")
VALUES('Foo', 'This is a footacular widget!');
```

创建一个名为 class.Widget.php 的文件，并在该文件中输入以下代码：

```
<?php

class Widget {

      private $id;
      private $name;
      private $description; private $hDB;
      private $needsUpdating = false;

      public function __construct($widgetID) {
         //The widgetID parameter is the primary key of a
         //record in the database containing the information
         //for this object

         //Create a connection handle and store it in a private member variable
         //This code assumes the DB is called "parts"
         $this->hDB = pg_connect('dbname=parts user=postgres');
         if(! is_resource($this->hDB)) {
            throw new Exception('Unable to connect to the database.');
         }

         $sql = "SELECT \"name", \"description\" FROM widget WHERE
         widgetid = $widgetID";
         $rs = pg_query($this->hDB, $sql);
         if(! is_resource($rs)) {
            throw new Exception("An error occurred selecting from the database. ");
         }

         if(! pg_num_rows($rs)) {
            throw new Exception('The specified widget does not exist!');
         }
         $data = pg_fetch_array($rs);
         $this->id = $widgetID;
         $this->name = $data['name'];
```

```
            $this->description = $data['description'];
        }

        public function getName() {
            return $this->name;
        }

        public function getDescription() {
            return $this->description;
        }

        public function setName($name) {
            $this->name = $name;
            $this->needsUpdating = true;
        }
        public function setDescription($description) {
            $this->description = $description;
            $this->needsUpdating = true;
        }

    public function __destruct() {
        if($this->needsUpdating) {

            $sql = 'UPDATE "widget" SET ';
            $sql .= "\"name\" = '" . pg_escape_string($this->name) . "', ";
            $sql .= "\"description\" = '" .
            pg_escape_string($this->description) . "'";
            $sql .= "WHERE widgetID = " . $this->id;

            $rs = pg_query($this->hDB, $sql);
        }

        //We're done with the database. Close the connection handle.
        pg_close($this->hDB);
    }
}
?>
```

该对象的构造函数使用默认的超级用户账户 postgres 打开了一个到数据库 parts 的连接。该连接句柄保存在一个私有成员变量中以备将来使用。作为参数传递给构造函数的 ID 值将用于构造一条 SQL 语句，该语句提取数据库中具有指定主键的窗口部件(widget)的相关信息。然后，将数据库中的数据赋给私有成员变量以供 get 和 set 函数使用。注意，如果任何代码发生了错误，那么构造函数都将抛出异常，因此需要保证将所有尝试创建 Widget 对象的代码都封装在 try…catch 块中。

两个存取器方法 getName()和 getDescription()可用来获取私有成员变量的值。同样，setName()和 setDescription()方法可用来将新的值赋给这些变量。注意，当赋予一个新值时，应该把 needsUpdating 值设置为 true。如果没有任何内容发生改动，就不需要执行更新。

为了测试这一点，创建一个名为 testWidget.php 的文件，该文件包含以下内容：

```
<?php

require_once('class.Widget.php');

  try {
    $objWidget = new Widget(1);
    print "Widget Name: " . $objWidget->getName() . "<br>\n";

    print "Widget Description: " . $objWidget->getDescription() . "<br>\n";
    $objWidget->setName('Bar');
    $objWidget->setDescription('This is a bartacular widget!');

  } catch (Exception $e) {
      die("There was a problem: " . $e->getMessage());
  }

?>
```

在 Web 浏览器中访问该文件。该文件第一次运行时，其输出应该类似于如下：

```
Widget Name: Foo
Widget Description: This is a footacular widget!
```

而后续的调用将显示如下内容：

```
Widget Name: Bar
Widget Description: This is a bartacular widget!
```

接下来将查看该技术的强大功能。可以从数据库中获取一个对象，更改该对象的某个属性，然后自动将改动信息写回到数据库中，而完成所有这些工作只需要 testWidget.php 文件中的少量代码。如果没有做任何改动，就不需要再次回到数据库，这样可以减少数据库服务器的负载，并提高应用程序的性能。

对象的用户并不一定需要理解其内部机制。如果软件开发团队中的某个高级成员编写了 Widget 类，那么他可以将对象交给一个初级成员，该初级成员可能并不能理解 SQL，但是他仍然可以使用该对象，而不需要知道它的数据到底来自何处以及如何保存所做的改动。

5.3.2 继承和多态

1. 继承

如果正在创建一个应用程序以处理某个纸尿裤经销商的库存，那么可能需要一些诸如 Monny、Huggies 和 Chiaus 等这样的类，这些类对应于经销商库存中相同类型的纸尿裤。应用程序可能不仅需要显示库存中有多少这些纸尿裤，而且需要报告这些纸尿裤的特征，这样销售人员就可以将这些信息告诉给顾客。

比如 Monny 分男女宝款，除了记录号码、分类外，可能需要记录性别。Chiaus 并没有分男女宝款，但却有国产和进口之分。但这些其实都只是不同类型的纸尿裤，它们在应用程序中共享一些特征(如生产厂商、型号、生产年份等)。为了保证每个类都具有这些相同的属性，可以只将创建这些属性的代码复制到包含类定义的每个文件中。本章前面已提到 OOP 方法的一个优点就是代码重用。因此，不需要复制代码，而是可以通过一个称为继承的过程来重用这些类的属性和方法。对于类来说，继承就是可以使用其父类的方法和属性的能力。

利用继承机制，我们可以定义一个基类 A，可以认为其他的类也是一种 A 类型，因此它们拥有了所有 A 类型的类所具有的相同属性和方法。如果 B 是一个 A 类型的子类，它将自动继承 A 类所定义的所有内容，而不需要复制任何代码。通过对已有类的继承，可以逐步扩充类的功能。继承的这些特性简化了对象和类的创建，增加了代码的重用性。

在 PHP 中，通过使用关键字 extends 可以指定一个类是另外一个类的子类。使用该关键字也告诉 PHP 正在声明的类应该从它的父类中继承所有的属性和方法，并且正在向该类中添加一些新的功能或提供某些附加的特殊内容。

其语法为：

```
Class 子类名 extends 父类名
{
    定义子类的成员变量
    定义子类的成员函数
}
```

下面的例子以猫科动物为例创建了一个类，并应用了类的继承机制。

以猫科动物为例，所有的猫科动物都共享一些属性，它们可以吃食物、睡觉、咕噜咕噜叫以及捕获猎物。它们还有另外一些共享的属性——重量、皮毛的颜色、胡须的长度和奔跑的速度。但是，狮子有一定长度的鬃毛(至少雄狮有)，并且它们会发出咆哮声；印度豹有斑点；而驯养的猫科动物则没有这些特征。但是，所有这 3 种动物都是猫科动物。

现在想设计一个程序来管理动物园中的动物，那么可能需要有类 Cat、Lion 和 Cheetah。下面的类图给出一个父类 Cat，以及两个子类 Lion 和 Cheetah，这两个子类均继承自 Cat，见图 5-2。

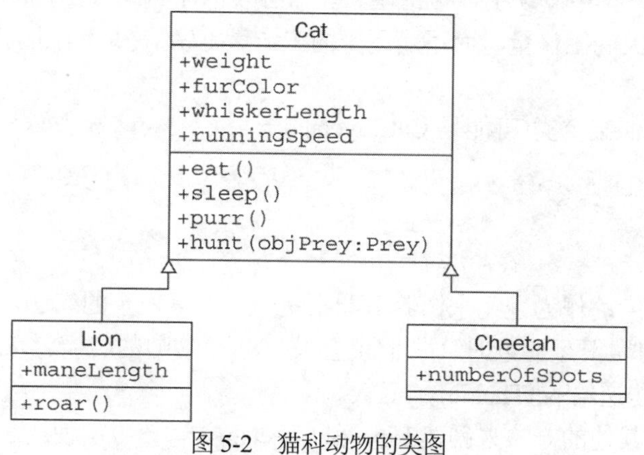

图 5-2 猫科动物的类图

Lion 和 Cheetah 类均继承自 Cat 类，但是 Lion 类还实现了 maneLength 属性和 roar()方法，而 Cheetah 则添加了 numberOfSpots 属性。

Cat 类(class.Cat.php)应该如下：

```
<?php

  class Cat {
    public $weight;             //in kg
    public $furColor;
    public $whiskerLength;
    public $maxSpeed;           //in km/hr
    public function eat() {
      //code for eating...
    }

    public function sleep() {
      //code for sleeping...
    }

    public function hunt(Prey $objPrey) {
      //code for hunting objects of type Prey
      //which we will not define...
    }

    public function purr() {
      print "purrrrrrr..." . "\n";
    }
  }
?>
```

这个简单类创建了所有猫科动物都共有的属性和方法。为了创建 Lion 和 Cheetah 类，可以将 Cat 类中的所有代码都复制到名为 Lion 和 Cheetah 的类中。但是，这将产生两个问题。

首先，如果在 Cat 类中发现了一个错误，那么必须记住需同时在 Lion 和 Cheetah 类中进行修正。这就产生了更大的工作量，而不是更少的工作量(但是减少工作量被认为是 OOP 方法的基本优点之一)。

其次，设想有其他某个类(可能是 CatLover)的一个方法，该方法如下所示：

```
public function petTheKitty(Cat $objCat) {
  $objCat->purr();
}
```

尽管把狮子或印度豹作为宠物来饲养可能不是一个非常安全的想法，但是如果想这么做的话，那么当你与它们靠得足够近时，它们也会发出咕噜咕噜的声音。应该能够将类 Lion 或 Cheetah 的一个对象传递给 petTheKitty()函数。

因此，必须采用其他的方法来创建 Lion 和 Cheetah 类，该方法使用了继承。通过使用关键字 extends 并设定被扩展的类的名称，可以方便地创建两个新类，这两个类具有与普通猫科动物一样的所有属性，但是同时提供了一些额外的功能。考虑下面的示例，可以将这段代码输入到 class.Lion.php 文件中：

```
<?php
  require_once('class.Cat.php');

  class Lion extends Cat {
    public $maneLength; //in cm

    public function roar() {
      print "Roarrrrrrrr!";
    }
  }
?>
```

由于 Lion 类扩展了 Cat 类，因此现在可以做一些类似于如下的工作：

```
<?php
  include('class.Lion.php');

  $objLion = new Lion();
  $objLion->weight = 200;      //kg = \s450 lbs.
  $objLion->furColor = 'brown';
  $objLion->maneLength = 36; //cm = \s14 inches
  $objLion->eat();
  $objLion->roar();
  $objLion->sleep();
?>
```

可以调用父类 Cat 的属性和方法，而不需要重新编写所有这些代码。记住，extends 关键字告诉 PHP：Lion 类自动包含 Cat 类的所有功能，以及任何 Lion 所特有的属性或方法。该关键字同时告诉 PHP：Lion 对象也是一个 Cat 对象，并且现在可以使用 Lion 类的一个对象来调用 petTheKitty()函数，即使函数声明是使用 Cat 作为参数类型：

```
<?php
  include('class.Lion.php');

  $objLion = new Lion();
  $objPetter = new CatLover();
  $objPetter->petTheKitty($objLion);
?>
```

使用这种方法，对 Cat 类执行的任何改动都将自动被 Lion 类继承。错误的修正、函数内部的改动或新的方法和属性都将一起传递给父类的子类。在某个具有良好设计的大型对象层次结构中，错误修正和添加增强功能都非常容易。对某个父类执行的细小改动可能会对整个应用程序产生巨大的影响。

下一个示例将介绍如何使用一个自定义的构造函数扩展和特化一个类。创建一个新的文件并命名为 class.Cheetah.php，在该文件中输入以下代码：

```
<?php
  require_once('class.Cat.php');
```

```
    class Cheetah extends Cat {
        public $numberOfSpots;

        public function _construct() {
            $this->maxSpeed = 100;
        }
    }
?>
```

在 testCats.php 中输入以下代码：

```
<?php
require_once('class.Cheetah.php');

    function petTheKitty(Cat $objCat) {
        if($objCat->maxSpeed < 5) {
            $objCat->purr();
        } else {
            print "Can't pet the kitty - it's moving at " .
                    $objCat->maxSpeed . " kilometers per hour!";
        }
    }
    $objCheetah = new Cheetah();
    petTheKitty($objCheetah);

    $objCat = new Cat();
    petTheKitty($objCat);
?>
```

Cheetah 类添加了一个名为 numberOfSpots 的新的公有成员变量和一个构造函数，该构造函数在父类 Cat 中并不存在。现在，当创建一个新的 Cheetah 类时，maxSpeed 属性(继承自 Cat 类)将被初始化为每小时 100 公里(大约每小时 60 英里)，该值近似为短距离内印度豹的最大速度。注意，由于 Cat 类并未为该属性设定默认值，因此在 petTheKitty()函数中 maxSpeed 属性的值将为 0(实际上为 null)。

通过添加新的函数、属性，甚至是构造函数和析构函数，父类的子类可以方便地扩展它们的功能，并在应用程序中添加新的功能和特性，而不需要编写大量的代码。

重用代码的能力是继承的一个优点，但是使用继承还有另外一个主要优势。假设有一个名为 Customer 的类，而且该类具有 buyAutomobile 方法。该方法有一个参数，它表示类 Automobile 的一个对象，而其内部的操作则是打印记录销售过程的文档，并且从库存系统中减少这种轿车的数量。由于所有的 Sedan、PickupTruck 和 MiniVan 都是 Automobile，因此可以将这些类的对象传递给 Automobile 对象的函数。因为这 3 个特定的类型均继承自更为泛化的父类，所以它们都将具有相同的属性和方法集。若只需所有 Automobile 共有的方法和属性，那么就可以接受任何继承自 Automobile 类的类的对象作为参数。

仅仅子类继承自父类并不意味着子类就必须使用父类中的函数实现。例如，如果正在设计一个需要计算不同几何形状面积的应用程序，那么可能有名为 Rectangle 和 Triangle 的类。这两个形状都是多边形，因此这些类都将继承自一个名为 Polygon 的父类。

Polygon 类有一个名为 numberOfSides 的属性和一个名为 getArea 的方法。所有的多边形均有一个可计算的面积；但是，计算面积的方法对于不同的多边形则有所不同(对于任意多边形的面积存在一个通用的公式，但是相比于此处对简单多边形采用的特定形状的公式，这个通用公式缺乏效率)。对于矩形的面积，该公式为 w×h，其中 w 为矩形的宽度，而 h 为矩形的高。而三角形的面积可以计算为 0.5×h×b，其中 h 为三角形底边 b 上的高度。图 5-3 给出了这两种多边形的面积。

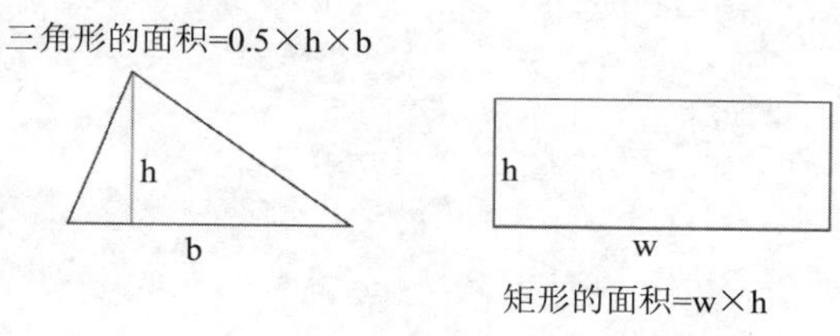

图 5-3　两种多边形的面积

对于所创建的 Polygon 的每个子类，可能希望使用该子类的特定面积计算公式替代默认的实现。通过重新定义类的方法，可以提供自己的实现。

在 Rectangle 类中，创建两个新的属性：height 和 width，并重写 Polygon 类的 getArea()方法的实现。对于 Triangle 类，可以添加相应的属性以存储其 3 个角、高度以及底边的长度等信息，并重写 getArea()方法。通过使用继承并重写父类的方法，可允许子类特例化这些方法的实现。

对于以 Polygon 作为参数并需要打印该多边形面积的函数，将自动调用传递给它的 Polygon 子类(在此为 Rectangle 或 Triangle)的 getArea()方法。OOP 语言在运行时自动确定调用哪个 getArea()方法的能力称为多态。多态是指应用程序可以基于所作用的特定对象而做不同事情的能力。在本例中，这就意味着调用不同的 getArea()方法。

当重写父类的方法时，不一定需要完全重写该方法。仍然可以使用由父类所提供的实现，但是需要为子类添加额外的特殊内容。使用这种方法可以重用代码，同时可以提供业务规则所需要的自定义内容。

2. 多态

多态指同一个实体同时具有多种形式。比如有一个成员方法让大家聚会吃饭，这个时候有的人会坐公交车过去，有的人会开车过去，有的人会骑自行车过去。虽然是同一种方法，但调用时却产生了不同的形态，这就是多态。

在面向对象中，多态指多个函数使用同一个名称，但参数个数、参数数据类型不同。调用时，虽然方法名相同，但会根据参数个数或者参数的类型自动调用对应的函数。

多态可通过继承或接口来实现，例如：

```
class stu{
  public function showGrade(){
    echo "base class";
  }
}
class xiaomin extends stu{
  public function showGrade(){
    echo "is son show 80";
```

```
    }
}
class xiaoli extends stu{
    public function showGrade(){
        echo "is son show 60";
    }
}
function doit($obj){
    if(get_class($obj) != "stu"){
        $obj->showGrade();
    }
}
doit(new xiaoli());
doit(new xiaomin());
```

程序通过继承 stu 类创建了两个子类：xiaoli 和 xiaomin，在父类和两个子类中都定义了方法 showGrade()，在函数 doit()中，通过检查对象类型，可以调用到正确的方法。多态使我们将编程的重点放在接口和父类上，而不必考虑对象具体属于哪个类的问题。

再看看下面示例中多态的应用：

```
<html>
<head>
<meta   http-equiv="Content-Type" content="text/html; charset=gb2312">
<title>继承和多态</title>
</head>
<body>
<?
/*父类*/
class MyObject{
    public $object_name;                        //图书名称
    public $object_price;                       //图书价格
    public $object_num;                         //图书数量
    public $object_agio;                        //图书折扣
    function __construct($name,$price,$num,$agio){ //构造函数
        $this->object_name=$name;
        $this->object_price=$price;
        $this->object_num=$num;
        $this->object_agio=$agio;
    }
    function showMe(){                          //输出函数
        echo '这句话不会显示。';
    }
}
/*子类 Book*/
class Book extends MyObject{                    //MyObject 的子类
    public $book_type;                          //类别
    function __construct($type,$num){           //声明构造函数
        $this->book_type=$type;
        $this->object_num=$num;
    }
```

```
        function showMe(){                                   //重写父类中的 showMe 方法
            return '本次新进'.$this->book_type.'2144xiaoshuo.com　图书'.$this->object_num.'本<br>';
        }
    }
    /*子类 Elec*/
    class Elec extends MyObject{                             //MyObject 的另一个子类
        function showMe(){                                   //重写父类中的 showMe()方法
            return '热卖图书：'.$this->object_name.'<br>原价：'.$this->object_price.'<br>特价：'.$this->object_price *
$this->object_agio;
        }
    }
    /*实例化对象*/
    $c_book=new Book('计算机类',1000);                        //声明一个 Book 子类对象
    $h_elec=new Elec('PHP 函数参考大全',98,3,0.8);  //声明一个 Elec 子类对象
    echo $c_book->showMe()."<br>";                           //输出 Book 子类的 showMe()方法
    echo $h_elec->showMe();                                  //输出 Elec 子类的是 showMe()方法
    ?>
    </body>
    </html>
```

5.3.3　接口

有时可能有一组类，这些类不需要通过继承类型关系彼此关联。也可能有一些完全不同的类，这些类仅仅是共享某些行为而已。例如，罐子和门都可以打开和关闭，但是它们没有其他方式的关联。不管是什么类型的罐子或什么类型的门，它们都可以执行这些活动，但是它们之间没有其他的共同点。

接口是用来定义功能的结构体，接口内的功能必须通过其他类来实现。接口并不会规定某个功能的内部实现，可以把接口看作是类需要遵循的模板。

因为在接口中仅需定义方法签名和返回值类型，所以类并不是继承接口，而是实现接口。不过，有时由一种接口派生出另一种接口是比较有用的。例如，名称为 Iterator 的接口作为基类接口，派生出名称为 RecursiveIterator 的新接口，新接口定义了接口 Iterator 中的所有标准功能的同时，还会定义一些新的功能。

接口从来不直接进行实例化，不过，程序中的变量可以对接口进行测试。测试接口可以保证对象在试图调用接口的某个方法之前，该对象实现了接口中的所有方法。例如，假如接口 PageElement 定义了一个 getXML()方法：

```
    if ( $object instanceof PageElement )
        $body->appendChild( $object->getXML( $document ) );
```

定义接口与定义类的方法极为相似，定义接口时使用 interface 关键字代替定义类时的 class 关键字。另外两个比较重要的明显区别是，接口中的所有方法必须定义成 public 且定义中不含有方法体。

1. 接口的功能

在任何 OOP 中都会有接口的概念。接口可以指定某个对象能够执行某种函数，但是它并不需要表明对象如何执行该函数。接口是不相关的对象之间为了执行共有的函数而建立起来的合同。

实现该接口的对象向它的用户保证它可以执行由该接口规范所定义的所有函数。自行车和足球是完全不相同的事物，但是在某个体育用品商店的库存系统中，表示这些商品的对象必须能够与该系统进行交互。

通过声明一个接口然后在对象中实现它，可以让完全不同的类执行相同的函数。下面的示例演示了非常普通的门和罐子的类比。

创建一个名为 interface.Openable.php 的文件：

```
<?php

  interface Openable {
    public function open();
    public function close();
  }

?>
```

正如将类文件命名为 class.[class name].php 一样，应该在接口命名中使用相同的约定，将其命名为 interface.[interface name].php。

使用类似于声明类的语法来声明接口 Openable，不同之处是使用单词 interface 替换了单词 class。接口没有成员变量，并且不指定它的成员函数的实现。

由于没有指定具体的实现，因此需要将这些函数声明为 abstract。这样做将告诉 PHP，任何实现该接口的类都将负责提供这些函数的实现。如果没有为接口中所有的抽象方法提供实现，那么 PHP 将引发一个运行时错误。不能选择性地实现部分抽象方法，而必须提供所有抽象方法的实现。

2. 接口的工作原理

Openable 接口是与该应用程序其他部分之间的合同。这就意味着任何实现了该接口的类都将提供两个方法：open()和 close()，而且不带任何参数。有了这个达成一致的方法集，就可以将不同的对象传递给相同的函数，并且不需要这些对象之间存在继承关系。

创建如下文件，并将其命名为 class.Door.php：

```
<?php

require_once('interface.Openable.php');

class Door implements Openable {

    private $_locked = false;

    public function open() {
      if($this->_locked) {
        print "Can't open the door. It's locked.";
      } else {
        print "creak...<br>";
      }
    }
```

```
        public function close() {
            print "Slam!!<br>";
        }

        public function lockDoor() {
            $this->_locked = true;
        }
        public function unlockDoor() {
            $this->_locked = false;
        }

    }
?>
```

现在创建一个名为 class.Jar.php 的文件。

```
<?
require_once('interface.Openable.php');

class Jar implements Openable {
    private $contents;
    public function __construct($contents) {
        $this->contents = $contents;
    }

    public function open() {
        print "the jar is now open<br>";
    }

    public function close() {
        print "the jar is now closed<br>";
    }
}
?>
```

为了使用这些文件，在同一目录下创建一个新的文件，并命名为 testOpenable.php：

```
<?php
    require_once('class.Door.php');
    require_once('class.Jar.php');

    function openSomething(Openable $obj) {
        $obj->open();
    }

    $objDoor = new Door();
    $objJar = new Jar("jelly");

    openSomething($objDoor);
    openSomething($objJar);
?>
```

由于Door类和Jar类均实现了Openable接口，因此可以将这两个类都传递给openSomething()函数。由于这个函数仅仅接受实现了Openable接口的对象，因此在这些对象中就可以调用函数open()和close()。但是，不应该在openSomething()函数中试图访问Jar类的contents属性，或者使用Door类的lock()或unlock()函数，因为该属性和这些方法并不是该接口的一部分。接口合同只保证拥有open()和close()方法，而没有其他的信息。

通过在应用程序中使用接口，可以允许完全不同的、不相关的对象彼此通信，并能保证它们根据接口中指定的条款进行交互。接口就是提供某些方法的一个合同。

5.3.4 封装

对象允许向其用户隐藏它们的实现细节。例如，用户并不需要知道Volunteer类为了能够调用signUp()方法是否将信息保存在一个数据库、一个普通文本文件或一个XML文档中，或者采用其他的数据存储机制。同样，也不需要知道包含在对象中的关于志愿者的信息是实现为单独的变量，还是实现为一个数组，甚至是实现为其他对象。

这种隐藏实现细节的能力就称为封装(encapsulation)。一般来说，封装指的是两个概念：保护类的内部数据不被类外部的代码访问，以及隐藏实现细节。

封装这个单词从字面上理解就意味着放在一个包装盒或外部容器内。一个设计良好的类可以在它的内部数据周围提供一个完整的外壳，并且为类外部的代码提供一个接口，该接口与这些内部细节完全隔离。这样做可以得到以下两点好处：

- 可以在任何时候改变实现细节，而不影响使用该类的代码。
- 因为知道类外部的任何代码不能在你不知情的情况下无意间修改根据类构建的对象的状态或属性值，所以可以确保对象的状态及其属性的值是有效的，并且是有意义的。

类的成员变量及其函数都具有可见性。可见性指的是类外部的代码可以看见的内容。如本章前面所述，私有成员变量和函数对于类外部的代码是不可访问的，并且只能由类的内部实现使用。受保护的成员变量和函数只是对于该类的子类可见。公有成员变量和函数对于任何代码都是可使用的，包括类内部和类外部的代码。

通常而言，类的所有内部成员变量都应该声明为私有变量。类外部需要访问这些变量的任何代码都需要通过一个存取器方法来完成访问。你不会让别人蒙住眼睛强行喂食，而需要能够检查食物并确定是否可以让其进入体内。同样，当某个对象希望允许该对象外部的代码改变其属性或以某种方式影响其内部数据时，通过将对这些数据的访问封装在一个公有函数内(并将内部数据保持为私有)，则可以对改动进行验证，并决定接受或拒绝这些改动。

例如，如果正在为某家银行构建一个应用程序以处理客户账户的细节，那么可能会有一个Account对象，该对象有totalBalance属性以及makeDeposit()和makeWithdrawal()方法。账户余额属性应该是只读的。影响余额的唯一方式就是进行取款或存款操作。如果totalBalance属性实现为一个公有成员变量，那么可以编写相应的代码来增加该变量的值，而不需要进行实际的存款操作。显然，该方式对于银行来说并不合适。

实际上，应该将该属性实现为私有成员变量，并提供一个名为getTotalBalance()的公有方法，该方法返回该私有成员变量的值。因为存储账户余额的变量是私有变量，所以不能直接对其进行操作；并且由于影响账户余额的公有方法只有makeWithdrawal()和makeDeposit()，因此如果想增加账户余额，必须真正地执行存款操作。

通过隐藏实现的细节并保护对内部成员变量的访问，使用面向对象的软件开发方式可以创建灵活、稳定的应用程序。

5.4 本章小结

本章探索了 PHP 中的常用函数以及面向对象编程(OOP)的概念。

PHP 中提供了大量的内置函数，用于方便开发者对字符串、数值、日期、数组等各种类型的数据进行处理。内置函数无须定义就可供用户调用，从而可以简化编程过程。此外，用户还可以根据需要自行编写自定义函数来简化程序和增加程序的复用性。

面向对象编程中非常重要的概念包括类、封装、多态、继承等。类就是创建对象的蓝本。对象是根据类定义所创建的数据和函数的运行时数据包。对象有特征(称为属性)和行为(称为方法)。属性可以看成是变量，而方法则可以看成是函数。

某些类共享一个共同的父类型。例如，正方形(子类)就是一种矩形(父类)。在将一个类声明为一个父类的子类时，子类继承了父类的方法和属性。可以选择重写继承所得到的方法。如果选择重写父类的方法，可以完全重新实现该方法，或者继续使用父类的实现，但是要向子类中添加一些特化细节(或者是根本不重写该方法)。

封装是 OOP 中的一个重要概念，它指的是类能够保护其内部成员变量的访问并对类的用户屏蔽其实现细节的能力。成员方法和属性具有 3 个级别的可见性：私有的、受保护的和公有的。私有成员只能由类的内部操作使用，受保护的成员对于子类可见，公有成员可以由类外部的代码使用。

5.5 习题

一、选择题

1. 如果函数有多个参数，则参数之间必须用下列哪个符号分开？(　　)

   A. ,　　B. :　　C. &　　D. ;

2. 下列关于函数的说法，下列哪一项是错误的？(　　)

   A. 函数具有重用性

   B. 函数名的命名规则和变量名的命名规则相同，必须以$作为函数名的开头

   C. 函数可以没有输入和输出

   D. 如果把函数定义写在条件语句中，那么必须当条件表达式成立时，才能调用该函数

3. 假设$a=array(10, 25, 30, 25, 40)，则 array_sum($a)会返回(　　)。

   A. array ([0] => 105)　　B. array ([0] => 130)

   C. 105　　D. 130

4. 假设$a= array(1, 20, 5)，则 print_r($a)输出下列哪一项？(　　)

A. array (1, 6, 11, 16)　　　　B. array (1, 20, 5)

C. array (5, 10, 15, 20)　　　　D. array (5, 10, 15)

二、编程题

编写自定义函数，使它能够根据输入的行和列输出表格。

第6章

PHP与Web页面交互

PHP是当今流行的网页脚本语言之一，而PHP与Web页面交互则是学习PHP编程语言的基础，是实现PHP网站与用户交互的重要手段。在PHP中提供了两种与Web页面交互的方法，一种是通过Web表单提交数据，另一种是通过URL进行参数传递。本章在介绍表单知识的基础上，通过大量示例，对PHP与Web页面交互的两种方法进行了详细讲解。

本章的主要学习目标：

- 理解PHP与Web页面交互的基本知识
- 掌握表单的基本结构
- 掌握POST方法
- 掌握GET方法
- 掌握使用URL传递参数

6.1 HTML表单

HTML表单(form)是网站的一个重要组成部分，主要用于采集和提交用户输入的信息。表单采集数据后将数据发送至服务器，如用户填写完信息后执行提交(submit)操作，将表单中的数据从客户端的浏览器传送到服务器端。数据在服务器端经过PHP程序处理后，再将用户所需要的信息传递回客户端的浏览器上，从而完成一次页面交互。

6.1.1 表单结构

表单是网页上的一个特定区域，这个区域是由一对<form>标记定义的。创建HTML表单的基本格式如下：

```
<form name="name" method="post/get" action="url" enctype="value">
表单元素
</form>
```

说明： name属性为表单名称，该属性可以省略。method属性表示发送表单信息的方式，可以为GET或者POST。GET方法是将表单内容附加到URL地址后面发送，POST方法是将表单里所填的值，附加在HTML Headers上。相对来说，GET方法不太安全，因为用户能从地址栏上看到传送的数据。POST 方法更安全些，因为用户不能从地址栏上看到传送的数据。action 属性定义将表单中的数据提交到哪个文件中进行处理，这个地址可以是绝对的 URL，也可以是相对的 URL，如果这个属性是空值，则提交到当前文件。enctype 属性设置表单资料的编码格式。

表单的主体部分可以包含文本框、命令按钮、单选按钮、复选框、下拉列表等表单元素。下面将逐一介绍表单常用的元素。

6.1.2 文本框

文本框允许用户输入一些信息，如姓名、学号、商品名称等，其基本格式如下：

```
<input type="text" name=""value="" size="" maxlength="">
```

说明： name 为文本框的名称，value 是文本框的默认值，size 指文本框的宽度，maxlength 指文本框的最大输入字符数。

例 6.1 创建一个包含账号、密码输入框的表单。

```
<head>
<meta http-equiv="Content-Type" content="text/html; charset=gb2312" />
<title>无标题文档</title>
</head>
<body>
<div align="center">
<h1>登录</h1>
<form action="" method="get">
帐号<input type="text" name="name" /><br /><br />
密码<input type="text" name="mima" /><br /><br />
<input type="submit" value="提交"/>
<input type="reset" value="重置" />
</form>
</div>
</body>
</html>
```

在该示例中，创建了一个表单，其中包含两个用来输入账号和密码的文本框，以及两个用来提交和重置数据的命令按钮，代码运行效果如图 6-1 所示。除了登录功能外，注册、查询、信息填报等功能也常用到文本框。

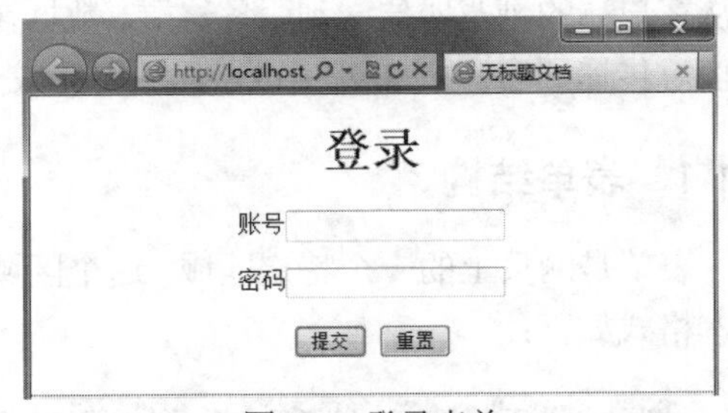

图 6-1 登录表单

6.1.3 命令按钮

命令按钮一般用于提交或者重置操作，由按钮的 type 属性值决定，基本格式如下：

```
<input name="" type="" value="">
```

说明： name 为按钮名称。type 属性值决定按钮的类型，其值共有 3 种：“submit”表示将表单中的数据提交给指定的服务器；“reset”表示清空表单数据；“button”为一般按钮。value

属性表示按钮上显示的文本。

在例 6.1 中，已经给出了命令按钮的使用方法，因此此处不再重复举例。

6.1.4　单选按钮

单选按钮一般成组出现，具有相同的 name 值和不同的 value 值。在一组单选按钮中，用户只能选择其中一个选项，基本格式如下：

```
<input name=" " type="radio" value="" checked>
```

说明： checked 属性用来设置单选按钮的默认值。

例 6.2　创建一个表单，让用户选择最喜欢的水果。

```
<html>
<head>
<meta http-equiv="Content-Type" content="text/html; charset=gb2312">
<title>无标题文档</title>
</head>
<body>
<form action="" method = "post">
<input type="radio" name="fruit" value = "Apple">苹果<br>
<input type="radio" name="fruit" value = "Banana">香蕉<br>
<input type="radio" name="fruit" value = "Orange">桔子<br>
<input type="submit" value="提交">
<input type="reset" value="重置">
</form>
</body>
</html>
```

在该示例中，包含了苹果、香蕉和桔子 3 种水果，用户可以选择其中一种，代码运行效果如图 6-2 所示。

要注意的是，表单提交的数据是 value 属性的值，而不是看到的中文水果名。

图 6-2　单选按钮

6.1.5　复选框

复选框能够进行内容的多项选择，复选框一般多个同时存在，为了便于传值，name 的名字可以为数组形式，基本格式如下：

```
<input name="chkbox[]" type="checkbox" value="" checked >
```

说明： value 表示选中选项后传送到服务器端的值，checked 属性用来设置复选框的默认值。

例 6.3　创建一个表单，让用户选择最喜欢的水果，可以多选。

```
<html>
<head>
<meta http-equiv="Content-Type" content="text/html; charset=gb2312">
<title>无标题文档</title>
</head>
```

```
<body>
<form action="" method ="post">
<input type="checkbox" name="fruit" value ="apple" >苹果<br>
<input type="checkbox" name="fruit" value = "Banana">香蕉<br>
<input type="checkbox" name="fruit" value ="orange">桔子<br>
<input type="submit" value="提交">
<input type="reset" value="重置">
</form>
</body>
</html>
```

在该示例中，同样包含了苹果、香蕉和桔子 3 种水果，不过用户可以选择多种喜欢的水果，代码运行效果如图 6-3 所示。

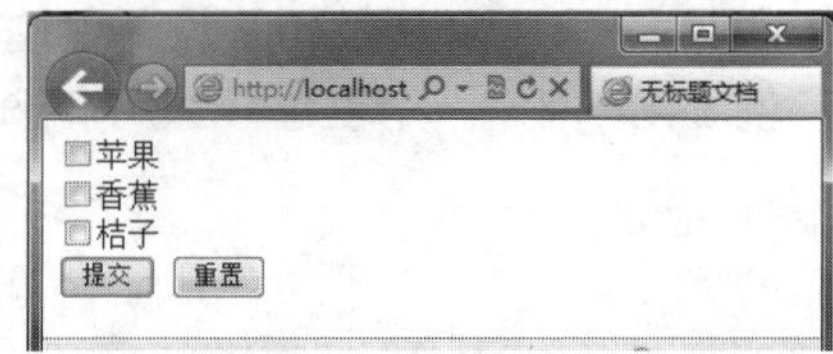

图 6-3　复选框

6.1.6　下拉列表

下拉列表是通过选择域标记<select>和<option>来创建的。列表可以显示一定数量的选项，如果超过了这个数量，会自动出现滚动条，浏览者可以通过拖动滚动条来查看各选项。selected 属性表示默认被选中，基本格式如下：

```
<select name="" id="" [multiple]>
  <option value="" selected>
……
<option value="" selected>
</select>
```

说明：value 表示选中选项后传送到服务器端的值，checked 属性表示默认选中。multiple 属性表示复选，不加表示单选，复选需要使用 Ctrl 和 Shift 键。每个复选框都会包含多个<option>标记，每个标记都代表一个选项。

例 6.4　创建一个表单，让用户选择喜欢的水果。

```
<html>
<head>
<title>无标题文档</title>
</head>
<body>
<form action="http://www.aaa.cn/choose.asp" method = "post">
你最喜欢的水果是：
<select name="fruit" >
<option value="apple">苹果
<option value="Banana">香蕉
<option value="orange">桔子
</select><br>
<input type="submit" value="提交">
<input type="reset" value="重置">
</form>
</body>
</html>
```

在该示例中，因为不包含属性 multiple，所以只能单选，代码运行效果如图 6-4 所示。

图 6-4　下拉列表

6.1.7　多行输入框

文本标记<textarea>用来创建多行的文本域，可以在其中输入更多的文本，通常用于留言、备注、评论，基本格式如下：

```
<textarea name="name" rows=value cols=value value="value" wrap="value">
 ......文本内容
 </textarea>
```

说明：其中参数 name 表示文本域的名称，row 表示文本域的行数，cols 表示文本域的列数，value 表示文本域的默认值，wrap 用于设定显示和送出时的换行方式。当 wrap 的值为 off 时表示不自动换行；值为 hard 时表示自动按回车键换行，换行标记一同被送到服务器，输出时也会换行；值为 soft 表示自动按回车键换行，换行标记不会被送到服务器，输出时仍然为一列。

例 6.5　创建一个表单，允许用户留言。

```
<html>
<head>
<title>无标题文档</title>
</head>
<body>
<form action="" method="post">
<p>您的意见对我们很重要:
<br>
<textarea name="ly" clos="60" rows="6">
请将意见输入此区域
</textarea>
<br>
<input type="submit" value="提交" />
<input type="reset" value="重置" />
</form>
</body>
</html>
```

在该示例中，包含一个多行输入框，用户可在此区域留言。相比于单行文本框，多行输入框能够录入更多的信息，代码运行效果如图 6-5 所示。

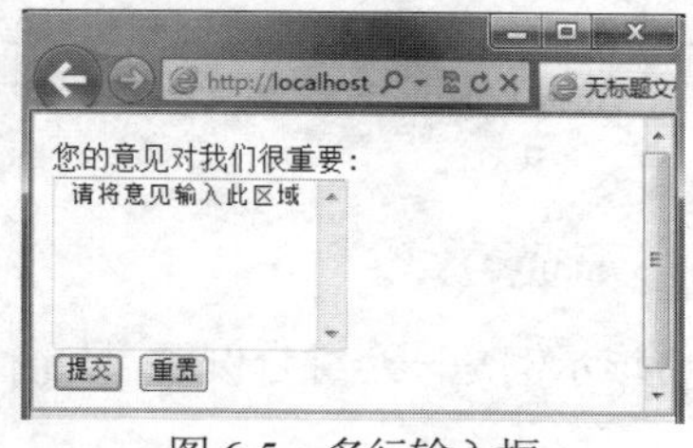

图 6-5　多行输入框

6.1.8 隐藏域

隐藏域在页面中对于用户是不可见的，在表单中插入隐藏域的目的在于收集或发送信息，以利于处理表单的程序使用。浏览者单击发送按钮发送表单时，隐藏域的信息也一起被发送到浏览器，基本格式如下：

```
<input type="hidden" name="" value="">
```

说明：value 为要提交的数据。

例 6.6 创建一个表单，允许用户填写个人信息。

```
<html>
<head>
<title>个人信息</title>
</head>
<h1>个人信息</h1>
<form action="" method="post">
用户名:
<input type="text" name="username"/><br/>
密 码:
<input type="password" name="pwd"/></br>
密 码:
<input type="password" name="npwd"/>(再次输入密码)</br>
选择你性别:</br>
<input type="radio" name="sex" value ="男"/>男</br>
<input type="radio" name="sex" value ="女"/>女</br>
选择你喜欢的水果:</br>
<input type="checkbox" name="fruit[]" value ="apple" >苹果<br>
<input type="checkbox" name="fruit[]" value = "Banana">香蕉<br>
<input type="checkbox" name="fruit[]" value ="orange">桔子<br>
选择你的出生地:
<select name="bir[]">
<option value="">--请选择--</option>
<option value="北京">北京</option>
<option value="郑州">郑州</option>
<option value="上海">上海</option>
</select>
</br>
备注：</br>
<textarea cols="30" rows="10" name="intro">
</textarea></br>
<input type="hidden" value="hid" name="hid"/>
<input type="submit" value="提交"/>
<input type="reset" value="重填"/></br>
</form>
</body>
</html>
```

该示例是一个综合例题，包含本节讲解过的所有表单元素，代码运行效果如图 6-6 所示。

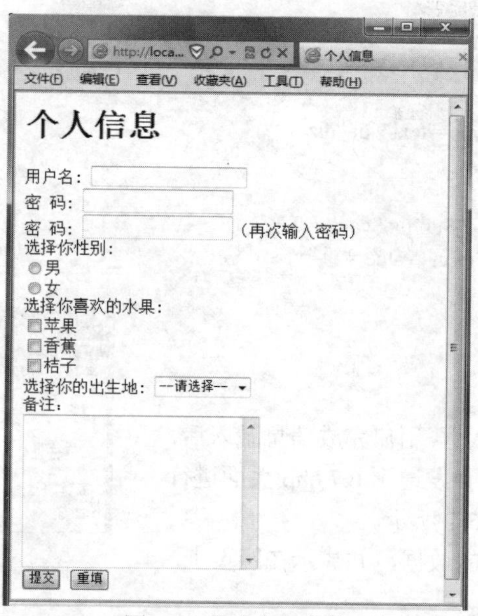

图 6-6　个人信息表单

6.2 获取表单传递数据的方法

提交表单数据的方法有两种，即 POST 方法和 GET 方法。要设置表单提交数据的方法，只需设置表单中的 method 属性值即可。

6.2.1 GET 方法

GET 方法是 form 表单中 method 属性默认的方法。使用 GET 方法提交表单，表单中的数据将作为 URL 的一部分发送到服务器端。数据格式按照"变量名=值"的形式添加，URL 和数据间用"?"连接，而各个变量之间使用"&"连接。

若要使用 GET 方法发送表单，URL 的长度应限制在 1MB 字符以内。如果发送的数据量太大，数据将被截断，从而导致意外或失败的处理结果。同时 GET 方法不具有保密性，不适合处理如信用卡卡号等要求保密的内容，而且不能传送非 ASCII 码的字符。

在服务器端，使用$_GET 变量来接收数据。$_GET 变量是一个全局数组，存储来自用户浏览器地址栏中所有参数的值。

例 6.7　创建一个表单，调查用户的姓名和家庭住址。

```
<html>
<head>
<meta http-equiv="Content-Type" content="text/html; charset=gb2312">
<title></title>
</head
<body>
<form name="form" method="get" action="6.7.php">
   <p>姓名
```

```
        <input name="name" type="text" id="name">
      </p>
      <p> 家庭住址
        <input name="dizhi" type="text" id="dizhi">
      </p>
      <p>
    <input type="submit" name="Submit" value="确定">
    <input type="reset" name="reset" value="重置">
      </p>
    </form>
    </body>
    </html>
```

该示例包含了两个输入框，用户完成信息录入后，单击“确定”按钮，数据就会发送至6.7.php页面进行处理，代码运行效果如图6-7所示。

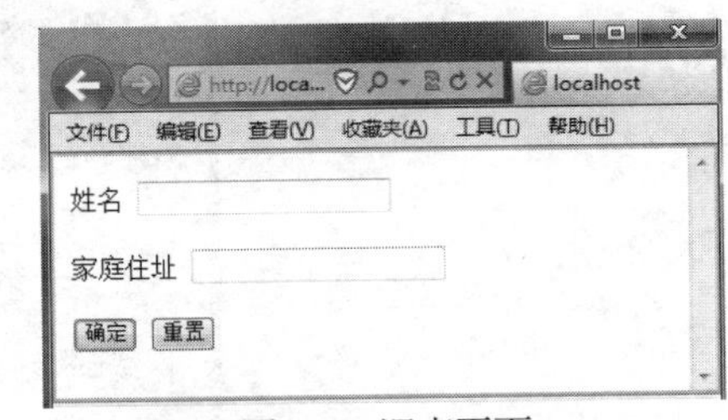

图6-7　调查页面

例6.8　接收例6.7中的数据，并显示在网页上。

```
<html>
<head>
<meta http-equiv="Content-Type" content="text/html; charset=gb2312">
</head>
<body>
<?
echo $_GET["name"];
echo ",您的家庭住址是："．$_GET["dizhi"]．"。";
echo "这是一座美丽的城市，欢迎光临";
?>
</body>
</html>
```

该示例接收数据后，将数据显示在网页上，代码运行效果如图6-8所示。

注意：在HTML表单中使用method= "get" 时，所有的变量名和值都会显示在 URL 中。所以在发送密码或其他敏感信息时，不应该使用这个方法。然而，正因为变量显示在 URL 中，因此可以在收藏夹中收藏该页面。在某些情况下，这是很有用的。

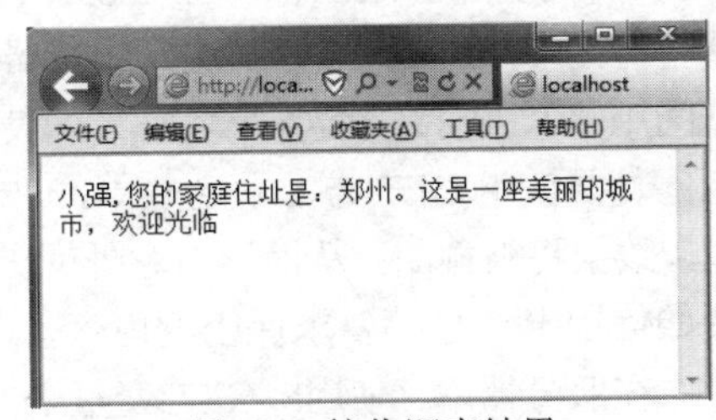

图6-8　接收调查结果

6.2.2　POST方法

POST方法不依赖于URL，该方法将用户在表单中填写的数据包含在表单主体中，一起传送到服务器上。POST 方法不会将传递的参数值显示在地址栏中，并且对发送信息的量也没有限制。所有提交的信息都在后台传输，用户在浏览器端是看不到这一过程的，因而安全性高。所以，POST方法比较适合用于将一些保密的或者较大量的数据发送到服务器。

在服务器端，使用$_POST 变量接收数据。$_POST 变量也是一个全局数组，存储了浏览器中表单上的各个表单元素的值，其元素的下标名必须和表单中的元素名称相同，大小写要保持一致。

例 6.9　创建一个表单，允许用户填写姓名和选择所在的城市。

```
<html>
<head>
<meta http-equiv="Content-Type" content="text/html; charset=gb2312">
<title></title>
</head>
<body>
<form name="form" method="post" action="6.10.php">
  <p>姓名
    <input name="name" type="text" id="name">
    <br>
    请选择您所在的城市：
    <input name="choose[]" type="checkbox" id="choose[]" value="bj">
    北京
    <input name="choose[]" type="checkbox" id="choose[]" value="zz">
    郑州
    <input name="choose[]" type="checkbox" id="choose[]" value="sh">
    上海 </p>
  <p>
    <input type="submit" name="Submit" value="确定">
    <input type="reset" name="reset" value="重置">
  </p>
</form>
</body>
</html>
```

该示例包含了一个输入框和一组复选框，用户完成信息录入后，单击“确定”按钮，数据会发送至 6.10.php 页面进行处理，代码运行效果如图 6-9 所示。

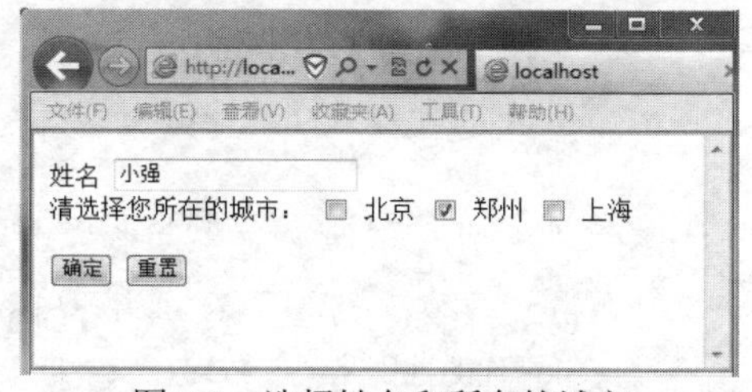

图 6-9　选择姓名和所在的城市

例 6.10　接收例 6.9 中的数据，并显示在网页上。

```
<html>
<head>
<meta http-equiv="Content-Type" content="text/html; charset=gb2312">
</head>
<body>
<?
echo $_POST["name"];
echo ",您所在的城市是：<br>";
for ($i=0;$i<count($_POST["choose"]);$i++) {
    echo $_POST["choose"][$i]."    ";
}
?>
</body>
</html>
```

该示例接收数据后，将数据显示在网页上。因为有复选框，可能多选，所以使用循环语句读取，代码运行效果如图 6-10 所示。

图 6-10 接收并显示所在的城市

注意：使用 POST 方式提交表单时，是通过 HTTP 协议的 header 部分传递表单数据的，因此理论上数据的大小无上限。不过，在使用 PHP 进行 POST 提交时，文件大小会受 PHP 配置文件(php.ini)的限制，我们可以修改 php.ini 文件中的 post_max_size 参数，可将默认的 2M 字节修改为自己需要的大小。但由于 HTTP 协议的特性，这个值不宜设置得过大，最大以 8M 为宜。

上述几个示例详细介绍了表单数据的提交和接收方法，但是内容相对比较简单，下面再通过一个综合示例进行复杂表单的讲解。

例 6.11 打开 6.6.html 页面，完成信息录入，提交后将信息显示在网页上。

```
<html>
<head>
<meta http-equiv="Content-Type" content="text/html; charset=gb2312">
</head>
<body>
<?
    if (empty($_POST['username'])){
        echo "您没有输入用户名";
        exit();
    }
    if (empty($_POST['pwd'])){
        echo "您没有输入密码: ";
        exit();
    }
    echo "您的用户名：  ".$_POST['username']."<br />";
    echo "您的密码：  ".$_POST['pwd']."<br />";
     echo "您的密码(第二遍)：  ".$_POST['npwd']."<br />";
    echo "你的性别是 ".$_POST["sex"]."<br />";
    if (!empty($_POST['fruit']))
     {
            echo "您喜欢的水果是：<br>";
    for ($i=0;$i<count($_POST["fruit"]);$i++)
     {
   echo $_POST["fruit"][$i]." <br /> ";
      }
    }
     else {
          echo "您没有输入任何喜爱的水果";
    }
    if (!empty($_POST['bir'])){
            echo "您的出生地是：";
        foreach ($_POST['bir'] as $bir){
            echo $bir. " <br /> ";
```

```
            }

        } else {
            echo "您没有选择出生地";
        }
        echo "您的自我介绍：  ".nl2br($_POST['intro'])."<br />";
        echo "网页隐藏值：  ".$_POST['hid']."<br />";
    ?>
    </body>
    </html>
```

6.6.html页面在例6.6中已经给出，完成信息的录入后，单击“提交”按钮，调用6.11.php页面进行数据接收和显示。该示例分别用for循环和foreach循环实现了复选框和下拉列表的数据接收，用户在具体应用中，可任选其一使用，代码运行效果如图6-11所示。

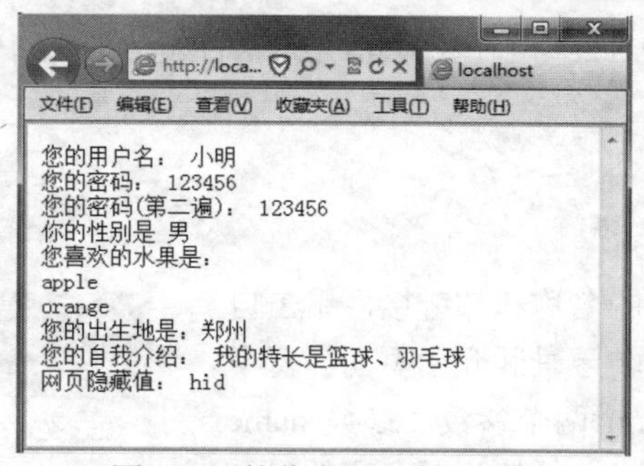

图6-11　接收和显示个人信息

6.3 URL数据传递

除了表单外，还可以使用URL进行数据传递，其实现方式就是在URL地址后面加上适当的参数，之后URL实体对这些参数进行处理。例如，在各个网站上，我们经常会通过超链接进行页面跳转，在跳转的过程中，完成数据的传递。

相较于表单，URL数据传递的方式使用范围更广、更常见，也更加简单易用。这两种数据交互方式用途也不同，表单通常用于用户数据的填写和收集，URL通常用于关键参数的传递。表单中的数据用户可以填写并修改，而URL数据通常由系统生成，用户只可以使用而不能修改。

URL数据传递的基本格式如下：

```
http:/url?name1=value1&name2=value2
```

说明：在访问的网址之后是一个“？”，其后的内容是要传递的数据。“=”左边是参数名，右边是参数值。如果需要传递多个参数，则以“&”分隔，参数的个数和内容由具体应用决定。

例6.12　创建网页，允许用户选择自己感兴趣的景区。

```
<html>
<head>
```

```
<meta http-equiv="Content-Type" content="text/html; charset=gb2312">
<title></title>
</head>
<body>
<?php
$name="小明";
?>
    景区介绍：
    <ul>
    <li><a href="6.13.php?name=<?php echo $name; ?>&jingqu=<?php echo "黄山" ?>" target="_blank">黄山
</a> </li>
    <li><a href="6.13.php?name=<?php echo $name; ?>&jingqu=<?php echo "白云山"; ?>" target="_blank">
白云山</a> </li>
    <li><a href="6.13.php?name=<?php echo $name; ?>&jingqu=<?php echo "海南"; ?>" target="_blank">海
南</a> </li>
    <li><a href="6.13.php?name=<?php echo $name; ?>&jingqu=<?php echo "天池"; ?>" target="_blank">天
池</a> </li>
    </ul>
</body>
</html>
```

该示例包含了几个景区的名称和超链接，单击自己感兴趣的景区后，可以跳转至景区介绍页面。每个超链接都包含 name 和 jingqu 两个参数，参数 name 的值为变量$name，参数 jingqu 的值为要介绍的景区名称。正常情况下，同一栏目超链接中的参数个数和名称应该保持一致，代码运行效果如图 6-12 所示。

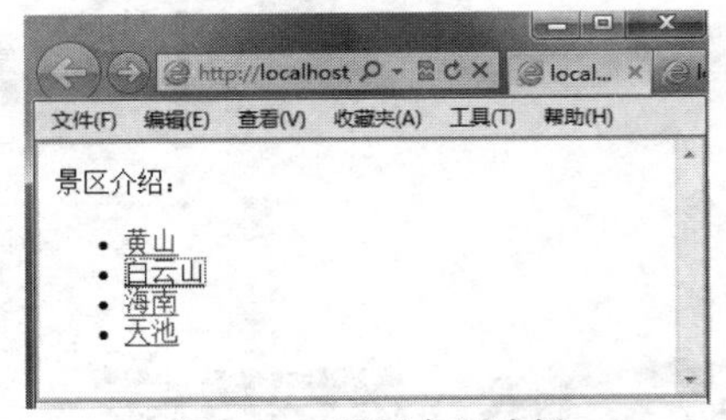

图 6-12　景区介绍选择

例 6.13　接收例 6.12 传递的参数，并介绍相应景区。

```
<html xmlns="http://www.w3.org/1999/xhtml">
<head>
<meta http-equiv="Content-Type" content="text/html; charset=gb2312" />
<title></title>
</head>
<body>
<?php
 $name=$_GET["name"];
 echo $name."，欢迎来到";
 $jingqu=$_GET["jingqu"];
 switch ($jingqu) {
  case "黄山":
    echo "黄山，这里有迎客松、莲花峰、光明顶、云海、云泉。";
    break;
  case "白云山":
    echo "白云山，这里是中国十佳休闲胜地，森林覆盖率 98.5%以上。";
    break;
  case "海南":
    echo "海南，这里海水清澈，还有椰子，来玩吧。";
```

```
        break;
    case "天池":
        echo "天池，这里有长白飞瀑、长白大峡谷、风景秀丽。";
        break;
    default:
        echo "没有什么好玩的";
        break;
}
?>
</body>
</html>
```

该示例通过$_GET 函数，接收相应的参数数据，代码运行效果如图 6-13 所示。

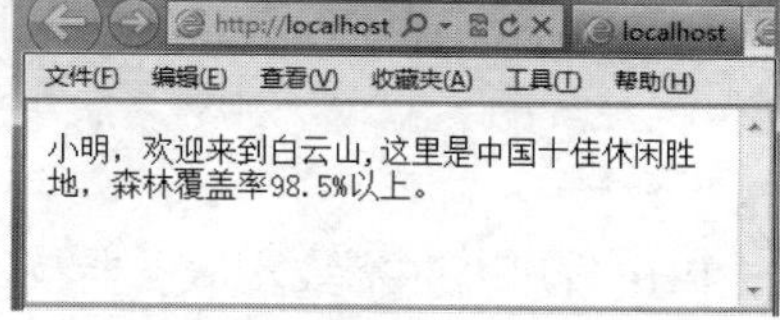

图 6-13　景区介绍

6.4 本章小结

表单是实现动态网页的一种主要的外在形式，是 html 页面与浏览器实现交互的重要手段。本章首先介绍了表单的基础知识，接着详细介绍了文本框、单选按钮、复选框、多行输入框、下拉列表、隐藏域等表单常用元素。在掌握表单的基础上，可以通过 PHP 进行表单数据的提交和接收。

除了表单外，本章还介绍了 URL 数据传递，通过 URL 进行数据的传递更加方便快捷，网页中的大部分 URL 都隐藏着要传递的数据。

6.5 习题

一、选择题

1. 使用(　　)进行用户数据的收集。

　A. html 表单　　B. 数据库　　C. 进程　　D. html 表格

2. 哪种表单元素允许用户输入信息？(　　)

　A. 单选按钮　　B. 文本框　　C. 复选框　　D. 隐藏域

3. 对于 URL 数据传递，以下哪个符号可作为多参数之间的连接符？(　　)

　A. ？　　B. ；　　C. /　　D. &

二、编程题

1. 创建一个网页，其中包含一个购物表单，允许用户填写姓名、邮寄地址、电话、付款方式(单选)、商品(可复选)等信息。

2. 接收编程题 1 中的数据，并显示在网页上。

ꩠ 第7章 ꩠ

PHP中的文件和目录操作

PHP程序有时需要对服务器端的文件或文件夹进行操作,对文件的操作包括创建文本文件、写入文本文件(即用文本文件保存一些信息)、读取文本文件内容等。对文件夹的操作包括创建、复制、移动或删除等。

本章的主要学习目标:

- 理解文件访问函数的应用
- 掌握文件和目录的基本操作

7.1 文件访问函数

PHP 对文件操作的一般流程是:

- 打开文件。
- 读取或写入文件。
- 关闭文件。

这些操作都是通过相应的文件访问函数实现的。

7.1.1 打开和关闭文件

fopen()函数用来打开文件,其语法格式如下:

```
fopen (string filename, string mode)
```

其中,参数 filename 为欲打开的文件(文件路径或 URL 网址);参数 mode 用来指定以何种模式打开文件,可选值及其说明如表 7-1 所示。

表 7-1 参数 mode 的可选值及其说明

参数值	说明
r	以只读方式打开,如果文件不存在将出错
w	以写入方式打开,将文件指针指向文件头部,并删除文件内容。如果文件不存在,则创建文件
a	以追加写入方式打开,将文件指针指向文件末尾。如果文件不存在,则创建文件
r+	以读写方式(先读后写)打开,将文件指针指向文件头部

(续表)

参数值	说明
w+	以读写方式(先写后读)打开，将文件指针指向文件头部，并删除文件内容
a+	以追加读写方式打开，将文件指针指向文件末尾
x	以只写方式创建并打开文件，并将文件指针指向文件头。如果指定文件存在，打开操作就会失败
x+	以读写方式创建并打开文件，并将文件指针指向文件头。如果指定文件存在，打开操作就会失败
b	以二进制模式打开，可与 r、w、a 合用。UNIX 系统中不需要使用该参数

如果 fopen()函数成功地打开了一个文件，该函数就会返回一个指向这个文件的文件指针(资源类型)。对该文件进行读、写等操作，都需要使用这个指针来访问文件。如果打开文件的操作失败，则会返回 false。fopen()函数的示例代码如下：

```
<?
$file=fopen("C:\\date\\info.txt","r");
                                    //以只读方式打开 C:\date 下的 info.txt 文件
$file=fopen("http://www.hynu.cn/","r");
                                    //以只读方式打开网站的首页文件
$file=fopen("ftp://user:password@ec.cn/exam.txt","w");
//以写入方式打开 ftp 目录下的 exam.txt 文件
$file=fopen("/home/rasmus/file.txt","r");
//以只读方式打开 UNIX 系统目录下的 file.txt 文件
$file=fopen("/home/rasmus/file.gif"."wb");
//以二进制写入方式打开 UNIX 系统目录下的 file.gif 文件
?>
```

需要注意的是：

- 当以 HTTP 协议的形式打开文件时，只能采取只读的模式，否则打开操作会失败。
- 当以 FTP 协议的形式打开文件时，只能采取只读或只写的模式，而不能是读写模式。
- 如果 filename 参数中省略了文件路径，则会在当前 PHP 文件所在目录下寻找文件。

文件内容读写结束后，必须使用 fclose()函数关闭文件，其语法是：

```
fclose(resource handle);
```

例如：

```
fclose($file);                              //关闭$file 指向的文件
```

如果成功关闭文件，则 fclose()函数返回 true，否则返回 false。

7.1.2　读取文件

读取某个文件时首先需要检查该文件能不能读取(权限问题)，或者是否存在，我们可以用 is_readable 函数获取相关信息：

```
<?php
    $file = 'text.txt';
    if (is_readable($file) == false) {
        die('文件不存在或者无法读取');
```

```
    } else {
        echo '存在';
    }
    ?>
```

判断某个文件是否存在的函数还有 file_exists()，若某个文件存在则可以使用该函数，示例代码如下：

```
<?php
  $file = "text.txt";
  if (file_exists($file) == false) {
    die('文件不存在');
  }
  $data = file_get_contents($file);
  echo htmlentities($data);
  ?>
```

PHP 提供了多个从文件中读取内容的函数，这些函数的功能描述如表 7-2 所示，用户可以根据它们的功能在程序中有选择性的使用。

表 7-2　读取文件内容的函数

函数名	功能
fread()	读取整个文件或文件中指定长度的字符串，可用于二进制文件的读取
fgets()	读取文件中的一行字符
fgetss()	读取文件中的一行字符，并去掉所有 HTML 和 PHP 标记
fgetc()	读取文件中的一个字符
file_get_contents()	将文件读入字符串
file()	将文件读入一个数组中
readfile()	读取一个文件，并输出到输出缓冲区

1. fread()函数

打开文件后，可以使用 fread()函数读取文件内容，其语法如下：

```
String fread (resource handle,int length)
```

其中参数 handle 用来指定 fopen()函数打开的文件流对象。length 指定读取的最大字节数。如果要读取整个文件，可以通过获取文件大小函数 filesize()来获取文件的大小。

例如，要读取 honglou.txt 文件中的所有内容，可以使用例 7.1 中的代码来读取文件中的所有内容，运行效果如图 7-1 所示。

例 7.1　读取文件中的所有内容，其代码见 7.1.php，如下：

```
<html>
<body>
<h2 align="center">读取已有文本文件</h2>
<?php
$file = fopen("honglou.txt","r");                    //以只读方式打开 honglou.txt
```

```
$str    = fread($file,filesize("honglou.txt"));          //读取文件全部内容
echo nl2br($str);                                        //将内容中的换行符转换为<br>后再输出
fclose($file);                                           //关闭文件
?>
</body>
</html>
```

运行效果如图 7-1 所示。

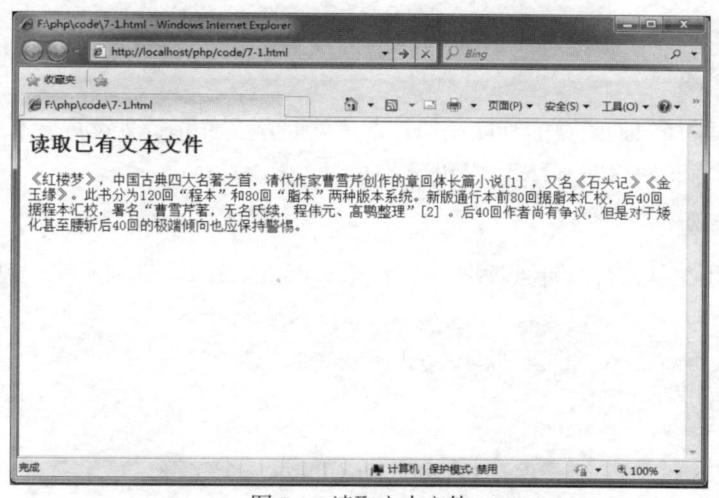

图 7-1　读取文本文件

需要注意的是：

- 上面的代码用于读取和 7.1.php 在同一目录下的 honglou.txt 文件的所有内容。因此，必须保证 honglou.txt 文件已经存在，否则会出现警告错误。
- 程序中用 filesize()获取文件的大小，如果只希望读取文件中的部分内容，可自定义长度，例如 fread($file,100)表示读取文件中的前 100 个字符(1 个中文字算 2 个字符)。
- 由于文本中的换行符会被浏览器当成空格忽略掉，因此为了在浏览器中保持文件原有的段落格式，通常用 n12br(str)函数将换行符转换为
标记。

2. fgets()函数

该函数用来读取文本文件中的一行，其语法格式如下：

```
String fgets(resource handle[,int length])
```

该函数与 fread()函数相似，不同之处在于，当 fgets()读取到文本中的回车符或者已经读取了 length−1 字节时，就会终止读取文件内容，即遇到回车符就会停止读取。fgets()在读取文件成功后会返回读取的字符串(包括回车符)，否则返回 false。

因此若将 7.1.php 中的 fread()函数改为 fgets()函数，则只会读取 honglou.txt 中第一行的内容。如果要用 fgets()函数实现与程序 7.1.php 相同的效果，则代码应该如例 7.2 中所示。

例 7.2　用 fgets()函数实现与程序 7.1.php 相同效果的代码如下：

```
<?
 $file=fopen("honglou.txt","r");    //以只读方式打开 honglou.txt
```

```
 While(!feof($file)){              //利用循环依次读取一行
     $str=fgets($file);            //读取文件中的一行，读取完后指针会指向下一行
     echo $str."<br>";             //输出所读取的一行，再输出<br>
 }
 fclose($file);                    //关闭文件
 ?>
```

说明：feof()函数可判断文件指针是否已到达文件末尾(最后一个字符之后)，如果已经到达，则返回 true，否则返回 false。因此程序会一直读取到文件末尾。

3. fgetss()函数

fgetss()函数与 fgets()函数的功能相似，两者均是从文件指针处读取一行数据，差别在于 fgetss()函数会删除文件内的 HTML 和 PHP 标记。

4. fgetc()函数

fgetc()函数用来从文件指针处读取一个字符，可用于读取二进制文件，例如:

```
<?
  $file=fopen("honglou.txt","r");  //以只读方式打开 honglou.txt
  $char=fgetc($file);
?>
```

代码执行成功后，$char 将保存 honglou.txt 中的第一个字符。

5. file_get_contents()函数

file_get_contents()函数无须经过打开文件及关闭文件操作就可读取文件中的全部内容，其语法如下：

```
file_get_contents(string filename)
```

如果成功读取文件，就会返回文件的全部内容，否则返回 false。

如果用 file_get_contents()函数实现与程序 7.1.php 相同的效果，则代码如下：

```
<?
$file=file_get_contents('honglou.txt');
 Echo n12br($str);
?>
```

6. file()函数

file()函数读取整个文件并将其保存到一个数组中，数组中的每个数组元素对应文档中的一行，该函数可用于读取二进制文件。使用 file()函数读取文件的代码如下：

```
<?
$arr=file("honglou.txt");          //读取文件到数组中
    print_r($arr);
 ?>
```

代码执行成功后，输出结果为：

```
Array([0]=> 《红楼梦》，中国古典四大名著之首[1]=>[2]=> 清代作家曹雪芹创作的章回体长篇小说[1]
    [3]=>[4]=> 又名《石头记》《金玉缘》。此书分为 120 回"程本"和 80 回"脂本"两种版本系统.....)
```

7. readfile()函数

该函数可以读取指定的整个文件，并立即输出到输出缓冲区，读取成功则返回读取的字符数。该函数所读取的文件不需要使用 fopen()函数打开，而是可以直接读取。使用 readfile()函数的示例代码如下：

```
<?
 $num=readfile("honglou.txt");            //直接读取 honglou.txt 文件，并输出到浏览器
   Echo $num;                             //输出读取的字符数
?>
```

7.1.3　移动文件指针

虽然文件读取函数读取完指定的字符后，都会使文件指针移到下一个字符。但有时在对文件进行读写时，可能需要手动将文件指针移到某个位置，实现在文件中的跳转，从不同位置读取数据，以及将数据写入不同位置等。例如，使用文件模拟数据表保存数据时，就需要移动文件指针。指针的位置是以文件开头开始的字节数度量的，在文件刚打开时，文件指针通常指向文件的开头或结尾(依据打开模式的不同而不同)，可以通过 rewind()、ftell()和 fseek()这 3 个函数对文件指针进行操作，它们的语法为：

```
bool remind(resource handle);                               //移动文件指针到文件的开头
int ftell(resource handle);                                 //返回到文件指针的当前位置
int fseek(resource handle,int offset[,int origin]);         //移动文件指针到指定位置
```

使用这些函数前，必须提供一个用 fopen()函数打开的、合法的文件指针，作为函数的 handle 参数。而 fseek()函数除了有 handle 参数外，还有两个参数，参数 2 用来指定指针位置的偏移量；参数 3 用来指定指针偏移量的规则，可取 3 种值：取值为 0 表示设定位置等于 offset，取值为 1 表示设定位置为当前位置加上 offset，取值为 2 表示设定位置为文件末尾加上 offset。第 3 个参数可不传，若不传则默认取值为 0。其表示方法如表 7-3 所示。

表 7-3　fseek()函数的 origin 参数的取值(位置指针起止位置)及代表符号表

起始点	符号常量	数字
文件开头	SEEK_SET	0
当前位置	SEEK_CUR	1
文件末尾	SEEK_END	2

如果 fseek()函数执行成功，返回 0，否则返回-1。如果将文件以追加模式“a”或“a+”打开，写入文件的任何数据总是会被追加到最后，而与文件指针的位置无关，示例代码如下：

例 7.3　fseek()函数示例。

```
<?
$fp=fopen("honglou.txt","r")or die('文件打开失败'); //以只读方式打开 honglou.txt
```

```
echo ftell($fp).'<br>';                         //输出刚打开文件时指针的位置，为 0
echo fread($fp,10).'<br>';                      //读取文件的前 10 个字符
echo ftell($fp).'<br>';                         //文件指针已移到第 11 字节处，输出 10
fseek($fp,100,1);                               //文件指针从当前位置向后移动 100 字节
echo ftell($fp).'<br>';                         //当前文件指针在 110 字节处
echo fread($fp,10).'<br>';                      //读取 110~119 字节的字符串
fseek($fp,-10,2);                               //将文件指针从文件末尾向前移动 10 字节
echo fread($fp,10).'<br>';                      //输出文件中的最后 10 个字符
rewind($fp);                                    //将指针移到文件开头
echo ftell($fp).'<br>';                         //指针在文件开头位置，输出 0
fclose($fp);                                    //关闭文件资源
?>
```

7.1.4 文本文件的写入和追加

有时需要将程序中的数据保存到文本文件中，为此 PHP 提供了写入文件操作的函数，包括 fwrite()函数、fputs()函数和 file_put_contents()函数。

1. fwrite()函数

fwrite()函数可以将一个字符串写入文本文件中，语法如下：

```
int fwrite(resource handle,string string[,int length])
```

该函数将第二个参数指定的字符串写入第一个参数指定的文件中。如果设置了第三个参数 length，则最多只会写入 length 个字符，否则一直写入，直到达到字符串末尾。

如果要写入两个字符串到文件中，示例代码如下：

```
<?
    $fp=fopen("honglou.txt","w");                   //以写入方式打开 honglou.txt
    fwrite($fp,'这是写入的一行话\n');
    fwrite($fp,'最多写入 12 个字符\n',12);
    fclose($fp);                                    //关闭文件资源
?>
```

这样就会将“这是写入的一行话\n”写入 new.txt 中，如果 new.txt 不存在，则 fopen()函数会自动创建该文件；如果 new.txt 已存在并且有内容，则会删除 new.txt 中的内容再写入。

如果不希望在写入时删除文件中的原有内容，可以采用追加写入的方式，代码如下：

```
<?
$fp=fopen("honglou.txt","a");                       //以追加写入方式打开 honglou.txt
     fwrite($fp,’这是写入的一行话\n’);
     fclose($fp);   //关闭文件资源
?>
```

如果希望在写入后再读取文件中的内容，可以采用可读写的方式写入，代码如下：

```
<?
$fp=fopen("honglou.txt","w+");                      //以读写方式打开 honglou.txt
    fwrite($fp,'这是写入的一行话\n\r');
    rewind($fp);                                    //将指针指向文件开头
```

```
    $str=fread($fp,20);                                //读取文件中的前 20 个字符并保存到$str 中
    echo $str;
    fclose($fp);                                       //关闭文件资源
?>
```

注意：写入后文件指针指向了文件末尾，若要读取文件内容，需要先将指针移回文件开头。如果要写入很多行字符串到文件中，可以使用循环语句，例如：

```
for($i=0;$i<10;$i++)
    {
    fwrite($fp,$i.'这是写入的一行话\n\r');
    }
```

2. file_put_contents()函数

file_put_contents()函数无须经过打开文件及关闭文件的操作就可将字符串写入文件，其语法如下，如果写入成功，则返回写入的字节数。

```
int file_put_contents(string filename,string data[,int mode])
```

其中，filename 指定要写入的文件路径及文件。data 指定要写入的内容，可以是字符串、数组或数据流。mode 指定如何打开/写入文件，如果是 FILE_APPEND，表示追加写入。例如：

```
<?
  file_put_contents('honglou.txt','第一次');              //写入字符串
  $data='要写入的数据';
  $num=file_put_contents('news.txt',$data,FILE_APPEND);  //以追加方式写入
  echo $num;   //返回写入的字节数
?>
```

7.1.5　制作计数器

很多网站都有计数器，用来记录网站的访问量。制作计数器一般可以采用以下两种方法：

- 利用文本文件实现，利用 PHP 程序读写文本文件中的访问次数信息来实现计数功能。
- 利用文本文件和图像实现，首先仍然是用 PHP 程序读写文本文件中的数字信息，然后把数字和图像名一一对应起来，并进行显示。

1. 用文本文件实现计数器

该方法将网站的访问次数记录在一个文本文件中，当有用户访问该网站时，打开并读取文件中的访问次数，将该值加 1 后显示在网页上，然后再将新的值写入文件中，代码如下：

```
<?
  $fp=fopen("count.txt","r+");
   $Visitors=intval(fgets($fp));     //读取文件中的内容
   $Vistiors++;                      //将计数器加 1
   rewind($fp);                      //将文件指针指向开头，以便重写
   fwrite($fp,$Visitors);            //将计数器值写入 count.txt 文件中
   fclose($fp);
?>
```

```
<html>
<body>
      <h2>欢迎访问我们的站点</h2>
    <hr>
        您是本站第<?=$Visitors?>位贵宾
 </body>
</html>
```

在运行上述程序前，应先在当前目录中新建一个 count.txt 文件并且在第一行开头输入 0。当用户访问该网页时，程序每执行一次就会使 count.txt 文件中的数字加 1。

2. 对计数器设置防刷新功能

前面讨论的计数器可以通过刷新使计数器的值增加，这在许多情况下是不希望看到的。为了解决这个问题，可通过 Session 变量判断是否是同一用户在重复刷新网页，具体代码如下：

```
<?
session_start();
$fp=fopen("count.txt","r+");
$Visitors=intval(fgets($fp));      //读取原有的访问次数
if(!$_SESSION['connected'])
 {
   $Visitors++;                    //将访问次数加 1
   $_SESSION['connected']=true;
 }
 remind($fp);
 fwrite($fp,$Visitors);            //将新的访问次数写入文件
 fclose($fp);
?>

<h2>session 用法实例</h2>
<hr>
您是本站第<?=$Visitors?>位贵宾
```

当用户第一次访问时，$_SESSION['connected']的值为空，就会使$Visitors 的值加 1。而访问一次后，$_SESSION['connected']的值就被设为 true，这样，当用户再次访问或刷新网页时，Session 变量的值不会丢失，仍然为 true，就不会使$Visitors 的值加 1 了，而其他用户第一次访问时，$_SESSION['connected']变量的值仍然为空。

3. 用文本文件及图像实现计数器

为了使计数器美观，可以设计 0～9 个数字对应的 gif 图片(0.gif～9.gif)，把它们放在网站中的相应目录下，然后根据所读取的计数器的数值来调用指定的 gif 图片，从而实现图片数字的计数器，代码如下：

```
<?
session_start();
$fp=fopen("count.txt","r+");
$Visitors=fgets($fp);              //读取原有的访问次数
if(!$_SESSION['connected']){
```

```
    $Visitors++;                    //将访问次数加 1
    $_SESSION['connected']=true;}
$countlen=strlen($Visitors);        //获取访问次数的数字长度

//逐个读取 Visitors 的每字节，然后串成<img src=?.gif>图形标记
for( $i=0;$i<$countlen;$i++)        //下面输出数字对应的 img 元素
$num=$num."<img src=".substr($Visitors,$i,1).".gif></img>";
rewind($fp);
fwrite($fp,$Visitors);              //将新的访问次数写回文件
fclose($fp);
 ?>

<h2>欢迎进入 PHP 世界</h2>
<hr>

您是本站第<?=$num?>位贵宾
```

7.2　文件及目录的基本操作

7.2.1　复制、移动和删除文件

PHP 提供了大量的文件操作函数，可以对服务器端的文件进行复制、移动、删除、截取和重命名等操作，这些函数如表 7-4 所示。

表 7-4　文件的基本操作函数

函数名	语法结构	描述
copy()	copy(源文件，目标文件)	复制文件
unlink()	unlink(目标文件)	删除文件
rename()	rename(旧文件名，新文件名)	重命名文件或目录，或移动文件
ftruncate()	ftruncate(目标文件资源，截取长度)	将文件截断到指定长度
file_exists()	file_exists(目标文件名)	判断文件或文件夹是否存在
is_file()	is_file(文件名)	判断指定的路径是否存在且为文件

说明：rename()函数既可重命名文件，也可移动文件，如果旧文件名和新文件名的路径不同，就实现了移动该文件。移动文件还可以使用 move_uploaded_file()函数。

表 7-4 中的前 4 个函数如果执行成功，都会返回 true，否则返回 false，示例代码如下：

```
<?
if(copy('test.txt','./data/bak.txt'))       //复制文件示例
      echo'文件复制成功';
else
     echo '文件复制失败，源文件可能不存在';
//删除文件示例
unlink('./honglou.txt');                    //删除文件 honglou.txt
//移动文件示例
```

```
if(file_exists('./data/bak.txt'))
 {    //判断源文件是否存在
  if(rename('./data/bak.txt','tang.txt')  //移动并重命名为 tang.txt
      echo'文件移动并重命名成功';
  else
     echo'文件移动失败';
  }
?>
```

提示：

- 复制、移动文件操作都不能自动创建文件夹，因此应保证当前目录下的 data 文件夹存在，才能运行该程序。
- 如果执行删除文件的操作失败，提示 Permission denied，一般是因为网站的访问者不具备删除文件的权限。为了解决该问题，只需要在删除文件所在的目录上右击，在弹出的快捷菜单中选择“属性”命令，在弹出的“属性”对话框的“安全”选项卡中，给“Internet 来宾账户”加上修改的权限即可。

7.2.2 获取文件属性

在进行网站开发时，有时需要获取服务器上文件的一些常见属性，如文件的大小、文件类型、文件的修改时间等。PHP 提供了很多获取这些属性的内置函数，如表 7-5 所示。

表 7-5 PHP 获取文件属性的内置函数

函数名	说明	示例
filesize()	只读，返回文件的大小	$fsize=filesize('tang.txt')
filetype()	只读，返回文件的类型，如文件或文件夹	filetype('tang.txt'),返回 file
filectime()	返回文件创建时间的时间戳	date('Y-m-d H:i:s', filectime ('8-10.php'))
filemtime()	只读，返回文件的修改时间	echo filemtime("test.txt")
fileatime()	只读，返回文件的访问时间	echo fileatime("test.txt")
realpath()	返回文件的物理路径	realpath('8-10.php')
pathinfo()	以数组形式返回文件的路径和文件名信息	print_r(pathinfo('8-10.php'))
dirname()	返回文件相对于当前文件的路径信息	dirname('8-10.php'),返回“.”
basename()	返回文件的文件名信息	basename('8-10.php')
stat()	以数组形式返回文件的大部分属性值	print_r(stat('8-10.php'))

说明：

- 如果要返回当前文件的文件名，除了可使用 basename('当前文件名')外，更简单的方法是使用 PHP 的系统常量“_FILE_”，如 echo "文件名："._FILE_;。
- 对于 Windows 系统，filetype()返回的文件类型只能是 file(文件)、dir(目录)或 unknown(未知)3 种文件类型；而在 UNIX 系统中，可以是 block、char、dir、fifo、file、link 和 unknown 7 种文件类型，这是因为 PHP 是以 UNIX 的文件系统为模型的。
- dirname()函数并不会判断返回的文件路径信息是否存在，如果要判断路径是否存在，应使用 is_file()函数。

- 函数 pathinfo()返回一个关联数组，其中包括文件或文件夹的目录名、文件名、扩展名、基本名 4 部分，分别通过数组键名 dirname、filename、extension 和 basename 来引用。

例 7.4　一个获取并显示文件 tang.txt 各种属性的示例程序。

```
//例 7.4.php
<h2 align="center">获取文件属性示例程序</h2>
<?
$file = 'tang.txt';
echo "<br>文件名：".basename($file);
//echo"<br>文件名：".__FILE__;
$patharr = pathinfo($file);
echo "<br>文件扩展名：".$patharr['extension'];
echo "<br>文件属性：".filetype($file);
echo "<br>绝对路径：".realpath($file);
echo "<br>文件大小:".filesize($file);
echo "<br>创建日期：".date('Y-m-d H:i:s',filectime($file));
?>
```

7.2.3　目录的基本操作

使用 PHP 提供的目录操作内置函数，可以方便地实现创建目录、删除目录、改变当前目录和遍历目录等操作，这些内置函数如表 7-6 所示。

表 7-6　目录操作函数

函数名	说明	示例
makdir(pathname)	新建一个指定的目录	mkdir('temp')
rmdir(dirname)	删除指定的目录，该目录必须为空	rmdir('data')
getcwd(void)	获取当前文件所在目录	echo getcwd();
chdir(dirname)	改变当前目录	chdir('../ ');
opendir(path)	打开目录，返回目录的指针	$dirh=opendir('temp')
closedir()	关闭目录，参数为目录的指针	closedir($dirh);
readdir()	遍历目录	$file=readdir($dirh))
scandir(path,sort)	以数组形式遍历目录，sort 参数可设置为升序或降序排列	$arr=scandir('D:\AppServ', 1);print_r($arr);
rewinddir()	将目录指针重置到目录开头，即倒回目录开头	rewinddir($dirh)

1. 遍历目录

有时需要对服务器某个目录下的文件进行浏览，这通常称为遍历目录。要获取一个目录下的所有文件和子目录，就需要用到 opendir()、readdir()、closedir()、rewinddir()函数。

- opendir()用于打开指定的目录，其参数为一个目录的路径，打开成功后返回值为指向该目录的指针。
- readdir()用于读取已经打开的目录，其参数为 opendir()返回的目录指针，读取成功后返回当前目录指针指向的文件名，然后将目录指针后移一位，当指针位于目录结尾时，会因为没有文件存在而返回 false。

- closedir()用于关闭已经打开的目录，其参数为 opendir()返回的目录指针，它没有返回值。
- rewinddir()用于将目录指针重新指向目录开头，以便重新读取目录中的内容，其参数为 opendir()返回的目录指针。

例 7.5 使用 opendir()列出目录 C:\\www\tmp 下的所有文件。

```
//例 7.5.php
<?php
$dirname = realpath('./');
$dir = opendir( $dirname );

while( $file = readdir( $dir )) {
    if(!in_array($file,['.','..'])) {
        $file_list .= "<li>$file</li>";
    }
}
closedir($dir);
?>

<html>
    <head>
        <title>列出目录下所有文件</title>
    <head>
<body>
    <p>目录 <?php echo $dirname; ?> 下的文件有：</p>
    <ul>
        <?php echo $file_list; ?>
    </ul>
</body>
</html>
```

该示例的运行结果如图 7-2 所示。

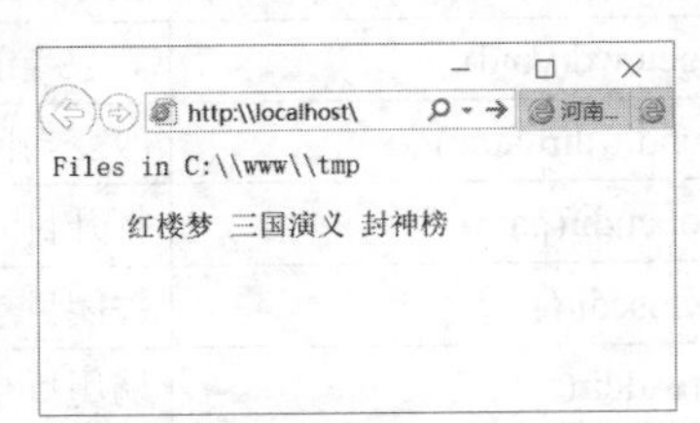

图 7-2 页面运行结果

例 7.6 该示例遍历并输出目录下的所有文件和子目录，注意，在运行该程序前请确保当前目录下存在 fnnews 文件夹。程序的运行结果如图 7-3 所示。

```
//例 7.6.php
<?php
$num = 0;                              //$num 用来统计子目录和文件的总数
$dir = './';                           //$dir 用来设置要遍历的目录名
$dirh = opendir($dir);                 //用 opendir()打开目录
?>
<table border="1" width="600">
    <caption>
        <b>目录<?=$dir?>中的内容</b>
    </caption>
    <tr align="left" bgcolor="#CCCCCC">
        <th>文件名</th>
        <th>大小</th>
```

```
        <th>类型</th>
        <th>修改时间</th>
    </tr>
    <?php
    while($file = readdir($dirh)) {
        //使用 readdir()循环读取目录中的内容
        if(!in_array($file, ['.','..'])) {
            $dirfile = $dir."/".$file;              //将目录下的文件和当前目录连接起来
            $num ++;
            echo'<tr>';        //输出行开始标记，并使用背景色
            echo'<td>'.$file.'</td>';               //显示文件名
            echo'<td>'.filesize($dirfile).'</td>';       //显示文件大小
            echo'<td>'.filetype($dirfile).'</td>';       //显示文件类型
            echo'<td>'.date("Y/n/t",filemtime($dirfile)).'</td></tr>';    //显示修改时间
        }
    }
    closedir($dirh);                                //关闭文件操作句柄
    ?>
</table>
在<b><?=$dir?></b>目录下的子目录和文件共有<b><?=$num?></b>个
```

目录./中的内容

文件名	大小	类型	修改时间
7-1.php	193	file	2021/12/31
7-2.php	190	file	2021/12/31
7-3.php	413	file	2021/12/31
7-4.php	441	file	2021/12/31
7-5.php	440	file	2021/12/31
7-6.php	1349	file	2021/12/31
honglou.txt	35	file	2021/12/31
tang.txt	33	file	2021/12/31

在./目录下的子目录和文件共有**8**个

图 7-3　程序运行结果

2. 创建、删除和改变目录

创建目录前先要判断该目录是否已存在，删除目录前先要判断目录是否不存在。下面是一个创建、删除和改变当前目录的例子：

```
<?
if(!file_exists('temp'))
mkdir('temp');                      //在当前目录下创建 temp 目录
else
echo'该目录已存在，不能创建<br>';
if(file_exists('data'))
rmdir('dir');                       //在当前目录下删除 data 目录
else
echo'该目录不存在，不能删除<br>';
echo getcwd();                      //输出当前所在目录
chdir('../');                       //转到上一级目录
echo getcwd();                      //再输出当前所在目录
?>
```

说明：'../ '代表上一级目录，'./ '代表当前目录，'/'代表网站根目录。

虽然 rmdir()能删除目录，但它只能删除一个空目录。如果要删除一个非空目录，就需要先进入目录中，用 unlink()函数将目录中的所有文件删除，再回来将这个空目录删除。如果目录中还有子目录，而且子目录也非空，就要先删除子目录内的文件和子目录，这需要使用递归的方法。下面自定义了一个函数 delDir()，用于删除非空目录，代码如下：

```
<?
function delDir($dir){                  //功能：用递归的方法删除非空目录$dir
  if(file_exists($dir))                 //判断目录是否存在
  {
    if($dirh=opendir($dir))             //打开目录返回目录资源$dirh
    {
      while($filename=readdir($dirh)) //遍历目录，读取目录中的文件或文件夹
      {
        if($filename!=”.” && $filename!="..") //一定要排除两个特殊的目录
        {
          $subFile=$dir."/".$filename;//将目录下的文件和当前目录相连
          if(is_dir($subFile))          //如果是目录
          delDir($subFile);             //递归调用自身删除子目录
          if(is_file($subFile))         //如果是文件
          unlink($subFile);             //直接删除这个文件
        }
      }
      closedir($dirh);                  //关闭目录资源
      rmdir($dir);                      //删除空目录
    }
  }
}
delDir("fnnews10");                     //调用 delDir()函数，将当前目录中的 fnnews 文件夹删除
?>
```

3. 复制和移动目录

复制和移动目录也是文件操作的基本功能，但 PHP 没有提供这方面的内置函数，需要自己编写函数来实现。要复制一个包含多级子目录的目录，需要涉及文件的复制、目录的创建等操作，其中复制文件可通过 copy()函数来实现，创建目录可使用 mkdir()函数来实现。

函数的工作流程是：首先创建一个目标目录，此时该目录为空，然后对源目录进行遍历，如果遇到的是普通文件，则直接用 copy()函数复制到目标目录中；如果遍历时遇到的是一个子目录，则必须先建立该目录，再对该目录下的文件进行复制操作，如果还有子目录，则使用递归调用重复操作，最终将整个目录复制完成。函数代码如下：

```
<?
function copyDir($dirSrc,$dirTo)                //功能：复制带有多级子目录的目录
{
  if(is_file($dirTo))
  {
    echo"目标不是目录不能创建!!";                //如果目标是一个文件则退出
    return 0;                                   //退出函数
```

```
    }
    if(!file_exists($dirTo))                       //如果目标目录不存在则再创建，否则不变
    mkdir($dirTo);                                 //创建要复制的目录
    if($dirh=@opendir($dirSrc))                    //打开目录返回目录资源，并判断是否成功
    {
      while($filename=readdir($dirh))              //遍历目录，读出目录中的文件或文件夹
      {
        if($filename!="." && $filename!="..")      //一定要排除两个特殊目录
        $subSrcFile=$dirSrc."/".$filename;         //将源目录的多级子目录相连
        $subSrcFile=$dirTo."/".$filename;          //将目标目录的多级子目录相连
        if(is_dir($subSrcFile))                    //如果源文件是一个目录
        copyDir($subSrcFile, $subToFile);          //递归调用自己复制子目录
        if(is_file($subSrcFile))                   //如果源文件是一个普通目录
        copy($subSrcFile, $subToFile);             //直接复制到目标位置
      }
    }
    closedir($dirh);                               //关闭目录资源
  }
}
copyDir("fnnews10","D:/admin");                    //调用测试函数
?>
```

如果要移动目录，可先调用 copyDir()函数复制目录，然后调用 delDir($dir)删除原来的目录即可。当然，移动目录也可使用 rename()函数对目录重命名，如 rename("fnnews10", "D:/admin")。

7.2.4　统计目录和磁盘大小

计算文件的大小可以通过 filesize()函数来完成，统计磁盘的大小可以使用 disk_free _space()和 disk_total_space()两个函数来实现。但 PHP 没有提供统计目录大小的函数，为此，可以编写一个函数来实现这个功能。

该函数的功能是：如果目录中没有包含子目录，则目录下所有文件的大小之和就是这个目录的大小。如果包含子目录，就按照这个方法再计算一下子目录，使用递归的方法就可完成此任务。

该函数的代码如下：

```
<?
function dirSize($dir)                             //自定义一个函数 dirSize()，统计传入参数的目录大小
{
  $dir_size_=0;                                    //$dir_size 用来统计目录大小
  if($dirh=opendir($dir))                          //打开目录，并判断是否能成功打开
  {
    while(filename=readdir($dirj))                 //循环遍历目录下的所有文件
    {
      if($filename!="." && $filename!="..")        //一定要排除两个特殊的目录
      {
        $subFile=$dir ."/". $filename;             //将目录下的子文件和当前目录相连
        if(is_dir($subFile))                       //如果为目录
        $dir_size+ =filesize($subFile);            //递归地调用函数自身，求出子目录大小
```

```
            if(is_file($subFile))                   //如果是文件
            $dir_size+=filesize($subFile);          //求出文件大小并累加
          }
        }
        closedir($dirh);                            //关闭文件资源
        return $dir_size;                           //返回计算后的目录大小
      }
    }
    $dir_size=dirSize("fnnews");                    //调用函数计算目录 fnnews 的大小
    echo round($dir_size/pow(1024,1),2)."KB"        //将目录大小以 KB 为单位输出
    ?>
```

7.3 本章小结

本章介绍了 PHP 中的文件和目录的相关操作。对文件的操作包括创建文本文件、写入文本文件(即用文本文件保存一些信息)、读取文本文件内容等。对文件夹的操作包括创建、复制、移动或删除文件夹等。PHP 提供了目录操作的相关内置函数，本章介绍了如何通过这些函数实现创建目录、删除目录、改变当前目录和遍历目录等操作。

7.4 习题

一、选择题

1. 下列哪个函数可以用来打开或者创建文件？(　　)

A. fopen()　　B. open()　　C. fwrite()　　D. write()

2. PHP 中用来获取当前目录的函数是(　　)。

A. cd()　　B. getcwd()　　C. rmdir()　　D. chdir()

3. SESSION 的值存储在(　　)。

A. 硬盘上　　B. 网页中　　C. 客户端　　D. 服务器端

二、编程题

编写函数，执行文件的基本操作：文件判断、目录判断、文件大小判断、读写性判断、存在性判断及文件时间判断等。

ꕥ 第 8 章 ꕥ

PHP操作MySQL数据库

在当今的网络世界中，数据库已经成为必不可少的一部分，任何类型的网络应用都离不开数据库的支持。对于 PHP 来说，最常用的数据库就是 MySQL ，而“Apache+PHP+MySQL”也是 Web 应用开发中的首选模式之一。本章首先介绍 PHP 操作 MySQL 数据库的基本步骤，然后再详细介绍 PHP 如何操作 SQL 语句的执行结果。

本章的主要学习目标：

- 理解 PHP 语言和 MySQL 语言之间的关系
- 掌握 PHP 操作 MySQL 数据库的基本步骤
- 掌握如何获取结果集中的记录数
- 掌握用多种方法获取结果集中的记录
- 掌握指针移动

8.1 PHP 操作 MySQL 数据库的基本步骤

在 PHP 中，为了实现对 MySQL 数据库的操作，可以使用 mysqli 函数库(传统的 mysql 函数库在 PHP7 中已不再受支持)，其编程的基本步骤为：

(1) 建立与 MySQL 数据库服务器的连接。

(2) 选择要操作的数据库。

(3) 执行相应的 SQL 代码，包括记录的添加、修改、删除、查询等。

(4) 关闭与 MySQL 数据库服务器的连接。

如果读者熟悉 MySQL 数据库的界面操作，会发现这一步骤和界面操作的步骤是一致的，不过这里换成了代码操作。

8.1.1 连接 MySQL 数据库服务器

在访问并处理数据库中的数据之前，必须先建立与 MySQL 数据库服务器的连接。在 PHP 中，mysqli 函数库提供了两种方法来实现数据库服务器的操作——面向过程的方式和面向对象的方式。

面向过程的方式同 mysql 函数库的使用方式基本一致，其语法格式为：

```
mysqli_connect(servername,username,password);
```

语法说明：servername 为连接的数据库服务器地址，可以是主机名或者 IP 地址，默认为 localhost；username 为用户名，默认值为 root；password 为密码，默认值为空字符串。若连接成功，返回一个连接标识号，否则返回 FALSE。

在面向对象的方式中，mysqli 被封装成一个类，参数和面向过程的方式相同，它的构造方法如下：

```
__construct(servername,username,password);
```

例 8.1 连接 MySQL 数据库服务器(connect.php)。

```
<?php
  $link = mysql_connect("127.0.0.1","root","123456");
  if (!$link){ //若连接失败，则提示错误信息
    echo "连接失败！<br/>";
    echo "错误信息：".mysql_error()."<br/>";
  }else{
        echo "连接成功<br/>";
    }
?>
```

在该示例中，以超级用户 root，以及密码“123456”进行连接。若连接成功，如图 8-1 所示，页面会显示“连接成功！”。若连接失败，页面会显示具体的错误信息。但有一种错误要额外注意，若提示错误“由于连接方在一段时间后没有正确答复或连接的主机没有反应，连接尝试失败”，可将 servername 参数改为 IP 地址“127.0.0.1”。

例 8.1 使用了面向过程的方式连接数据库，在后续例题中会给出面向对象的使用方法。连接数据库是 PHP 操作数据库的第一步，后续所有操作都建立在成功连接的基础之上。因此，在建立连接后，必须判断连接是否成功。

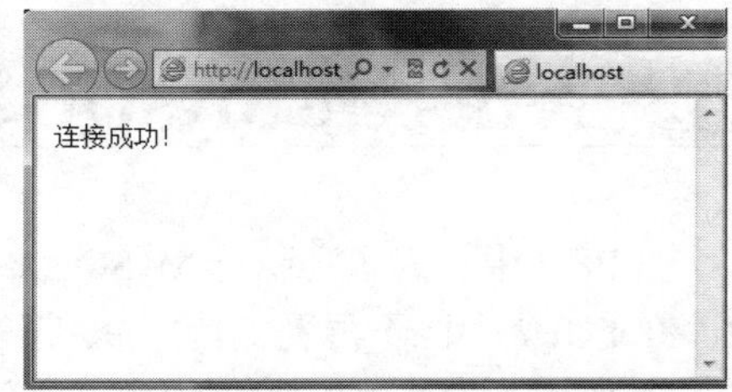

图 8-1 连接数据库

8.1.2 选择数据库

一个数据库服务器往往会包含多个数据库，就如一栋大楼会包含多个房间一样。因此在与数据库服务器建立连接之后，就要选择需要使用的数据库。在 PHP 中，面向过程的方式可以使用 mysqli_select_db()函数，其语法格式为：

```
mysqli_select_db(connection,dbname);
```

语法说明：connection 为连接标识号，用于指定与哪个 MySQL 数据库服务器进行连接，若未指定，则使用上一个打开的连接；dbname 为要选择的数据库名。该函数的返回值为 bool 类型，成功则返回 TRUE，失败则返回 FALSE。

在面向对象的方式中，选择数据库的语法格式为：

```
connection->select_db( string $dbname );
```

语法说明：在面向对象的方式中，小括号内的参数只有一个要选择的数据库名。

例 8.2　选择 MySQL 数据库(selectdb.php)。

```
<?php
    $link = new mysqli('localhost','root','123456');
    if (mysqli_connect_errno())    {
        echo "数据库服务器连接失败！<BR>";
        die();
    }
    $select=$link->select_db("test");   //选择数据库 test
    if (!$select)
    {
        echo "数据库选择失败！<BR>";
        die();
    }
    echo "数据库选择成功！<BR>";
?>
```

在该示例中，使用了面向对象的方式，“test”为要选择的数据库名。如果连接数据库服务器或者选择数据库失败，就会运行 die()函数终止程序。只有全部成功，才会提示“数据库选择成功！”，运行结果如图 8-2 所示。

图 8-2　选择数据库

选择数据库为 PHP 操作数据库中的第二步，尤其要注意的是，数据库服务器中会有不同的数据库，一定要选对使用的数据库，否则即使这一步成功，后续的代码在执行时也会出错。

8.1.3　执行 SQL 语句

选择数据库之后，即可对选中的数据库执行各种具体操作，如数据的添加、删除、查询、修改以及表的创建与删除。对数据库的各种操作，都是通过提交并执行 SQL 语句来实现的。在 PHP 中，面向过程的方式使用 mysqli_query()函数来提交并执行 SQL 语句，其语法格式为：

```
mysqli_query(connection,query,resultmode);
```

语法说明：connection 为连接标识号，用于指定与哪个 MySQL 数据库服务器进行连接，若未指定，则使用上一个打开的连接；query 为要执行的 SQL 语句；resultmode 可选，是一个常量，可以是 MYSQLI_USE_RESULT(如果需要检索大量数据，请使用该值)或者 MYSQLI_STORE_RESULT(默认值)。

针对成功的 SELECT、SHOW、DESCRIBE 或 EXPLAIN 查询，将返回一个 mysqli_result 对象。针对其他成功的查询，将返回 TRUE。如果失败，则返回 FALSE。

在面向对象的方式中，使用query()方法来提交并执行SQL语句，其参数可参考mysqli_query()函数，其语法格式为：

```
connection>query(query);
```

为了便于后续内容的讲解，在此先在test数据库中创建一个学生表，表名为xs，该表的具体结构如表8-1所示，学号为主键。

表8-1　xs表

字段名	类型	是否为NULL
学号	char(6)	not null
姓名	char(8)	not null
性别	char(8)	not null
出生日期	date	null
班级代码	char(10)	not null
专业名	char(10)	null
总学分	tinyint	null
备注	char(20)	null

因为执行SQL语句部分的内容较多，所以本小节在此主要讲解数据的添加、修改、删除操作。关于查询操作的内容将在8.2节中详细介绍。

添加数据，执行INSERT语句；修改数据，执行UPDATE语句；删除数据，执行DELETE语句。

例8.3　新增一条学生信息，信息内容如图8-3所示。

(1) 信息录入页面(student_insert.html)。

```
<!DOCTYPE html PUBLIC "-//W3C//DTD XHTML 1.0 Transitional//EN"
"http://www.w3.org/TR/xhtml1/DTD/xhtml1-transitional.dtd">
<html xmlns="http://www.w3.org/1999/xhtml">
<head>
  <meta http-equiv="Content-Type" content="text/html; charset=gb2312" />
  <title>学生增加</title>
  <style>
    .tt{text-align: center;font-size: 18px;}
    .form-info{width: 500px;margin: 0 auto;border: 1px solid #666;border-radius: 5px;padding: 10px 0;}
    .info-item{display: flex;padding: 10px;}
    .info-item .label{width: 100px;text-align: right;margin-right: 20px;}
    .info-item .input{flex: 1;}
    .info-item .input input{height: 25px;line-height: 25px;width: 80%;}
    .bottom-btns{text-align: center;margin-top: 20px;}
    .bottom-btns input{font-size: 16px;}
  </style>
</head>
<body>
  <div class="main">
    <h1 class="tt">学生信息录入</h1>
```

```
        <form action="student_insert.php" method="post"   enctype="multipart/form-data" name="mainForm"
id="mainForm">
            <div class="form-info">
              <div class="info-item">
                <div class="label">学号:</div>
                <div class="input">
                  <input name="xh" type="text" size="20">
                </div>
              </div>
              <div class="info-item">
                <div class="label">姓名:</div>
                <div class="input">
                  <input name="xm" type="text" size="20" maxlength="16">
                </div>
              </div>
              <div class="info-item">
                <div class="label">性别:</div>
                <div class="input">
                  <input name="xb" type="text" size="20" maxlength="20">
                </div>
              </div>
              <div class="info-item">
                <div class="label">出生日期:</div>
                <div class="input">
                  <input name="csrq" type="text" size="20" maxlength="20">
                </div>
              </div>
              <div class="info-item">
                <div class="label">班级代码:</div>
                <div class="input">
                  <input name="bjdm" type="text" size="20" maxlength="16">
                </div>
              </div>
              <div class="info-item">
                <div class="label">专业名:</div>
                <div class="input">
                  <input name="zym" type="text" size="20" maxlength="20">
                </div>
              </div>
              <div class="info-item">
                <div class="label">总学分:</div>
                <div class="input">
                  <input name="zxf" type="text" size="20" maxlength="20">
                </div>
              </div>
              <div class="info-item">
                <div class="label">备注:</div>
                <div class="input">
                  <input name="bz" type="text" size="20" maxlength="20">
                </div>
```

```
            </div>
          </div>
          <div class="bottom-btns">
            <input name="submit" type="submit" value="确定">
            <input name="reset" type="reset" value="取消">
          </div>
        </form>
      </div>
    </body>
    </html>
```

在该页面中，输入欲添加的学生的信息，包括学号、姓名、性别、出生日期、班级代码、专业名、总学分、备注。在填入数据时，一定要注意出生日期的格式，信息录入完成后，单击“确定”按钮进入下一个页面，代码运行效果如图 8-3 所示。

学生信息录入	
学号:	
姓名:	
性别:	
出生日期:	
班级代码:	
专业名:	
总学分:	
备注:	
确定	取消

图 8-3　学生信息录入页面

(2) 学生信息的添加(student_insert.php)。

```
    <!DOCTYPE html PUBLIC "-//W3C//DTD XHTML 1.0 Transitional//EN"
"http://www.w3.org/TR/xhtml1/DTD/xhtml1-transitional.dtd">
    <html xmlns="http://www.w3.org/1999/xhtml">
    <head>
    <meta http-equiv="Content-Type" content="text/html; charset=gb2312" />
    <title>学生添加操作</title>
    </head>
    <body>
    <?php
       $xh = $_POST["xh"];
       $xm = $_POST["xm"];
       $xb = $_POST["xb"];
       $zym = $_POST["zym"];
       $zxf = $_POST["zxf"];
       $bjdm = $_POST["bjdm"];
```

```
        $csrq = $_POST["csrq"];
        $zxf = $_POST["zxf"];
        $bz = $_POST["bz"];
        if(empty($xh) || empty($xm) || empty($xb)){
          echo "学号姓名及性别都不能为空！";
          die();
        }

        //连接数据库
        $link = mysqli_connect("127.0.0.1","root","123456") or die("数据库服务器连接失败！<br>");
        //选择数据库，指定字符集
        mysqli_select_db($link,"test") or die("数据库选择失败！<br>");
        mysqli_query($link,"set names utf8");
        //查询学号
          $sql      = "select $xh from xs where 学号='$xh'";
        $result = mysqli_query($link,$sql);
        $row      = mysqli_fetch_array($result);
        if($row){
          echo "此学号已存在";
          die();
        }
        //新增学生
          $sql = "insert into xs  set 学号='$xh',姓名='$xm',专业名='$zym',班级代码='$bjdm',性别='$xb',出生日期
='$csrq',总学分='$zxf',备注='$bz'";
          if(mysqli_query($link,$sql)){
              echo "学生信息添加成功！";
          }else{
              echo "学生信息添加失败！";
          }
    ?>
    </body>
    </html>
```

该页面接收 student_insert.html 页面传递来的学生信息，执行 INSERT 命令，将数据存入数据库。如果用户录入的信息在数据库中已经存在，则不允许重复录入。录入成功后，则提示“学生信息添加成功！”；录入失败则提示“学生信息添加失败！”。

mysqli_fetch_array()函数以数组的形式获取执行结果，详情见本章的 8.2 节。

例 8.4　修改学生信息，对例 8.3 录入的数据进行修改，将出生日期改为“1995-07-18”，备注改为“艺术特长”，其他信息不变。

(1) 查询欲修改的信息(student_update_select.html)。

```
<html>
<head>
<title>班级检索</title>
</head>
<body>
<form action="student_update_edit.php" method="get">
  请输入欲修改的学号:
<input name="xh" type="text" id="xh" size="12" maxlength="10">
```

```
<input name="submit" type="submit" value="确定">
<input name="reset" type="reset" value="取消">
</form>
</body>
</html>
```

在该页面输入欲修改的学生学号，代码运行效果如图 8-4 所示。

图 8-4　输入欲修改的学生学号

(2) 编辑学生信息(student_update_edit.php)。

```
<html xmlns="http://www.w3.org/1999/xhtml">
<head>
    <title>学生信息编辑</title>
    <style>
        .tt{text-align: center;font-size: 18px;}
        .form-info{width: 500px;margin: 0 auto;border: 1px solid #666;border-radius: 5px;padding: 10px 0;}
        .info-item{display: flex;padding: 10px;}
        .info-item .label{width: 100px;text-align: right;margin-right: 20px;}
        .info-item .input{flex: 1;}
        .info-item .input input{height: 25px;line-height: 25px;width: 80%;}
        .bottom-btns{text-align: center;margin-top: 20px;}
        .bottom-btns input{font-size: 16px;}
    </style>
</head>
<body>
<?php
$xh = $_GET["xh"];
//连接数据库
$link=mysqli_connect("127.0.0.1","root","123456") or die("数据库服务器连接失败！");
//选择数据库，设置字符集
mysqli_select_db($link,"test") or die("数据库选择失败！");
mysqli_query($link,"set names utf8");
//查询学号对应的学生信息
$sql = "select 学号,姓名,性别,专业名,班级代码,出生日期,总学分,备注 from xs where 学号='$xh'";
$result = mysqli_query($link,$sql);
$row = mysqli_fetch_array($result);
if(!$row){
    echo "无此学生信息！";
    die();
}
$xh = $row['学号'];
$xm = $row['姓名'];
$xb = $row['性别'];
$zym = $row['专业名'];
```

```
$bjdm = $row['班级代码'];
$csrq = $row['出生日期'];
$zxf = $row['总学分'];
$bz = $row['备注'];
?>
<form action="student_update.php" method="get">
    <h1 class="tt">学生信息编辑</h1>
    <div class="form-info">
        <div class="info-item">
            <div class="label">学号:</div>
            <div class="input">
                <input name="xh" type="text" size="20" value="<?php echo $xh; ?>">
                <input name="xh0" type="hidden"value="<?php echo $xh; ?>">
            </div>
        </div>
        <div class="info-item">
            <div class="label">姓名:</div>
            <div class="input">
                <input name="xm" type="text" size="20" maxlength="16" value="<?php echo $xm; ?>">
            </div>
        </div>
        <div class="info-item">
            <div class="label">性别:</div>
            <div class="input">
                <input name="xb" type="text" size="20" maxlength="20" value="<?php echo $xb; ?>">
            </div>
        </div>
        <div class="info-item">
            <div class="label">出生日期:</div>
            <div class="input">
                <input name="csrq" type="text" size="20" maxlength="20" value="<?php echo $csrq; ?>">
            </div>
        </div>
        <div class="info-item">
            <div class="label">班级代码:</div>
            <div class="input">
                <input name="bjdm" type="text" size="20" maxlength="16" value="<?php echo $bjdm; ?>">
            </div>
        </div>
        <div class="info-item">
            <div class="label">专业名:</div>
            <div class="input">
                <input name="zym" type="text" size="20" maxlength="20" value="<?php echo $zym; ?>">
            </div>
        </div>
        <div class="info-item">
            <div class="label">总学分:</div>
            <div class="input">
                <input name="zxf" type="text" size="20" maxlength="20" value="<?php echo $zxf; ?>">
            </div>
```

```
            </div>
            <div class="info-item">
                <div class="label">备注:</div>
                <div class="input">
                    <input name="bz" type="text" size="20" maxlength="20" value="<?php echo $bz; ?>">
                </div>
            </div>
        </div>
        <div class="bottom-btns">
            <input name="submit" type="submit" value="确定">
            <input name="reset" type="reset" value="取消">
        </div>
</form>
</body>
</html>
```

该页面接收 student_update_select.html 传递来的学生学号，并从数据库中查询该学生的信息。如果找到则显示在页面上，否则提示“无此学生信息!”，并终止程序的运行。用户完成信息的编辑后，单击“确定”按钮跳转至下一个页面，代码运行效果如图 8-5 所示。

学生信息编辑

学号:

姓名:

性别:

出生日期:

班级代码:

专业名:

总学分:

备注:

确定 取消

图 8-5　学生信息编辑页面

(3) 修改学生信息(student_update.php)。

```
<html xmlns="http://www.w3.org/1999/xhtml">
<head>
    <title>更新学生信息</title>
</head>
<body>
<?php
$xh = $_GET["xh"];
$xm = $_GET["xm"];
$xb = $_GET["xb"];
$zym = $_GET["zym"];
$bjdm = $_GET["bjdm"];
$csrq = $_GET["csrq"];
```

```
    $bz = $_GET["bz"];
    $zxf = $_GET["zxf"];
    $xh0 = $_GET["xh0"];
    if(empty($xh) || empty($xm) || empty($xb)){
        echo "学号及姓名及性别均不能为空！";
        die();
    }
    //连接数据库
    $link = mysqli_connect("127.0.0.1","root","123456") or die("数据库服务器连接失败！<br>");
    //选择数据库，指定字符集
    mysqli_select_db($link,"test") or die("数据库选择失败！<br>");
    mysqli_query($link,"set names utf8");
    //若变更学号，检查学号是否重复
    if($xh != $xh0){
        $sql = "select 学号 from xs where 学号='$xh'";
        $result = mysqli_query($link,$sql);
        $row = mysqli_fetch_array($result);
        if($row){
            echo "此学号已经存在！";
            die();
        }
    }
    //变更学生信息
    $sql="update xs set 学号='$xh',姓名='$xm',专业名='$zym',班级代码='$bjdm',性别='$xb',出生日期='$csrq',总
学分='$zxf',备注='$bz' where 学号='$xh0'";
    if(mysqli_query($link,$sql)){
        echo "学生信息修改成功！";
    }else{
        echo "学生信息修改失败！";
    }
    ?>
    </body>
    </html>
```

该页面接收 student_update_edit.php 页面传递来的学生信息，执行 UPDATE 命令，将修改后的数据存入数据库。因为主键具有唯一性，所以在存入数据库之前，需要判断修改后的学号是否在数据中已存在，如果存在则终止程序的运行。如果没有修改学号或者修改后的学号不存在，则继续执行。修改成功后，则提示“学生信息修改成功！”，否则提示“学生信息修改失败！”。

例 8.5　删除学生信息。

(1) 输入欲删除的学生学号(student_delete.html)。

```
<html xmlns="http://www.w3.org/1999/xhtml">
<head>
<title>无标题文档</title>
</head>
<body>
<form action="student_delete.php" method="get">
    请输入欲删除的学生学号：
    <input name="xh" type="text" size="12" maxlength="12" />
```

```
        <input name="submit" type="submit" value="确定" />
        <input name="reset" type="reset" value="取消" />
</form>
</body>
</html>
```

在本页面输入欲删除的学生学号，代码运行结果如图 8-6 所示。

图 8-6　学生信息删除页面

(2) 删除学生信息(student_delete.php)。

```
<html xmlns="http://www.w3.org/1999/xhtml">
<head>
    <title>学生删除</title>
</head>
<body>
<?php
$xh = $_GET["xh"];
//连接数据库
$link = mysqli_connect("127.0.0.1","root","123456") or die("数据库服务器连接失败！<br>");
//选择数据库，设置字符集
mysqli_select_db($link,"test") or die("数据库选择失败！<br>");
mysqli_query($link,"set names utf8");
//删除学生
$sql = "delete from xs where 学号='$xh'";
if(mysqli_query($link,$sql)){
    echo "学生信息删除成功！";
}else{
    echo "学生信息删除失败！";
}
?>
</body>
</html>
```

本页面接收 student_delete.html 页面传递来的学生学号，根据学号从数据库删除数据，执行 DELETE 命令。若删除成功，则提示“学生信息删除成功！”，否则提示“学生信息删除失败！”。

8.1.4　关闭 MySQL 数据库连接

完成数据库操作之后，应及时关闭与数据库服务器的连接，以释放其占用的系统资源。在 PHP 中，面向过程的方式是使用 mysqli_close()函数关闭连接，其语法格式为：

```
mysqli_close(connection);
```

语法说明：connection 为之前由 mysqli_connect()函数建立的与数据库服务器的连接。若未指定连接，则关闭上一个打开的连接。如果操作成功则返回 TRUE，否则返回 FALSE。

面向对象的方式是使用 close 方法关闭连接，参数与面向过程的方式相同，其语法格式为：

```
$connection->close();
```

例 8.6　关闭与数据库服务器的连接(close.php)。

```
<?php
    $link=mysqli_connect("127.0.0.1","root","123456");
    if (!$link)   //若连接失败，则显示相应信息并终止程序的运行
    {
        echo "连接失败！<BR>";
        echo "错误信息：".mysqli_error()."<BR>";
    }
    mysqli_close($link) or die("无法关闭与服务器的连接！");
    echo "已成功关闭与数据库的连接！";
?>
```

如成功关闭与数据库的连接，则会提示"已成功关闭与数据库的连接！"。完成数据库访问工作后，如果不再需要连接到数据库，应该明确地释放有关的 mysqli 对象。虽然脚本执行结束后，所有打开的数据库连接都将自动关闭，资源被回收，但在执行过程中，有可能页面需要多个数据库连接，各个连接要在适当的时候才能被关闭。

8.2　PHP 操作 SQL 语句的执行结果

对于大多数系统来说，最常见的功能就是查询功能，并且查询功能往往也更加的复杂多变。本节将重点介绍如何操作 MySQL 查询结果集中的记录，包括获取结果集中的记录数、获取结果集内容、指针移动。

8.2.1　获取结果集中的记录数

有些功能需要知道结果集中的记录数，比如分页功能中的总页数计算。在 PHP 中，使用 mysqli_num_rows() 函数返回结果集中的行数，其语法格式为：

```
mysqli_num_rows(result);
```

语法说明：result 指的是 SQL 代码执行后获得的结果集，函数执行后返回结果集中的记录数。

在面向对象的方式中，使用 num_rows 属性获取结果集中的记录数，参数与面向过程的方式相同，语法格式为：

```
Result->num_rows;
```

例 8.7　获取软件工程专业的学生人数。

(1) 查询页面(studentnum_select.html)。

```
<html xmlns="http://www.w3.org/1999/xhtml">
<head>
<title>无标题文档</title>
</head>
<body>
<form action="studentnum_select.php" method="get">
    请输入欲查询的专业名：
    <input name="zy" type="text" size="12" maxlength="12" />
    <input name="submit" type="submit" value="确定" />
    <input name="reset" type="reset" value="取消" />
</form>
</body>
</html>
```

在该页面输入欲查询的专业名，代码运行结果如图 8-7 所示。

图 8-7　学生人数查询页面

(2) 查询结果(studentnum_select.php)。

```
<html xmlns="http://www.w3.org/1999/xhtml">
<head>
    <title>专业人数查询</title>
</head>
<body>
<?php
$zy = $_GET["zy"];
//连接数据库
$link = mysqli_connect("127.0.0.1","root","123456") or die("数据库服务器连接失败！<BR>");
//选择数据库，指定字符集
mysqli_select_db($link,"test") or die("数据库选择失败！<BR>");
mysqli_query($link,"set names utf8");
//查询数据
$sql = "select 学号,姓名 from xs  where  专业名='$zy'";
$result = mysqli_query($link,$sql);
$num = mysqli_num_rows($result);
if($num > 0){
    echo "共找到".$num."条记录！";
} else{
    echo "没有符合条件的记录！";
}
?>
</body>
</html>
```

该页面接收 studentnum_select.html 页面传递来的专业名，根据专业名从数据库中查询学生人数，代码运行结果如图 8-8 所示。

图 8-8　学生人数查询结果

8.2.2　获取记录内容

为了获取查询结果集中的记录，可调用 mysqli_fetch_array()、mysqli_fetch_row()、mysqli_fetch_assoc()、mysqli_fetch_object()等函数。上述 4 个函数具有相似的参数和语法规定，其语法格式为：

```
mysqli_fetch_array(result,array_type);
mysqli_fetch_assoc(result);
mysqli_fetch_row(result);
mysqli_fetch_object(result);
```

语法说明：函数 mysqli_fetch_array()、mysqli_fetch_row()、mysqli_fetch_assoc()的返回值均为数组，只是下标的使用方法不同。mysqli_fetch_object()与 mysqli_fetch_array()类似，只有一点区别，返回的是对象而不是数组。

result 为 mysqli_query()返回的查询结果集。array_type 用于指定函数的返回值形式，共有三种选择：MYSQL_ASSOC、MYSQL_NUM 和 MYSQL_BOTH。其中 MYSQL_ASSOC 代表返回关联数组，功能与 mysqli_fetch_assoc()函数相同，只能以相应的字段名作为元素的下标进行访问。MYSQL_NUM 代表返回数字数组，功能与 mysqli_fetch_row()函数相同，只能以序号(从 0 开始)作为元素的下标进行访问。MYSQL_BOTH 为默认值，默认同时产生关联和数字数组，既能以字段名作为下标，也能以数字作为下标。由此可见，mysqli_fetch_array()函数包含了 mysqli_fetch_row()和 mysqli_fetch_assoc()的功能，因此一般使用 mysqli_fetch_array()函数。

结果集处理完毕后，为了及时释放其占用的存储空间，可调用 mysqli_free_result()函数，其语法格式为：

```
mysqli_free_result(result);
```

语法说明：result 为 mysqli_query() 返回的查询结果集。返回值为 bool 类型，若操作执行成功则返回 TRUE，否则返回 FALSE。

在 PHP 中，对于面向对象的方式，可调用 fetch_object()方法，参数与面向过程的方式相同，其语法格式为：

```
result->fetch_object();
```

例 8.8　根据学号查询学生信息。

(1) 查询输入页面(student_select1.html)。

```
<html xmlns="http://www.w3.org/1999/xhtml">
```

```
<head>
<title>无标题文档</title>
</head>
<body>
<form action="student_select1.php" method="get">
    请输入欲查询的学生学号：
    <input name="xh" type="text" size="12" maxlength="12" />
    <input name="submit" type="submit" value="确定" />
    <input name="reset" type="reset" value="取消" />
</form>
</body>
</html>
```

在该页面输入欲查询的学生学号，代码运行结果如图 8-9 所示。

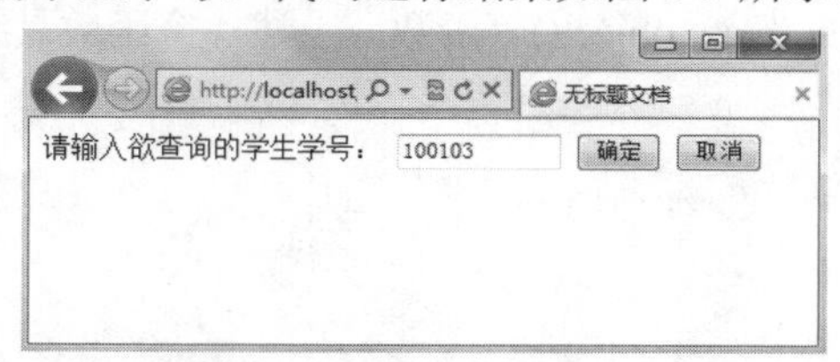

图 8-9　学生信息查询页面

(2) 学生信息查询结果页面(student_select1.php)。

```
<html xmlns="http://www.w3.org/1999/xhtml">
<head>
<title>学生详情</title>
</head>
<body>
    <?php
    $xh=$_GET["xh"];
    $link=mysqli_connect("127.0.0.1","root","123456")
    or die("数据库服务器连接失败！<BR>");
    mysqli_select_db($link,"test") or die("数据库选择失败！<BR>");
    mysqli_query($link,"set names gbk");
    $sql="select 学号，姓名，性别，专业名 from xs  where  学号='$xh'";
    $result=mysqli_query($link,$sql);
    $row=mysqli_fetch_array($result);
    if (!$row)   {
        echo "无此学生代码!";
        die();
    }
    //字段名下标
    echo "字段下标：."<BR>";
    echo "学号：".$row['学号']."<BR>";
    echo "姓名：".$row['姓名']."<BR>";
    echo "性别：".$row['性别']."<BR>";
    echo "专业：".$row['专业名']."<BR>";
    //数字下标
    echo "数字下标：."<BR>";
    echo "班级代码：".$row['学号']."<BR>";
```

```
        echo "班级代码： ".$row['姓名']."<BR>";
        echo "班级代码： ".$row['性别']."<BR>";
        echo "班级代码： ".$row['专业名']."<BR>";
        ?>
    </body>
    </html>
```

该页面接收 student_select1.html 页面传递来的学号，根据学号从数据库中查询学生学号、姓名、性别、专业，并分别以字段下标和数字下标输出结果，代码运行结果如图 8-10 所示。

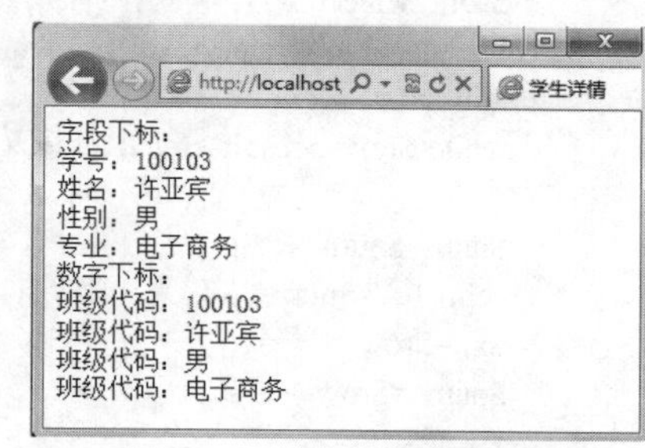

图 8-10　学生信息查询结果

例 8.9　根据学生姓名进行模糊查询。

(1) 查询输入页面(student_select2.html)。

```
<html xmlns="http://www.w3.org/1999/xhtml">
<head>
<title>模糊查询</title>
</head>
<body>
<form action="student_select2.php" method="get">
    请输入欲查询的学生姓名：
    <input name="name" type="text" size="12" maxlength="12" />
    <input name="submit" type="submit" value="确定" />
    <input name="reset" type="reset" value="取消" />
</form>
</body>
</html>
```

在该页面输入欲查询的学生姓名，代码运行结果如图 8-11 所示。

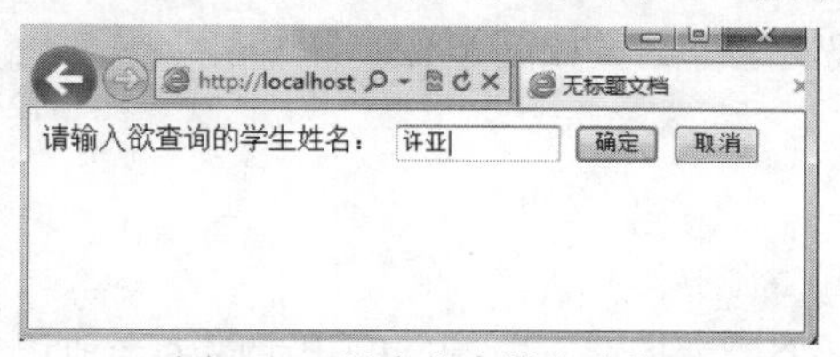

图 8-11　学生信息模糊查询

(2) 学生信息查询结果页面(student_select2.php)。

```
<html xmlns="http://www.w3.org/1999/xhtml">
<head>
<title>学生详情</title>
</head>
<body>
<?php
    $name=$_GET["name"];
    $link = new mysqli('127.0.0.1','root','123456');
        if (mysqli_connect_errno())    {
                echo "数据库服务器连接失败！<BR>";
                die();
```

```
        }
    $link->select_db("test") or die("数据库选择失败！<BR>");
    $link->query("set names gbk");
    $sql="select 学号，姓名，性别，专业名 from xs  where  姓名 like '%$name%'";
    $result=$link->query($sql);
    $num=0;
    while($row=$result->fetch_object())
    {
    $num=$num+1;
    echo "第".$num."人信息:<BR>";
    $xh=$row->学号;
    $name=$row->姓名;
    $sex=$row->性别;
    $zy=$row->专业名;
    echo $xh."<BR>";
    echo $name."<BR>";
    echo $sex."<BR>";
    echo $zy."<BR>";
    }
    if($num==0)
    echo "没有满足条件的记录！";
?>
</body>
</html>
```

该页面接收 student_select2.html 传递来的学生姓名，并按照学生姓名进行模糊查询。通常情况下，关于名称的查询使用模糊查询，因为很可能用户并不知道要查询的对象的全名，或习惯用简称来进行查询。本例代码的运行结果如图 8-12 所示。

图 8-12　学生信息查询结果

8.2.3　移动指针

每个查询结果集都有一个记录指针，所指向的记录即为当前记录。在初始状态下，结果集的指针指向第一条记录。为了更加灵活地操作结果集中的记录，PHP 提供了 mysqli_data_seek()函数来移动指针，其语法格式为：

```
mysqli_data_seek(result,offset);
```

语法说明： result 为 mysqli_query()返回的查询结果集。offset 规定字段偏移量，最小值为 0，代表第一条数据；最大值为总行数减 1，代表最后一条数据。

在面向对象的方式中，使用 data_seek()方法来进行指针移动，其参数与面向过程的方式相同，其语法格式为：

```
Result->data_seek(offset);
```

例 8.10　根据学生序号返回学生信息。

(1) 查询输入页面(student_select3.html)。

```
<html>
<head>
<title>班级检索</title>
</head>
<body>
<form action="student_select3.php" method="get">
  请输入欲检索的学生序号:
  <input name="xsxh" type="text" id="xsxh" size="5" maxlength="5">
  <input name="submit" type="submit" value="确定">
  <input name="reset" type="reset" value="取消">
</form>
</body>
</html>
```

在该页面输入欲查询的学生序号，代码运行结果如图 8-13 所示。

图 8-13　按序号查询学生信息

(2) 查询结果页面(student_select3.php)。

```
<html xmlns="http://www.w3.org/1999/xhtml">
<head>
<title>学生详情</title>
</head>
<body>
<?php
    $xsxh=$_GET["xsxh"];
    $link=mysqli_connect("127.0.0.1","root","123456")
    or die("数据库服务器连接失败！<BR>");
    mysqli_select_db($link,"test") or die("数据库选择失败！<BR>");
    mysqli_query($link,"set names gbk");
    $sql="select 学号，姓名，性别，专业名 from xs order by 姓名 ";
    $result=mysqli_query($link,$sql);
    $num=mysqli_num_rows($result);
    if($num==0)
    {
    echo "没有符合条件的记录！";
    die();
    }
    else
    echo "共找到".$num."条记录！<BR>";
  if ($xsxh<1)
    $xsxh=1;
  if ($xsxh>$num)
    $xsxh=$num;
  mysqli_data_seek($result,$xsxh-1);
  $row = mysqli_fetch_array($result);
  echo "这是第".$xsxh."条学生记录(按姓名排序)：<BR>";
  echo "学号：".$row['学号']."<BR>";
```

```
    echo "姓名: ".$row['姓名']."<BR>";
    echo "性别: ".$row['性别']."<BR>";
    echo "专业名: ".$row['专业名']."<BR>";
    mysqli_free_result($result);
?>
</body>
</html>
```

该页面接收student_select3.html传递来的序号，根据序号移动指针。因序号一般从1开始计算，而指针从0开始，所以序号减1是指针指向的位置。本例代码的运行结果如图8-14所示。

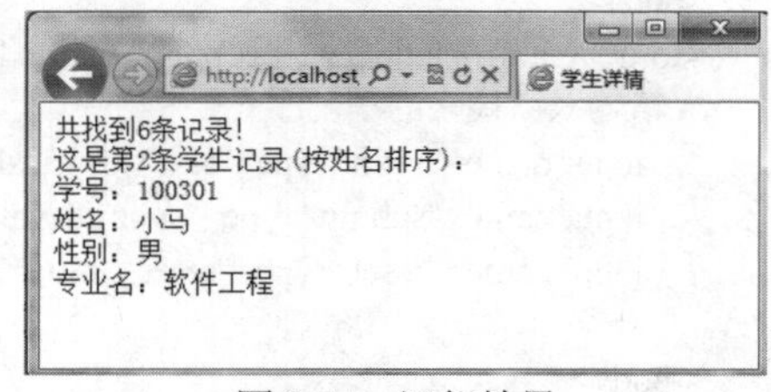

图8-14　运行结果

8.3 本章小结

作为本书重要的一章，本章介绍了PHP操作MySQL数据库的基本步骤，分为面向过程的方式和面向对象的方式。读者可根据自己编写代码的习惯，选择其中一种方式。

本章的内容是承上启下的，前述章节关于PHP和MySQL的知识在本章得以综合应用，后述章节的内容也建立在本章的基础之上。任何项目，不管大小，只要用到数据库就绕不开PHP对MySQL数据库的基本操作。本章通过大量示例介绍了面对不同环境该如何有选择性地使用各种函数，为之后更加有难度的学习打下了坚实的基础。

8.4 习题

一、选择题

1. 使用(　　)函数库连接MySQL数据库。

   A. mysqli函数库　　B. mysql函数库
   C. mysqli函数库和mysql函数库　　D. 不能连接数据库

2. 指针移动函数是(　　)。

   A. mysqli_connect函数　　B. mysqli_close函数
   C. mysqli_data_seek函数　　D. mysqli_query函数

3. PHP操作MySQL数据库的第一步是(　　)。

   A. 连接数据库　　B. 关闭数据库　　C. 获取执行结果　　D. 执行SQL代码

二、编程题

1. 编写程序，按序号查询学生信息，要求按照学号排序。
2. 编写程序，按专业和姓名查询学生信息。

ꕤ 第9章 ꕤ

PHP+MySQL数据库编程综合实例

在纷繁的网络世界中，有各种各样的网站，比如门户网站、论坛、网络商城、网络租赁等。不同的网站其功能大相径庭，但是在这些不同的网站中，我们总能够看到相似的功能。最常见的可能要数登录功能，只要使用网络，我们几乎每天都会在不同的网站和系统上进行登录操作。本章将在上一章的基础上，重点介绍一些在构建网站过程中常用的功能，包括登录功能、分页功能、图形绘制功能、新闻发布功能。

本章的主要学习目标：

- 掌握 PHP＋MySQL 实现登录功能
- 掌握 PHP＋MySQL 实现分页功能
- 掌握 PHP＋MySQL 实现图形绘制功能
- 掌握 PHP＋MySQL 实现新闻发布功能

9.1 登录功能

一般情况下，大多数网站都允许匿名访问，用户可以直接访问这些网站，查看网站内容而不必进行登录。但大部分的网站，并不是所有页面都允许匿名访问，比如所有人都可以在淘宝里查找自己喜欢的宝贝，但是如果要购买，就必须登录。还有一部分网站，则完全禁止用户匿名访问，比如 QQ 邮箱，不登录则无法进入。因此，登录功能几乎是所有网站必备的功能之一。

PHP 程序为了记录用户的登录信息，需要使用 Session。当用户在应用程序的 Web 页面之间跳转时，存储在 Session 对象中的变量将不会丢失，而是在整个用户会话中一直存在下去。

当用户首次与 Web 服务器建立连接时，服务器会给用户分发一个 SessionID 作为标识。SessionID 是一个由 24 个字符组成的随机字符串。用户每次提交页面时，浏览器都会把这个 SessionID 包含在 HTTP 头中提交给 Web 服务器，这样 Web 服务器就能区分当前请求页面的是哪一个客户端。

Session 存储在服务器端，远程用户无法修改 Session 文件的内容，因此我们可以单纯存储一个$admin 变量来判断是否登录，首次验证通过后设置$admin 值为 true，以后判断该值是否为

true，假如不是，转入登录界面，这样就可以减少很多数据库操作。而且可以降低每次为了验证 Cookie 而传递密码的不安全性(Session 验证只需要传递一次，假如你没有使用 SSL 安全协议的话)。即使密码进行了 md5 加密，也很容易被截获。

PHP 中的 Session 有效期默认是 1440 秒(24 分钟)，也就是说，若客户端超过 24 分钟没有刷新，当前 Session 就会失效。当然，如果用户关闭了浏览器，会话就会结束，Session 自然也不存在了。

为了便于说明登录操作，在此首先在 test 数据库中创建一个用户表—— users 表，该表的结构如表 9-1 所示，主键为 username。

表 9-1　users 表

字段名	类型	是否为 NULL	含义
username	varchar(30)	not null	编号
name	char(8)	null	标题
passwd	varchar(255)	null	正文
sf	char(8)	null	时间

例 9.1　输入正确的用户名、密码、验证码，完成用户登录。

(1) 登录信息输入页面(login.html)。

```
<!doctype html>
<html lang="en">
<head>
    <meta charset="UTF-8">
    <meta name="viewport" content="width=device-width, user-scalable=no, initial-scale=1.0, maximum-scale=1.0,
minimum-scale=1.0">
    <meta http-equiv="X-UA-Compatible" content="ie=edge">
    <title>用户登录-教务管理系统</title>
    <style>
        body{padding: 0;margin: 0;font-family: "微软雅黑";}
        a{text-decoration:none;}
        #header{width: auto;min-height: 70px;line-height: 70px;border-bottom: medium solid #39A631;font-style:
normal;font-size: 32px;font-weight:800 ;color: #39A631;padding-left: 30px;}
        #content{width: 35%;height:auto;text-align: center;margin: 100px auto 100px;border: thin solid
#8EC172;padding-bottom: 20px;}
        .con_title{background-color: #8EC172;width: auto;text-align: center;font-size: 24px;font-weight: 800;color:
#FFF;line-height: 56px;}
        .con_input{margin: 30px 0 30px 0;}
        .submit-btn{width: 120px;height: 38px;background-color: #62ab00;border-radius: 4px;border: 0px;color:
#fff;font-size: 16px;font-weight: bold;}
        .con_input span{font-family: "微软雅黑";font-size: 1em;font-weight: bold;color: #333;}
        .con_input input{width: 15em;padding: 0.5em 1em;border: 1px solid #bbb;}
        .con_input1 span{font-family: "微软雅黑";font-size: 1em;font-weight: bold;color: #333;}
        .con_input1 input{width: 6.4em;padding: 0.5em 1em;border: 1px solid #bbb;}
        .submit-btn{margin: 1em 0 1em 0;}
        .footer{width:auto;text-align:center;margin-top: 10px;}
        .unchanged {border: 0;cursor: pointer;}
```

```
</style>
<script>
  // 页面加载完成直接获取验证码
  window.onload = function () {
           createCode()
      }

      var code ; //在全局定义验证码

      // 生成验证码
      function createCode(){
          // 清空验证码展示
          var checkCode = document.getElementById("checkCode");
          checkCode.value = '';

          // 可选择的验证码数据
          var selectChar = [2,3,4,5,6,7,8,9,'A','B','C','D','E','F','G','H','J','K','L','M','N','P','Q','R','S','T','U','V','W','X','Y','Z'];

          // 生成验证码
          code = '';
          var codeLength     = 4;        //验证码的长度
          for(var i=0; i<codeLength; i++) {
               var charIndex = Math.floor(Math.random()*32);
               code += selectChar[charIndex];
          }
          // 长度不够，重新生成验证码
          if(code.length != codeLength){
               createCode();
          }else{
               checkCode.value = code;
          }
      }

     // 验证表单
     function validate () {
         var name = document.getElementById("username").value;
         var passw = document.getElementById("password").value;
         var inputCode = document.getElementById("yzm").value.toUpperCase();
         if(name==""){
              alert("用户名不能为空！");
              return false;
         }
         if(passw==""){
              alert("密码不能为空！");
              return false;
         }
         if(inputCode.length <=0) {
              alert("请输入验证码！");
              return false;
         }
```

```
                if(inputCode != code ){
                    alert("验证码输入错误！");
                    createCode();
                    return false;
                }
                return true;
            }
    </script>
  </head>
  <body>
  <div id="header">教务管理系统</div>

  <div id="content">
    <div class="con_title">欢迎登录教务管理系统</div>
    <div class="con_panel">
      <form method="post" action="./login.php">
        <div class="con_input">
          <span>用户名：</span>
          <input type="text" placeholder="学号/工号"   name="username" value="" id="username" />
        </div>
        <div class="con_input">
          <span>密    码：</span>
          <input type="password" name="password" placeholder="密码" value="" id="password" />
        </div>
        <div class="con_input1">
          <span>验证码：</span>
          <input type="text" id="yzm" name="yzm"/>
          <input type="text" onclick="createCode()" readonly="readonly" id="checkCode" class="unchanged"
style="width: 6.1em" placeholder="获取验证码" name="check" />
        </div>
        <input type="submit" value="登     录"    class="submit-btn" onclick="return validate();" />
      </form>
    </div>
  </div>
  <div class="footer">2022©</div>

  </body>
  </html>
```

用户在该页面输入用户名、密码，并在单击获得验证码后输入正确的验证码。如果验证码输入错误，则会提示“验证码输入错误！”并返回该页面。本例代码的运行结果如图 9-1 所示。

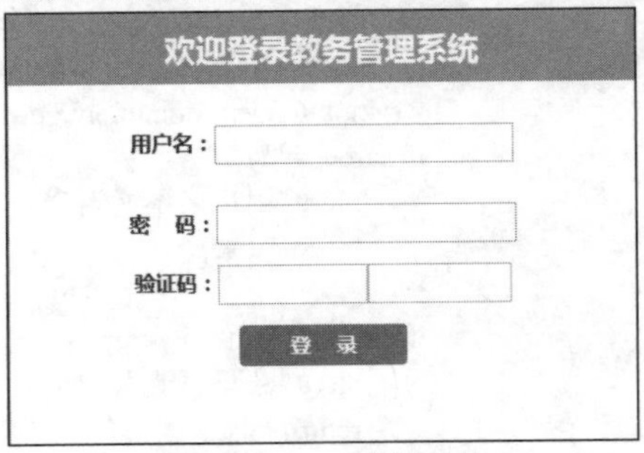

图 9-1　users 表的结构

(2) 登录信息判断页面(login.php)。

```
<?php

class Login{
```

```
    private $link;
    public function __construct(){
        error_reporting(0);
        session_start();

        //连接 MySQL 服务器，打开数据库
        $this->link = mysqli_connect("127.0.0.1","root","123456") or die("数据库服务器连接失败！");
        mysqli_select_db($this->link,"test") or die("数据库选择失败！");
        mysqli_query($this->link,"set names utf-8");
    }

    //输出提示消息
    public function displayMessage($msg=''){
        if(!empty($msg)){
            echo '<div style="text-align: center;margin-top: 100px;">'.$msg.'</div>';
        }
    }

    //返回登录页面
    public function backToLoginPage($msg=''){
        $this->displayMessage($msg);
        header('Refresh:2;url=./login.html');
    }

    /**
     * 登录
     */
    public function toLogin(){
        //若已登录，则不再执行登录操作
        if(isset($_SESSION['username']) && !empty($_SESSION['username'])){
            $this->displayMessage('您已登录，用户名为：' . $_SESSION['username'] . '<a
href="logout.php">[退出]</a>');
            return true;
        }

        $username = $_POST['username'] ?? '';
        $pswd = $_POST['password'] ?? '';
        if(empty($username) || empty($pswd)){
            $this->backToLoginPage('请输入完整的账号和密码');
            return false;
        }

        //在 users 表中查找用户
        $sql = "select sf,username from users where username='$username' and passwd=password('$pswd')";
        $result = mysqli_query($this->link,$sql);

        //如果没有找到用户
        if(mysqli_num_rows($result) < 1){
            $this->backToLoginPage('请输入正确的账号密码');
            return false;
```

```
            }
            //如果找到用户，设置会话变量
            $row = mysqli_fetch_array($result);
            $_SESSION['username'] = $row['username'];
            $_SESSION['sf'] = $row['sf'];;
            if($row['sf']=="student"){
                $this->displayMessage("学生登录成功");
                //header("refresh:0;url=index_student.php");
            }else if($row['sf']=="teacher")   {
                $this->displayMessage("教师登录成功");
                //header("refresh:0;url=index_teacher.php");
            }else if($row['sf']=="admin"){
                $this->displayMessage("管理员登录成功");
                //header("refresh:0;url=index_admin.php");
            }else{
                $this->backToLoginPage('密码错误，请重新输入！');
                return false;
            }
        }

        public function __destruct(){
            mysqli_close($this->link);
        }
    }

    (new Login())->toLogin();

    ?>
```

该页面接收 login.html 页面传递来的用户名和密码，从数据库中查找是否有满足条件的账号。如果有则登录成功，并将信息写入 SESSION；如果找不到符合条件的账号，则登录失败，并跳转回登录页面。因用户的身份不同，分为学生、教师、管理员，所以登录成功后要根据不同的身份跳转到不同的主页。

如需注销登录，可执行如下代码销毁 SESSION：

```
<?php
session_start();
session_destroy();
header("refresh:0;url=login.html");
?>
```

9.2 分页功能

客户端从服务器端读取数据时通常都以分页的形式来显示，一页一页地阅读起来既方便又美观。所以编写分页程序是 Web 开发的一个重要组成部分，本节将详细介绍如何编写漂亮实用的分页代码。

例 9.2　选择欲查询的专业名，查询该专业下的所有学生，并分页显示。

(1) 查询页面(fenye_select.php)。

```
<html>
<head>
<meta http-equiv="Content-Type" content="text/html; charset=gb2312">
<title>学生查询</title>
</head>
<body>
<form action="fenye_result.php" method="get">
  请选择欲查询的学生专业:
<select name="zym" size="1">
<?php
   $link=new mysqli("127.0.0.1","root","123456");
   if (mysqli_connect_errno())   {
      echo "数据库服务器连接失败！<BR>";
      die();
   }
   $link->select_db("test") or die("数据库选择失败！<BR>");
   $link->query("set names gbk");
   $sql="select distinct 专业名 from xs ";
   $result=$link->query($sql);
   while($row=$result->fetch_object())   {
?>
<option value="<?php echo $row->专业名; ?>"><?php echo $row->专业名; ?></option>
<?php
   }
   $result->free();
   $link->close();
?>
</select>
<input name="submit" type="submit" value="确定">
<input name="reset" type="reset" value="取消">
</form>
</body>
</html>
```

在该页面选择欲查询的专业名，程序运行结果如图 9-2 所示。

图 9-2　选择欲查询的专业

(2) 查询结果分页显示(fenye.php)。

```
<html>
<head>
```

```
<meta http-equiv="Content-Type" content="text/html; charset=gb2312">
<title>用户查询结果</title>
<style type="text/css">
#customers
{
  font-family:"Trebuchet MS", Arial, Helvetica, sans-serif;
  width:90%;
  border-collapse:collapse;
}
#customers td, #customers th
{
     font-size:0.8em;
     border:1px solid #98bf21;
}
#customers th
{
   font-size:0、8em;
   text-align:center;
   padding-top:5px;
   padding-bottom:4px;
   background-color:#A7C942;
   color:#ffffff;
}
#customers tr.alt td
{
   color:#000000;
   background-color:#EAF2D3;
}
</style>
<script type="text/javascript">
<!--
function selectAll()       //全选
{
   if(this.checked==true) {
      checkAll('test');
   }
   else {
      clearAll('test');
   }
}
function checkAll(name)
{
   var el = document.getElementsByTagName('input');
   var len = el.length;
   for(var i=0; i<len; i++)
   {
      if((el[i].type=="checkbox") && (el[i].name==name))
      {
         el[i].checked = true;
      }
```

```
        }
    }
    function clearAll(name)
    {
        var el = document.getElementsByTagName('input');
        var len = el.length;
        for(var i=0; i<len; i++)
        {
            if((el[i].type=="checkbox") && (el[i].name==name))
            {
                el[i].checked = false;
            }
        }
    }
    -->
    </script>
    </head>
    <body>
    <?php
      $zym=$_GET["zym"];
      $link=new mysqli("127.0.0.1","root","123456");
      if (mysqli_connect_errno())   {
         echo "数据库服务器连接失败！<BR>";
         die();
      }
      $link->select_db("test") or die("数据库选择失败！<BR>");
      $link->query("set names gbk");
      $sql="select * from xs where  专业名='$zym'";
      $result=$link->query($sql);
      $rows=$result->num_rows;               //总记录数
      if ($rows==0)   {
         echo "没有满足条件的记录！";
         die();
      }
      $pagesize=2;                           //每页的记录数
      $pagecount=ceil($rows/$pagesize);      //总页数
      if (!isset($pageno)||$pageno<1)        //$pageno 的值为当前页的页号
         $pageno=1;
      if ($pageno>$pagecount)
         $pageno=$pagecount;
      $offset=($pageno-1)*$pagesize;
      $result->data_seek($offset);
    ?>
    <div align="center"><strong>学生查询结果</strong></div>
    <table width="90%" border="1" align="center" id="customers">
    <tr>
    <th><input onClick="if(this.checked==true) { checkAll('test'); } else { clearAll('test'); }" type="checkbox"
value="" name="test" title="全选/取消"/></th>
    <th><div align="center">学号</div></th>
    <th><div align="center">姓名</div></th>
```

```
<th><div align="center">专业名</div></th>
<th><div align="center">班级代码</div></th>
<th><div align="center">性别</div></th>
<th><div align="center">出生日期</div></th>
</tr>
<?php
   $i=0;
   while($row=$result->fetch_object())   {
?>
<tr>
<td><div align="center"><input type="checkbox" value="<?php echo $row->学号; ?>" name="test"/></div></td>
<td><div align="center"><?php echo $row->学号; ?></div></td>
<td><div align="center"><?php echo $row->姓名; ?></div></td>
<td><div align="center"><?php echo $row->专业名; ?></div></td>
<td><div align="center"><?php echo $row->班级代码; ?></div></td>
<td><div align="center"><?php echo $row->性别; ?></div></td>
<td><div align="center"><?php echo $row->出生日期; ?></div></td>
</tr>
<?php
   $i=$i+1;
   if ($i==$pagesize)
      break;
   }
   $result->free();
   $link->close();
?>
</table>
<div align="center">
[第<?php echo $pageno; ?>页/共<?php echo $pagecount; ?>页]
<?php
$href=$PHP_SELF."?zym=".urlencode($zym);
if ($pageno<>1) {
   ?>
   <a href="<?php echo $href; ?>&pageno=1">首页</a>
   <a href="<?php echo $href; ?>&pageno=<?php echo $pageno-1; ?>">上一页</a>
   <?php
}
if ($pageno<>$pagecount) {
   ?>
   <a href="<?php echo $href; ?>&pageno=<?php echo $pageno+1; ?>">下一页</a>
   <a href="<?php echo $href; ?>&pageno=<?php echo $pagecount; ?>">尾页</a>
   <?php
}
?>
[共<?php echo $rows; ?>条记录]
</div>
</body>
</html>
```

该页面程序中有 3 个非常重要的参数：每页显示几条记录($pagesize)、当前是第几页($pageno)和总页数($pagecount)。

该页面根据接收的参数查询某专业的全部学生信息，根据参数$pagesize 以及记录总数计算出总页数，并分页显示。因为测试数据较少，所以该例每页显示两条记录。正常情况下，每页不少于 10 条记录。代码运行结果如图 9-3 所示。

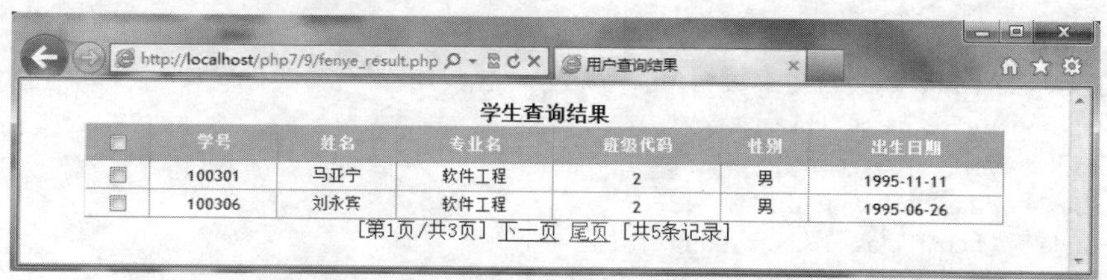

图 9-3 分页查询结果

该页面使用了$PHP_SELF 实现页内跳转，如果出现错误“Undefined variable: PHP_ SELF”，则可以打开 php.ini 文件，设置 register_globals = on。

9.3 PHP + MySQL 图形绘制

统计图是根据统计数据，用几何图形和地图等绘制的各种图形。它具有直观、形象、生动、具体等特点。统计图可以使复杂的统计数字简单化、通俗化、形象化，使人一目了然，便于理解和比较。因此，统计图在统计资料整理与分析中占有重要地位，并得到广泛应用。

统计图可以帮助用户更直观地分析数据，在不同的网站中，经常可以看到各种统计图，例如柱状图、饼状图、条形图、折线图等。本节将介绍如何使用 PHP＋MySQL 绘制各种统计图。

为了更便捷地绘制图形，首先需要从网络上下载最新的 Libchart 图形类库，网址为 https://naku.dohcrew.com/libchart/pages/download/。

为了便于说明图形绘制功能，在此首先在 test 数据库中创建一个商品表——shop 表，该表的结构如表 9-2 所示，bh 为主键。

表 9-2 shop 表

字段名	类型	是否为 NULL	含义
bh	char(10)	not null	编号
name	char(20)	not null	商品名称
num	int(10)	not null	商品数量
price	int(10)	not null	商品价格
xl12	int(10)	null	12 年商品销量
xl13	int(10)	null	13 年商品销量
xl14	int(10)	null	14 年商品销量
xl15	int(10)	null	15 年商品销量
xl16	int(10)	null	16 年商品销量

例 9.3 根据商品数量绘制库存饼状图(DirectPNGOutputTest.php)。

```
<?php
    $link=new mysqli("127.0.0.1","root","123456");
    if (mysqli_connect_errno())  {
      echo "数据库服务器连接失败！<BR>";
      die();
    }
    $link->select_db("test") or die("数据库选择失败！<BR>");
    $link->query("set names gbk");
      $sql="select * from shop ";
      $result=$link->query($sql);
    include "../libchart/classes/libchart.php";
    header("Content-type: image/png");
    $chart = new PieChart(500, 300);                    //设置图像大小
    $dataSet = new XYDataSet();                         //实例化
    while($row=$result->fetch_object())  {
    $name=$row->name;
    $num=$row->num;
    $dataSet->addPoint(new Point("$name", "$num"));  //添加节点数据
  }
    $chart->setDataSet($dataSet);                       //把数据集合传递给图形对象
    $chart->setTitle("饼状图");                          //设置图形标题
    $chart->render();
    $result->free();
    $link->close();
?>
```

该页面先从商品表中查询商品基本信息，再使用循环逐条读取商品信息并使用 addPoint()方法将商品名称和数量加载到新节点。循环完毕后将数据集合传递给图形对象，并使用 setTitle()函数设置图形标题，本例代码的运行结果如图 9-4 所示。

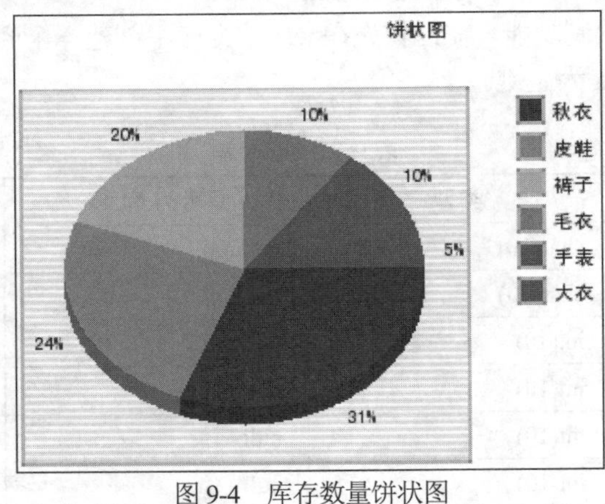

图 9-4 库存数量饼状图

例 9.4 根据商品数量绘制库存水平柱状图(HorizontalBar.php)。

```
<?php
    $link=new mysqli("127.0.0.1","root","123456");
```

```
    if (mysqli_connect_errno())    {
        echo "数据库服务器连接失败！<BR>";
        die();
    }
    $link->select_db("test") or die("数据库选择失败！<BR>");
    $link->query("set names gbk");
        $sql="select * from shop ";
         $result=$link->query($sql);
        include "../libchart/classes/libchart.php";
        $chart = new HorizontalBarChart(600, 170);
        $dataSet = new XYDataSet();
    while($row=$result->fetch_object())    {
        $name=$row->name;
        $num=$row->num;
        $dataSet->addPoint(new Point("$name", "$num"));
    }
        $chart->setDataSet($dataSet);
        $chart->getPlot()->setGraphPadding(new Padding(5, 30, 20, 140)); //设置图标空白，分别为顶，右，下，左
        $chart->setTitle("水平柱状图");
        $chart->render("generated/demo2.png");      //存储图片的路径
    $result->free();
    $link->close();
?>
<!DOCTYPE html PUBLIC "-//W3C//DTD XHTML 1.0 Transitional//EN""http://www.w3.org/
TR/xhtml1/DTD/xhtml1-transitional.dtd">
<html xmlns="http://www.w3.org/1999/xhtml">
<head>
    <title>Libchart horizontal bars demonstration</title>
</head>
<body>
    <img alt="Horizontal bars chart"    src="generated/demo2.png" style="border: 1px solid gray;"/>
</body>
</html>
```

该页面的生成方式和例 9.3 类似，不过在程序末尾不是将图片直接输出，而是保存在 render()方法规定的路径里。最后在页面中添加了一个图形元素，url 指向了该位置。本例代码的运行结果如图 9-5 所示。

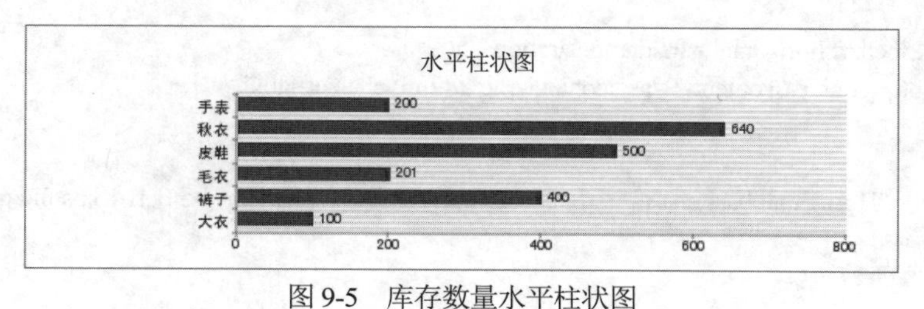

图 9-5　库存数量水平柱状图

例 9.5　根据商品销量绘制折线图(Line.php)。

```
<?php
    $link=new mysqli("127.0.0.1","root","123456");
```

```
    if (mysqli_connect_errno())   {
      echo "数据库服务器连接失败! <BR>";
      die();
    }
    $link->select_db("test") or die("数据库选择失败! <BR>");
    $link->query("set names gbk");
      $sql="select * from shop ";
        $result=$link->query($sql);
      include "../libchart/classes/libchart.php";
      $chart = new LineChart();
      $dataSet = new XYSeriesDataSet();
    while($row=$result->fetch_object())   {
      $name=$row->bh;
      $num=$row->num;
      $xl12=$row->xl12;
      $xl13=$row->xl13;
      $xl14=$row->xl14;
      $xl15=$row->xl15;
      $xl16=$row->xl16;
      $serie = new XYDataSet();
      $serie->addPoint(new Point("2012", "$xl12"));
      $serie->addPoint(new Point("2013", "$xl13"));
      $serie->addPoint(new Point("2014", "$xl14"));
      $serie->addPoint(new Point("2015", "$xl15"));
      $serie->addPoint(new Point("2016", "$xl16"));
      $dataSet->addSerie("$name", $serie);
    }
      $chart->setDataSet($dataSet);
      $chart->getPlot()->setGraphCaptionRatio(0.62);
      $chart->setTitle("折线图");
      $chart->render("generated/demo4.png");
    $result->free();
    $link->close();
  ?>
  <!DOCTYPE html PUBLIC "-//W3C//DTD XHTML 1.0 Transitional//EN""http://www.w3.org/
TR/xhtml1/DTD/xhtml1-transitional.dtd">
  <html xmlns="http://www.w3.org/1999/xhtml">
  <head>
      <title>Libchart horizontal bars demonstration</title>
      <meta http-equiv="Content-Type" content="text/html; charset=gbk">
  </head>
  <body>
      <img alt="Horizontal bars chart"   src="generated/demo4.png" style="border: 1px solid gray;"/>
  </body>
  </html>
```

折线图的生成较为复杂，与之前的例题相比，需要创建多个 XY 坐标轴对象。在循环读取商品销量时，每循环一次就完成一条折线的绘制，直到循环完毕，完成所有折线的绘制。代码运行结果如图 9-6 所示。

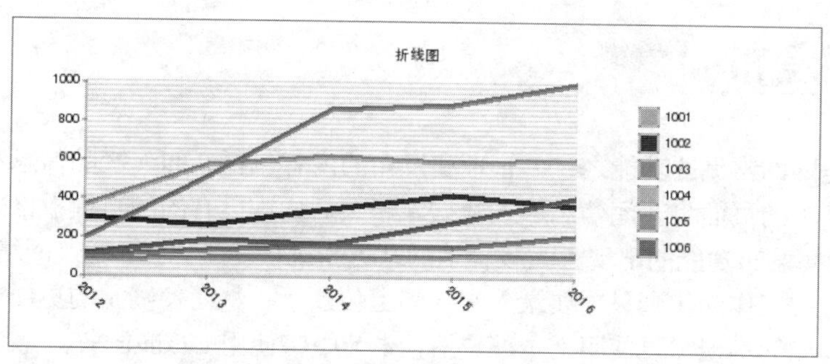

图 9-6　商品销量折线图

例 9.6　根据商品数量绘制库存垂直柱状图(VerticalBar.php)。

```
<?php
    $link=new mysqli("127.0.0.1","root","123456");
  if (mysqli_connect_errno())   {
    echo "数据库服务器连接失败！<BR>";
    die();
  }
  $link->select_db("test") or die("数据库选择失败！<BR>");
  $link->query("set names gbk");
    $sql="select * from shop ";
     $result=$link->query($sql);
     include "../libchart/classes/libchart.php";
    header("Content-type: image/png");
    $chart = new VerticalBarChart();
    $dataSet = new XYDataSet();
  while($row=$result->fetch_object())   {
    $name=$row->name;
    $num=$row->num;
    $dataSet->addPoint(new Point("$name", "$num"));
  }
    $chart->setDataSet($dataSet);
    $chart->setTitle("库存柱状图");
    $chart->render();
  $result->free();
  $link->close();
?>
```

垂直柱状图的生成规则和饼状图类似，代码运行结果如图 9-7 所示。

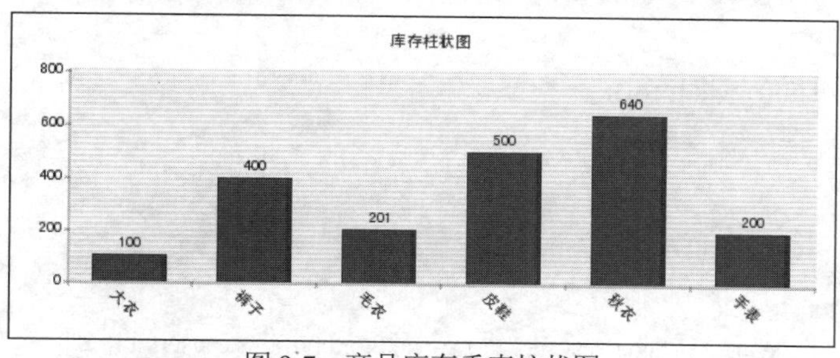

图 9-7　商品库存垂直柱状图

9.4 新闻发布

新闻发布是网站常见的功能之一，管理和发布的内容包括新闻、产品信息和业界动态等。用户可以通过简单的页面将新闻信息加入数据库，然后通过已有的网页模板格式与审核流程发布到网站上。新闻发布功能的出现大大减轻了网站更新维护的工作量，通过网络数据库的引用，将网站的更新维护工作简化到只需要录入文字和上传图片，从而使网站的更新速度大大缩短。

新闻发布功能的实现需要使用文本编辑器，本节中将使用 UEditor 来实现。UEditor 是由百度 Web 前端研发部开发的所见即所得的开源富文本编辑器，具有轻量、可定制、用户体验良好等特点。开源基于 BSD 协议，所有源代码在协议允许范围内可自由修改和使用。UEditor 在设计上采用了经典的分层架构设计理念，尽量做到了功能层次之间的轻度耦合，具有以下优点：

- 体积小巧，性能优良，使用简单
- 分层架构，方便定制与扩展
- 满足不同层次用户的需求，更加适合团队开发
- 丰富完善的中文文档
- 多个浏览器支持：Mozilla、MSIE、FireFox、Maxthon、Safari 和 Chrome
- 更好的使用体验

UEditor 拥有专业 QA 团队的持续支持，官方下载网址为 http://ueditor.baidu.com/website/。

为了便于说明图形绘制功能，在此首先在 test 数据库中创建一个新闻表—— news 表，该表的结构如表 9-3 所示，主键为 newsid。

表 9-3　news 表

字段名	类型	是否为 NULL	含义
newsid	int(20)	not null	编号
title	char(50)	not null	标题
uploadtime	datetime	not null	发布时间
type	char(10)	not null	类别
who	char(20)	not null	发布人
content	text	not null	内容
photo	varchar(50)	null	图片

例 9.7　填写新闻标题、图片、发布人、发布时间、类别，然后在编辑框内编辑新闻正文，完成新闻发布。

(1) 新闻编辑页面(news.html)。

```
<!doctype html>
<html lang="en">
<head>
  <meta charset="UTF-8">
  <title>新闻编辑</title>
  <script type="text/javascript" charset="utf-8" src='ueditor.config.js'></script>
  <script type="text/javascript" charset="utf-8" src='ueditor.all.js'></script>
```

```
    <script type="text/javascript" src='js/laydate.js'></script>
    <style>
      form{width: 60%;margin: 0 auto;padding: 20px;border: 1px solid #999;border-radius: 5px;}
      .form-item{margin: 20px 0;display: flex;}
      .form-item .label{width: 80px;text-align: right;margin-right: 20px;}
      .form-item input,
      .form-item select{flex: 1;height: 28px;}
      .form-item .con{flex: 1;overflow: hidden;}
      .sub-btn{width: 100px;height: 30px;margin: 0 auto;display: block;}
    </style>
  </head>
  <body background="../akcgl/news/zp/bai.gif">
    <form action="news_insert.php" method="post" enctype="multipart/form-data">
      <div class="form-item">
        <div class="label">标题</div>
        <input id="title" name="title" type="text">
      </div>
      <div class="form-item">
        <div class="label">缩略图</div>
        <input type="hidden" name="MAX_FILE_SIZE" value="2000000" />
        <input type="file" name="upfile" >
      </div>
      <div class="form-item">
        <div class="label">发布人</div>
        <input id="sendpeople" name="sendpeople" type="text">
      </div>
      <div class="form-item">
        <div class="label">发布时间</div>
        <input name="sendtime" placeholder="请输入日期" class="laydate-icon" onClick="laydate({istime: true,
format: 'YYYY-MM-DD hh:mm:ss'})">
      </div>
      <div class="form-item">
        <div class="label">类别</div>
        <select size="1" name="type">
          <option value="公告">公告</option>
          <option value="新闻">新闻</option>
        </select>
      </div>
      <div class="form-item">
        <div class="label">新闻详情</div>
        <div class="con">
          <script id="editor" name="content" type="text/plain"></script>
        </div>
      </div>
      <input type="submit" name="sub" class="sub-btn" value="提交" />
    </form>
    <script>
    var ue = UE.getEditor('editor',{
          initialFrameWidth: null,
          initialFrameHeight: 200
```

```
    });
  </script>
</body>
</html>
```

在该页面引用 UEditor 类库，实现文本编辑器的加载。然后进行新闻编辑，包括新闻标题、图片、发布人、发布时间、类别以及正文的编辑，代码运行结果如图 9-8 所示。

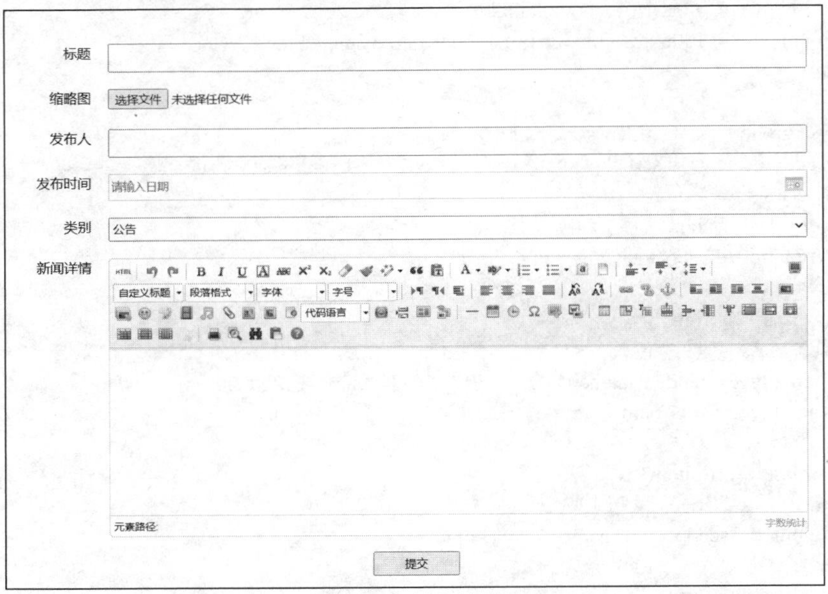

图 9-8　新闻编辑

(2) 新闻存入数据库页面(news_insert.php)。

```
<html lang="en">
<head>
    <meta charset="UTF-8">
    <title>新闻写入</title>
</head>
<?php
  error_reporting(0);
  $content=stripslashes($_POST['content']);
  $title=$_POST['title'];
  $who=$_POST['sendpeople'];
  $uploadtime=$_POST['sendtime'];
  $type=$_POST['type'];
  if(isset($_POST['sub'])){                    // isset()函数判断提交按钮是否存在
  if(!is_dir("images")){                        // is_dir()函数判断指定的文件夹是否存在
    mkdir("images");                            // mkdir()函数创建文件夹
  }
  $file=$_FILES['upfile'];                      // 获取上传文件
  if(is_uploaded_file($file['tmp_name'])){      // 判断是否通过 HTTP POST 上传
    $str=stristr($file['name'],'.');            // stristr()函数获取上传文件的后缀
        $path= __DIR__.'/images/';
```

```
        $name=strtotime("now").$str;                  // strtotime()函数定义一个 UNIX 时间戳
        setcookie('name',$name);
        move_uploaded_file($file['tmp_name'],$path.$name);   // 执行文件上传操作
    }
        $link=mysqli_connect("127.0.0.1","root","123456")
        or die("数据库服务器连接失败！<BR>");
        mysqli_select_db($link,"test") or die("数据库选择失败！<BR>");
        mysqli_query($link,"set names utf8");
    $sql="select * from news where title='$title'";
    $result=mysqli_query($link,$sql);
    $rows=0;
    while($row=mysqli_fetch_object($result)){
        $rows=$row+1;
    }
    if($rows!=0){
        ?>
        <script>
         alert('此标题已被发布过，请重新填写标题！');
        </script>
        <?php
        header("refresh:0;url=news.html");
    }
    else if($rows==0){
         $sql1="insert into news(title,uploadtime,type,who,photo,content)
           values('$title','$uploadtime','$type','$who','images/$name','$content')";
         $result1 = mysqli_query($link,$sql1);   //执行语句
           if($result1==""){
               echo "新闻发布失败";
           }
           else{
             echo "新闻发布成功";
           }
         }
}
?>
```

该页面接收 news.html 页面传递来的新闻信息，然后判断此新闻标题是否被发布过。如果新闻标题已经发布过，则不允许存入数据库；如果新闻标题没有发布过，则将新闻信息写入数据库。存入成功则提示“新闻发布成功”，失败则提示“新闻发布失败”。

例 9.8　查询新闻信息。

(1) 新闻查询列表页面(news.php)。

```
<html xmlns="http://www.w3.org/1999/xhtml">
<head>
<title>新闻列表</title>
<style>
body { margin:0; padding:0; font:70% Arial, Helvetica, sans-serif; color:#555; line- height:150%; text-align:left; }
a { text-decoration:none; color:#057fac; }
h1 { font-size:140%; margin:0 20px; line-height:80px; }
#container { margin:0 auto; width:680px; background:#fff; padding-bottom:20px; }
```

```
#content { margin:0 20px; }
form { margin:1em 0; padding:.2em 20px; }
table, td{
    font:100% Arial, Helvetica, sans-serif;
}
table{width:100%;border-collapse:collapse;margin:1em 0;}
th, td{text-align:left;padding:.5em;border:1px solid #fff;}
th{background:#328aa4 url(tr_back.gif) repeat-x;color:#fff;}
td{background:#e5f1f4;}
</style>
</head>
<body>
<?php
 $link=mysqli_connect("127.0.0.1","root","123456")
     or die("数据库服务器连接失败！<BR>");
     mysqli_select_db($link,"test") or die("数据库选择失败！<BR>");
     mysqli_query($link,"set names utf8");
    $sql="select *   from news";
   $result=mysqli_query($link,$sql);
  $rows=mysqli_num_rows($result);
 // echo $rows;
  if($rows==0){
   ?>
     <script>
            alert('没有新闻存在！ ');
     </script>
     <?php
  }
  $pagesize=15;//每页的记录数
  $pagecount=ceil($rows/$pagesize);
  if(!isset($pageno)||$pageno<1){
     $pageno=1;
  }
  if($pageno>$pagecount){
     $pageno=$pagecount;
  }
  $offset=($pageno-1)*$pagesize;
  mysqli_data_seek($result,$offset);
  ?>
 <div><h1>新闻查询结果</h1></div>
 <table width="90%" border="1px" align="center">
     <tr>
         <td><div align="center">标题</div></td>
         <td><div align="center">发布人</div></td>
         <td><div align="center">发布时间</div></td>
         <td><div align="center">图片</div></td>
         <td><div align="center">操作</div></td>
     </tr>
     <?php
       $i=0;
```

```
            while($row=mysqli_fetch_array($result)){

            ?>

        <tr>
                <td><div align="center"><?php echo $row[1]; ?></div></td>
                <td><div align="center"><?php echo $row[4]; ?></div></td>
                <td><div align="center"><?php echo $row[2]; ?></div></td>
                <td><div align="center"><img src="<?php echo $row[6] ?>" style="width:36px; height:36px;"
/></div></td>
                <td><div align="center">
                <a target="#" href="news_xq.php?title=<?php echo $row[0]; ?>">详情</a>
                    <a target="#" href="news_update.php?title=<?php echo $row[0]; ?>">修改</a>
                <a href="news_delete.php?title=<?php echo $row[0]; ?>" target=
                "Conframe">删除</a>
                </div></td>
        </tr>
        <?php
            $i=$i+1;
            //echo $i;
              if($i==$pagesize){
                break;
              }
            }
              mysqli_free_result($result);
              mysqli_close($link);
          ?>
        </table>
        <div align="center" id="div1" style="margin-bottom:40px">
    [第<?php echo $pageno; ?>页/共<?php echo $pagecount; ?>页]
   <?php
    //echo $rows;
    $href=$PHP_SELF;
    if($pageno<>1){
       ?>
     <a href="news_all_zhang.php?pageno=1">首页</a>
     <a href="news_all_zhang.php?pageno=<?php echo $pageno-1; ?>">上一页</a>
     <?php
    }
    if($pageno<>$pagecount){
       ?>
     <a href="news_all_zhang.php?pageno=<?php echo $pageno+1; ?>">下一页</a>
     <a href="news_all_zhang.php?pageno=<?php echo $pagecount; ?>">尾页</a>
     <?php
    }
  ?>
   [共找到<?php echo $rows;?>个记录]
  </div>
  </body>
  </html>
```

该页面从数据库读取 news 表里的所有新闻，再以列表的形式显示新闻基本信息。在该页面对新闻有 3 种操作，分别是“详情”“修改”“删除”操作。单击“详情”则显示新闻正文，代码运行结果如图 9-9 所示。

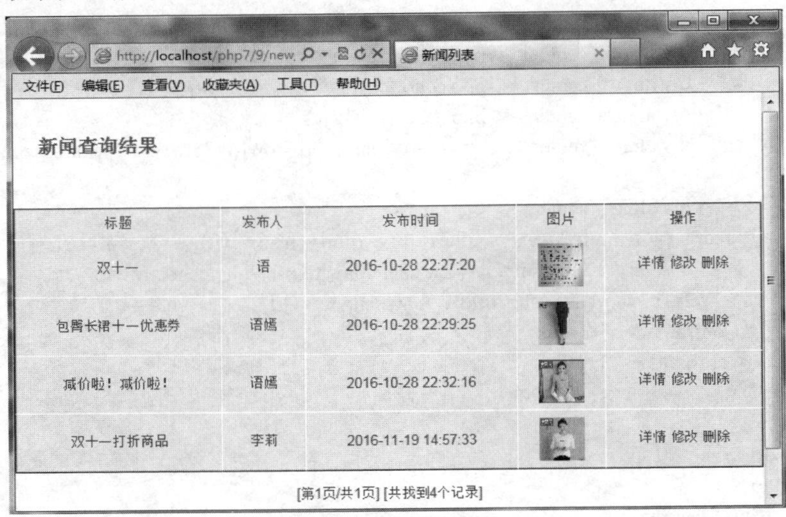

图 9-9　新闻列表

(2) 新闻详情页面(news_xq.php)。

```
<!DOCTYPE html PUBLIC "-//W3C//DTD XHTML 1.0 Transitional//EN""http://www.w3.org/
TR/xhtml1/DTD/xhtml1-transitional.dtd">
<html xmlns="http://www.w3.org/1999/xhtml">
<head>
<meta http-equiv="Content-Type" content="text/html; charset=utf-8" />
<title>新闻信息</title>
</head>
<?php
  error_reporting(0);
  $title=$_GET["title"];
 $link=mysqli_connect("127.0.0.1","root","123456")
  or die("数据库服务器连接失败！<BR>");
  mysqli_select_db($link,"test") or die("数据库选择失败！<BR>");
  mysqli_query($link,"set names utf8");
  $row=mysqli_num_rows($result);
  $sql="select title,uploadtime,type,who,photo,content from news where newsid='$title'";
  $result=mysqli_query($link,$sql);//执行语句
  $row=mysqli_fetch_array($result);

?>
<body>
<div id="wrapper">
<div id="page-wrapper"   style="width:980px;margin:auto;">
<h1><center><?php echo $row['title'];?></center></h1>
<div id="second">
<p class="second">
```

```
<center>
        <?php   echo $row['uploadtime'];?>    <?php echo $row ['who'];?>
        </center>
</p>
</div>
    <div id="content" style="width:950px;margin:auto; ">
    <p class="content" style="width:950px;margin:auto; "><?php echo $row['content']; ?></p>
    </div>
</div>
</div>
</body>
</html>
```

该页面接收从 news.php 传递来的新闻编号，依据新闻编号查询新闻的具体信息，并按照一定的格式将新闻信息显示在页面上，代码运行结果如图 9-10 所示。

图 9-10　新闻详情

9.5　本章小结

本章在上一章的基础上进一步讲述了 PHP+MySQL 的开发过程，介绍了 4 个实用的 PHP+MySQL 综合实例，其中包括登录功能、分页功能、图形绘制功能、新闻发布功能。通过这些功能的学习，可以让读者深入了解 PHP 项目开发的一些常见功能的实现方式，了解不同的数据库和功能之间的关系。

项目开发犹如搭积木一般，每个功能都是一块积木，组合在一起最后形成了一个整体。不同的网站具有不同的功能，很难在有限的章节篇幅中将所有的功能都介绍一遍。希望有能力的读者在掌握本章知识后，进一步了解和学习其他功能。

9.6 习题

一、选择题

1. 关于登录功能描述正确的是(　　)。
   A. 所有网站都需要登录后才能访问
   B. 登录功能需要使用 SESSION
   C. 关闭网页后，登录状态依然保存
   D. 退出系统时，不用注销，只要关闭网页即可
2. 以下哪一项不是分页功能用到的常见变量？(　　)
   A. 总页数　　B. 每页显示几条记录
   C. 当前是否为最后一页　　D. 当前是第几页
3. PHP 使用(　　)进行图形绘制。
   A. Libchart　　B. Query　　C. JavaScript　　D. Apache

二、编程题

编写程序，完成新闻查询列表中的删除操作。

ഇ 第 10 章 ഏ

PHP+MySQL开发实战——网络考试系统

前面的章节介绍了 PHP 的技术和一些基本应用，但没有提供完整的项目开发实例。项目开发包含需求分析、数据库设计、功能实现、测试等多个步骤和环节。本章将通过一个网络考试系统的开发，来详细介绍除测试外的其他开发过程，包括 PHP、MySQL、DIV、CSS、JavaScript 等知识的综合应用。

本章的主要学习目标：

- 了解网站开发的基本过程
- 掌握网络考试系统的需求分析
- 掌握网络考试系统的数据库设计
- 掌握网络考试系统的功能实现

10.1 需求分析

随着科技的进步，网络技术已经深入人们的日常生活中，同时也带来了教育方式的变革。而网络考试则是一个很重要的方向，基于 Web 技术的网络考试系统可以借助于遍布全球的 Internet 进行。因此考试既可以在本地进行，也可以在异地进行，从而大大拓展了考试的灵活性，并且缩短了传统考试要求老师打印试卷、安排考试、监考、收集试卷、评改试卷、讲评试卷和分析试卷这个漫长而复杂的过程，使考试更趋于客观、公正。

根据系统的功能要求，网络考试系统中涉及三种不同的用户：考试用户、管理员、教师用户，他们的职能各不相同。考试用户进入网络考试系统，可以按照学习通知完成查询考试通知，查询个人考试成绩，修改密码，在线考试。管理员能够发布学习通知和考试通知，对班级、课程、学生、教师进行管理。教师能够进行试题库的维护和试卷的编辑，包括删除、添加和及时更新。网络考试系统具有如下优点：

- 采用开放、动态的系统框架，增强用户与网站的交互性。
- 具有空间性。被授权的用户可以在异地登录考试系统，无须到指定地点进行考试。
- 操作简单方便，界面简洁美观。
- 系统提供考试倒计时功能，使考生了解考试剩余时间。

- 随机抽取试题，保证不同考生拥有不同考题，防止作弊。
- 实现自动提交试卷的功能。当考试时间到达规定时间时，如果考生还未提交试卷，系统将自动交卷，以保证考试严肃、公正地进行。
- 系统自动阅卷，保证成绩的真实准确。

1. 管理员功能部分

管理员负责对学生、教师身份、课程、班级、试题、考试时间进行全面的管理。其功能包括：

- 课程管理。能够完成添加、删除和修改课程信息。
- 班级管理。能够完成添加、删除和修改班级信息。
- 学生管理。能够完成添加、删除和修改学生基本信息。为了在考试中能够核对学生身份，还应提供照片的上传和显示。
- 教师管理。能够完成添加、删除和修改教师登录信息。
- 修改密码。可以修改自己的登录密码。

2. 教师功能部分

教师的主要工作是完成试卷的命题和评阅答卷。其功能包括：

- 设置试题题型。教师在给一门课程的试题输入题目之前，首先要添加一份试题，设置好该试题包含的题型。
- 考试命题。教师根据所选择的课程试题，给试卷添加、修改和删除各种题型的题目，设定考试时间。
- 评阅试卷。教师根据所选择的试卷和班级，对一个班的学生答卷逐份进行评阅，生成学生的课程考试成绩。
- 修改密码。教师可以修改自己的登录密码。
- 输出成绩表。教师根据所选择的课程和班级，输出一个班的课程成绩表。

3. 学生功能部分

学生功能部分包括：

- 进入考场。管理员安排好课程的考试时间后，学生在指定的时间前登录并进入考试系统，使用“进入考场”功能，准备开始某一门课程的考试。当到达考试开始时间时，自动地从服务器读取试题，传输到学生端的浏览器，学生即可答题。
- 查询成绩。学生可以查询自己参加的各门课程的考试成绩。
- 修改密码。学生可以修改自己的登录密码。

10.2 数据库设计

MySQL 是一款小巧的数据库系统软件，特别适用于网站建设。MySQL 的设计目标是提供一个高速、可靠、可扩展、易于使用的数据库管理系统。Apache+PHP+MySQL 不仅是开源项目，可免费获取，而且还支持 Linux、UNIX、OS/2 和 Windows 等多个操作系统，可移植性好，这种组合是设计动态网站的最佳解决方案。综上所述，本网络考试系统采用 MySQL 数据库。

根据需求分析的功能设计，需要在数据库系统中创建一个名为 zxksxt 的数据库来存放相关数据，该数据库包含以下表格。

1. xinwen 表

xinwen 表存储所有的新闻信息，其表结构如表 10-1 所示，主键为 id。

表 10-1　xinwen 表

字段名	类型	是否为 null	含义
id	int(20)	not null	编号
title	varchar(20)	null	标题
zhengwen	text(0)	null	正文
time	date(0)	null	时间
name	char(8)	null	名字
leibie	varchar(20)	null	类别
photo	blob(0)	null	照片

2. exam_time 表

exam_time 表存储所有的考试时间，其表结构如表 10-2 所示，主键为 exam_date、exam_starttime。

表 10-2　exam_time 表

字段名	类型	是否为 null	含义
course_id	char(8)	not null	课程号
class_id	char(16)	not null	班级编号
exam_date	date(0)	not null	考试日期
exam_starttime	time(0)	not null	考试开始时间
exam_endtime	time(0)	null	考试结束时间
exam_timelen	varchar(20)	null	考试时长

3. answer 表

answer 表存储所有的答案信息，其表结构如表 10-3 所示，主键为 xh、kch。

表 10-3　answer 表

字段名	类型	是否为 null	含义
xh	char(16)	not null	学号
kch	varchar(16)	not null	课程号
right_answer	varchar(100)	null	正确答案
stu_answer	varchar(100)	null	学生答案
keguanfen	char(6)	null	客观题得分

4. class 表

class 表存储各个班级的信息，其表结构如表 10-4 所示，主键为 class_id。

表 10-4 class 表

字段名	类型	是否为 null	含义
class_id	int(10)	not null	班级序号
enroll_year	int(4)	not null	入学年份
classname	varchar(30)	not null	班级名字
xibie	Varchar(10)	null	系别

5. course 表

course 表存储各门课程的信息，其表结构如表 10-5 所示，主键为 course_id。

表 10-5 course 表

字段名	类型	是否为 null	含义
course_id	int(4)	not null	课程号
course_name	varchar(20)	not null	课程名
photo	varchar(100)	null	照片
zh	int(16)	not null	账号

6. user 表

user 表存储各个用户的信息，其表结构如表 10-6 所示，主键为 zh。

表 10-6 user 表

字段名	类型	是否为 null	含义
zh	varchar(16)	not null	账号
sf	varchar(16)	not null	身份
name	char(8)	not null	姓名
sex	char(6)	not null	性别
password	varchar(16)	not null	密码
photo	blob(0)	null	照片
class_id	varchar(16)	null	班级号

7. jiandati 表

jiandati 表存储简答题的信息，其表结构如表 10-7 所示，主键为 timu_id。

表 10-7　jiandati 表

字段名	类型	是否为 null	含义
timu_id	int(16)	not null	题号
tigan	varchar(200)	not null	题干
answer	varchar(500)	null	答案
nanyi	varchar(10)	null	难易
course_id	int(4)	not null	课程号
zhangjie	varchar(20)	not null	章节
fenshu	varchar(10)	not null	分数

8. danxuan 表

danxuan 表存储单选题的信息，其表结构如表 10-8 所示，主键为 timu_id。

表 10-8　danxuan 表

字段名	类型	是否为 null	含义
timu_id	int(16)	not null	题号
tigan	varchar(96)	not null	题干
answer	varchar(16)	not null	答案
itemA	varchar(96)	not null	选项 A
itemB	varchar(96)	not null	选项 B
itemC	varchar(96)	not null	选项 C
itemD	varchar(96)	not null	选项 D

9. exam_type 表

exam_type 表存储考试类型的信息，其表结构如表 10-9 所示，主键为 course_id。

表 10-9　exam_type 表

字段名	类型	是否为 null	含义
course_id	int(16)	not null	课程号
miaoshu	varchar(32)	null	描述
nanyi	varchar(16)	null	难易

10. student 表

student 表存储各个学生的信息，其表结构如表 10-10 所示，主键为 xh。

表 10-10　student 表

字段名	类型	是否为 null	含义
xh	varchar(20)	not null	学号
sf	varchar(20)	not null	身份
name	char(8)	not null	姓名
sex	char(6)	not null	性别
password	varchar(20)	not null	密码
photo	char(30)	null	照片
class_id	char(10)	null	班级号

11. panduan 表

panduan 表存储判断题的信息，其表结构如表 10-11 所示，主键为 timu_id。

表 10-11　panduan 表

字段名	类型	是否为 null	含义
timu_id	int(16)	not null	题号
tigan	varchar(120)	not null	题干
itemA	varchar(20)	null	选项 A
itemB	varchar(20)	null	选项 B
answer	varchar(20)	null	答案
nanyi	varchar(16)	null	难易
course_id	int(4)	not null	课程号

12. tiankong 表

tiankong 表存储填空题的信息，其表结构如表 10-12 所示，主键为 timu_id。

表 10-12　tiankong 表

字段名	类型	是否为 null	含义
timu_id	int(4)	not null	题号
tigan	varchar(150)	not null	题干
answer1	varchar(20)	null	答案 1
answer2	varchar(20)	null	答案 2
nanyi	varchar(20)	null	难易
course_id	int(4)	not null	课程号
zhangjie	varchar(20)	null	章节

13. exam_leixing 表

exam_leixing 表存储试卷考题类型，其表结构如表 10-13 所示，主键为 course_id，tigan。

表 10-13　exam_leixing 表

字段名	类型	是否为 null	含义
course_id	int(10)	not null	课程号
tigan	varchar(96)	not null	题干
geshu	int(16)	not null	个数
type	varchar(16)	not null	类型
fenshu	int(16)	not null	分数

14. cj 表

cj 表存储所有的课程成绩信息，其表结构如表 10-14 所示，主键为 xh、course_id。

表 10-14　cj 表

字段名	类型	是否为 null	含义
xh	int(20)	not null	学号
course_id	int(8)	not null	课程号
cj	int(20)	null	成绩

15. exam 表

exam 表存储试卷的信息，其表结构如表 10-15 所示，主键为 id。

表 10-15　exam 表

字段名	类型	是否为 null	含义
id	int(6)	not null	编号
timu_id	int(6)	null	题号
sjtimu_id	int(6)	null	试卷题号
answer	char(30)	null	答案
xh	char(18)	null	学号
type	varchar(20)	null	类型

16. xuanke 表

xuanke 表存储所有学生选课的信息，其表结构如表 10-16 所示，主键为 xh、course_id。

表 10-16　xuanke 表

字段名	类型	是否为 null	含义
xh	int(16)	not null	学号
course_id	int(16)	not null	课程号

17. duoxuan 表

duoxuan 表存储多选题的信息，其表结构如表 10-17 所示，主键为 timu_id。

表 10-17　duoxuan 表

字段名	类型	是否为 null	含义
timu_id	int(16)	not null	题号
tigan	varchar(60)	not null	题干
answer	varchar(50)	not null	答案
itemA	varchar(60)	not null	选项 A
itemB	varchar(50)	not null	选项 B
itemC	varchar(50)	not null	选项 C
itemD	varchar(50)	not null	选项 D

10.3 登录功能和密码修改功能

根据需求分析和数据库设计，本节开始介绍一些主要功能的实现过程和核心程序，其余功能和程序详见项目源文件。

10.3.1 登录功能

登录功能一般分为两个页面，第一个页面为信息输入页面(denglu.php)，需要输入账号、密码、验证码。验证成功后跳转至第二个页面，访问数据库进行信息校验，其主要程序代码如下：

```
<html xmlns="http://www.w3.org/1999/xhtml">
<head>
<meta http-equiv="Content-Type" content="text/html; charset=gb2312" />
<title>无标题文档</title>
        <link rel="stylesheet" href="assets/css/reset.css">
        <link rel="stylesheet" href="assets/css/supersized.css">
        <link rel="stylesheet" href="assets/css/style.css">
</head>
    <body onLoad="createCode()">
    <div class="header">
    <a href="#" style="font-family:华文行楷">网络在线考试系统</a>
    </div>
        <div class="page-container">
            <h1 style="font-family:"新宋体"">用户登录</h1>
            <form  method="post" action="dengluDemo.php"  onsubmit="return check()">
                <input type="text" name="username" id="name" class="username" placeholder="
                用户名"  >
                <input type="password" name="password" id="passwd" class="password"
                placeholder="密码">
                <input type="text" id="input1"  placeholder="验证" name="yz"/>
```

```
                    <input type="text" onClick="createCode()" readonly="readonly" id=
                    "checkCode" class="unchanged"    placeholder="验证"/>
    <a href="#" style=" text-decoration:none; font-size:16px; color:#000000;"
    onClick="createCode();">换一张</a>
                    <input type="submit" name="Submit" value="登录" id="submit" />
                    <div class="error"><span>+</span></div>
                </form>
                <div class="connect">
                    <p>Or connect with:</p>
                    <p>
                        <a class="facebook" href=""></a>
                        <a class="twitter" href=""></a>
                    </p>
                </div>
            </div>
            <!-- Javascript -->
            <script src="assets/js/jquery-1.8.2.min.js"></script>
            <script src="assets/js/supersized.3.2.7.min.js"></script>
            <script src="assets/js/supersized-init.js"></script>
        </body>
</html>
<script language="javascript" type="text/javascript">
var code;                          //在全局定义验证码
function createCode() {
   code = "";
   var codeLength = 4;       //验证码的长度
   var checkCode = document.getElementById("checkCode");
   var selectChar = new Array(0, 1, 2, 3, 4, 5, 6, 7, 8, 9,'A','B','C','D','E','F','G',
   'H','I','J','K','L','M','N','O','P','Q','R','S','T','U','V','W','X','Y','Z');//所有候选组成验证码的字符，也可用中文

   for (var i = 0; i < codeLength; i++) {
      var charIndex = Math.floor(Math.random() * 36);
      code += selectChar[charIndex];
   }
   if (checkCode) {
      checkCode.className = "code";
      checkCode.value = code;
   }
}
function check() {
   var inputCode = document.getElementById("input1").value;
   var n= document.getElementById("name").value;
   var p = document.getElementById("passwd").value;
 if(n==""){
       alert("请输入姓名");
       return false;
       }
        if(p==""){
       alert("请输入密码");
       return false;
```

```
        }
    if (inputCode.length <= 0) {
        alert("请输入验证码！");
         return false;
    } else if (inputCode != code) {
        alert("验证码输入错误！");
    createCode();
     return false;    //刷新验证码
    }
}
</script>
```

因为验证码的校验是由该页面的 JavaScript 代码进行的，所以若验证码输入错误则无法跳转至下一个页面。示例代码的运行结果如图 10-1 所示。

图 10-1　登录信息输入页面

因第 9 章已详细讲解过登录校验功能，其代码实现部分和该例题类似，因此在此不再赘述，具体代码可参考例 9.1 或项目源文件。

10.3.2　密码修改功能

为了保证用户密码的安全性，建议用户定期更换密码，并使用包括数字、大小写字母、特殊字符在内的复杂密码，避免使用诸如“123456”、生日、特殊日期等简单易破解的密码。密码修改页面(alertSpwd.php)显示当前登录用户的账号，需要用户输入当前密码，再输入两遍新密码。其主要程序代码如下：

```
<form action="alertApwdDemo.php" method="post">
<?php
$xh=$_SESSION['xh'];
?>
<h1 align="center" style=" font-family:"宋体"">密码修改</h1>
<center>
<table width="70%" border="0" cellspacing="0" cellpadding="0">
<tbody>
<tr>
    <th >用   户   名:</th>
```

```
        <td ><?php echo $xh;?></td>
    <br/>
    <tr>
        <th >旧   密   码:</th>
        <td ><input type="password" name="password" style="width:170px; height:20px;"
        /><br/></td>
    </tr>
    <tr>
        <th >新   密   码:</th>
        <td ><input type="password" name="passwd1" style="width:170px; height:20px;"
        /><br/></td>
    </tr>
    <tr>
        <th >新密码确认:</th>
        <td ><input type="password" name="passwd2" style="width:170px; height:20px;"
        /><br/></td>
    </tr>
    </tbody>
    </table>
    </center>
    <div align="center">
    <input name="submit" type="submit" value="确定">
    <input name="reset" type="reset" value="重置">
    </div>
    </form>
```

该页面表单部分的代码运行结果如图 10-2 所示。

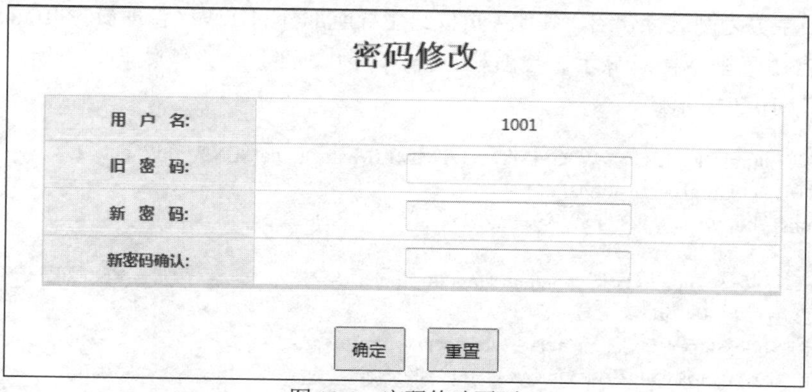

图 10-2　密码修改页面

用户输入完成后单击“确定”按钮，提交表单数据，数据会传递至 alertApwdDemo.php 页面，完成密码的修改。如果两次输入的新密码不一致，则无法完成修改操作，并提示“您输入的密码不匹配，请再试一次！”。如果修改成功则提示“密码修改成功，请重新登录!”。alertApwdDemo.php 页面的主要代码如下：

```
<?php
session_start();
require('mysqlconnect.php');
$sql="select password from student where xh='$xh';";
```

```
$result=mysqli_query($link,$sql);
$row=mysqli_fetch_row($result);
    if($_POST['password']!=$row[0]){
    echo "<script>alert('密码输入错误，请重新输入!');history.back();</script>";
    exit;
}
   $pswd1=$_POST['passwd1'];
   $pswd2=$_POST['passwd2'];
  if($pswd1!=$pswd2){
        echo "<script>alert('您输入的密码不匹配，请再试一次!');history.back();</script>";
        exit;
  }

$sq="update student set password='$pswd1' where xh='$xh';";
if(mysqli_query($link,$sq)){
echo "<script>alert('密码修改成功，请重新登录!');</script>";
     header("refresh:0;url=denglu.php");}
else{
echo "密码修改失败!";}
?>
```

10.4 主页功能

用户登录后会自动跳转至主页，教师、学生、管理员具有相似的主页，只是导航有所区别。本节以管理员主页为例进行介绍，其他主页仅给出导航部分的代码。管理员主页(adminMain.php)代码主要包含用户基本信息显示、导航栏、操作说明等部分，具体代码如下所示。该代码的运行结果如图 10-3 所示。

```
<!DOCTYPE html PUBLIC "-//W3C//DTD XHTML 1.0 Transitional//EN""http://www.w3.org/
TR/xhtml1/DTD/xhtml1-transitional.dtd">
<html xmlns="http://www.w3.org/1999/xhtml">
<head>
<meta http-equiv="Content-Type" content="text/html; charset=gb2312" />
<title>在线考试系统</title>
<link href="Style/StudentStyle.css" rel="stylesheet" type="text/css" />
<link href="Script/jBox/Skins/Blue/jbox.css" rel="stylesheet" type="text/css" />
<link href="Style/ks.css" rel="stylesheet" type="text/css" />
<script src="Script/jBox/jquery-1.4.2.min.js" type="text/javascript"></script>
<script src="Script/jBox/jquery.jBox-2.3.min.js" type="text/javascript"></script>
<script src="Script/jBox/i18n/jquery.jBox-zh-CN.js" type="text/javascript"></script>
<script src="Script/Common.js" type="text/javascript"></script>
<script src="Script/Data.js" type="text/javascript"></script>
<script type="text/javascript">
          $().ready(function () {
               setStudMsgHeadTabCheck();
               showUnreadSysMsgCount();
          });
```

```
            //我的信息头部选项卡
            function setStudMsgHeadTabCheck() {
                var currentUrl = window.location.href;
                currentUrl = currentUrl.toLowerCase();
                var asmhm = "";
                $("#ulStudMsgHeadTab li").each(function () {
                    asmhm = $(this).find('a').attr("href").toLowerCase();
                    if (currentUrl.indexOf(asmhm) > 0) {
                        $(this).find('a').attr("class", "tab1");
                        return;
                    }
                });
            }
            //显示未读系统信息
            function showUnreadSysMsgCount() {
                var unreadSysMsgCount = "0";
                if (Number(unreadSysMsgCount) > 0) {
                    $("#unreadSysMsgCount").html("(" + unreadSysMsgCount + ")");
                }
            }
            //退出
            function loginOut() {
                if (confirm("确定退出吗？")) {
                    StudentLogin.loginOut(function (data) {
                        if (data == "true") {
                            window.location = "denglu.php";
                        }
                        else {
                            jBox.alert("退出失败！", "提示", new { buttons: { "确定": true} });
                        }
                    });
                }
            }
</script>
    <script>
function todouble(num){
    var num
    if (num<10){
        return '0'+num;}
        else{
        return ''+num;
        }
    };
window.onload=function(){
    var tim1=document.getElementById('tim1');
function settimes(){
var time= new Date();
hours= time.getHours();
mins= time.getMinutes();
secs= time.getSeconds();
```

```
tim1.innerHTML=todouble(hours)+"时"+todouble(mins)+"分"+todouble(secs)+"秒"
};
setInterval(settimes,1000);
settimes();
};
</script>
</head>
<body>
<?php require("dengluDemo.php");?>
<div class="banner">
<div class="bgh">
<div class="page">
        <!--头部河南财政税务高等专科学校标签-->
<div id="logo"><a href="#"><img src="Images/logo.gif" alt="" width="200" height="50"/>
        </a></div>
        <!--时间插件-->
<div class="topxx" id="tim1"></div>
        <!--头部标签-->
<div class="blog_nav">
<ul>
                        <li><a href="adminMain.php">主页</a></li>
                        <li><a href="admin_admin_edit.php">我的信息</a></li>
                        <li><a href="User/StudentInfor/systemMsge.aspx.html">通知</a></li>
                        <li><a href="alertApwd.php">密码修改</a></li>
                        <li><a onclick="loginOut()"  href="tuichu.php">安全退出</a></li>
</ul>
</div>
</div>
</div>
</div>
<div class="page">
<div class="box mtop">
<div class="leftbox">
<div class="l_nav2">
                    <div class="ta1">
<strong>个人基本信息</strong>
                    <div class="leftbgbt2"></div>
</div>
                    <div style="background-color:#FFFFFF">
<?php
    error_reporting(0);
    session_start();
    $zh=$_SESSION['zh'];
    require("mysqlconnect.php");
    $sql="select zh,name,sex,photo from user where zh='$zh'";
    $result=mysqli_query($link,$sql);
    $row= mysqli_fetch_array($result);
    ?>
     学  号:  
<?php echo $row['zh'];
```

```
    ?>
  <br/>
        姓   名:  
  <?php echo $row['name'];?>
  <br/>
        性   别:  
  <?php echo $row['sex'];?>
  <br/>
  <center>
  <img   style=" border:1px; width:130px; height:100px;"src="<?php echo $row['photo']?>"/>
  </center>
  </div>
  <div class="ta1">
  <strong>信息管理</strong>
  <div class="leftbgbt2"></div>
  </div>
  <div class="cdlist">
                        <div><a href="adminCourse.php">课程信息</a></div>
                        <div><a href="adminClass.php">班级信息</a></div>
                        <div><a href="adminStudent.php">学生信息</a></div>
                        <div><a href="adminTeacher.php">教师信息</a></div>
  </div>
                    <div class="ta1">
  <strong>新闻管理</strong>
  <div class="leftbgbt2"></div>
  </div>
  <div class="cdlist">
  <div><a href="sendXinWen.php">新闻发布</a></div>
  <div><a href="select_new.php">新闻查询</a></div>
  </div>
  <div class="ta1">
  <strong>系统管理</strong>
  <div class="leftbgbt2"></div>
  </div>
  <div class="cdlist">
  <div><a href="alertApwd.php">密码修改</a></div>
  <div><a href="tuichu.php">退出系统</a></div>
  </div>
  <div class="ta1">
  <a href="http://www.csgb.net/login.aspx?userLoginName=2014&userName=邹智&professionId=
  F40C998A-D9AC-421F-99C9-C024C1DC53AD&flag=sm" target="_blank">
  <strong>教学系统</strong>
  </a>
  <div class="leftbgbt2"></div>
  </div>
  </div>
  </div>
  <div class="rightbox">
  <h2 class="mbx">我的信息---&gt; 我的主页     </h2>
  <div class="cztable">
```

```
<table  border="0" cellspacing="0" cellpadding="0">
<tbody>
<tr>
        <th><h3 style="font-family:楷体; font-size:17px" align="left">管理员菜单说明:
        </h3></th>
</tr>
<tr>
        <td><h3 style="font-family:楷体; font-size:17px" align="left">  
        <img src="images/green.gif" />课程管理:包括增加、删除、修改课程</h3></td>
</tr>
<tr>
        <td><h3 style="font-family:楷体; font-size:17px" align="left">  
        <img src="images/green.gif" />班级管理:包括增加、删除、修改班级</h3></td>
</tr>
<tr>
        <td><h3     style="font-family:楷体; font-size:17px" align="left">  
        <img src="images/green.gif" />学生管理:包括增加、删除、修改学生基本信息</h3></td>
</tr>
<tr>
        <td><h3   style="font-family:楷体; font-size:17px" align="left">  
        <img src="images/green.gif" />教师管理:包括增加、删除、修改教师基本信息</h3></td>
</tr>
<tr>
        <td><h3   style="font-family:楷体; font-size:17px" align="left">  <img
        src="images/green.gif" />修改密码:管理员和教师都可以修改自己登录的密码; </h3></td>
</tr>
<tr>
        <td><h3   style="font-family:楷体; font-size:17px" align="left">  <img
        src="images/green.gif" />退出系统:管理员，教师和学生使用完考试系统后，执行退出功能，
        以清除相关数据; </h3></td>
</tr>
<tr>
    <td><h3   style="font-family:楷体; font-size:17px" align="left">  <img
    src="images/green.gif" />帮助:显示本菜单的说明</h3></td>
</tr>
</tbody>
</table>
</div>
</div>
</div>
<div class="footer">
<p>&copy;河南财政税务高等专科学校在线考试系统 </p>
</div>
</div>
</body>
</html>
```

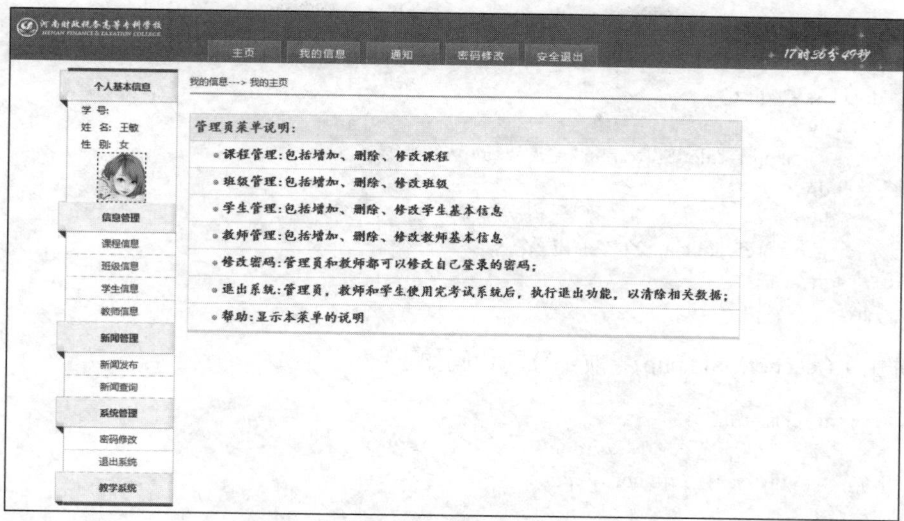

图 10-3　管理员主页

学生主页(studentMain.php)导航部分的代码如下：

```
<div class="ta1">
    <strong>考场管理</strong>
    <div class="leftbgbt"></div>
</div>
<div class="cdlist">
    <div>
    <a href="student_exam_choose.php">模拟考试</a>
    </div>
    <div>
        <a href="student_exam_choose1.php">章节考试</a>
    </div>
</div>
<div class="ta1">
    <strong>教务中心</strong>
    <div class="leftbgbt2">
    </div>
</div>
<div class="cdlist">
    <div>
        <a href="xscj.php">我的成绩</a>
    </div>
    <div>
        <a href="student_xuanke.php">我的选课</a>
    </div>
    <div>
        <a href="XinWen.php">新      闻</a>
    </div>
</div>
<div class="ta1">
    <strong>系统管理</strong>
```

```
        <div class="leftbgbt2"></div>
    </div>
    <div class="cdlist">
        <div>
            <a href="alertSpwd.php">密码修改</a>
        </div>
        <div>
            <a href="tuichu.php">退出系统</a>
        </div>
    </div>
```

教师主页(teacherMain.php)导航部分的代码如下：

```
        <div class="ta1">
            <strong>考试管理</strong>
            <div class="leftbgbt"></div>
        </div>
        <div class="cdlist">
            <div>
                <a href="teacher_exam_time.php">考试时间安排</a>
            </div>
        <div>
                <a href="teach_exam_type_step1.php">设置试题题型</a>
            </div>
         </div>
        <div class="ta1">
            <strong>题目管理</strong>
            <div class="leftbgbt2">
            </div>
        </div>
        <div class="cdlist">
            <div>
                <a href="teacher_danxuanliebiao.php">单选题管理</a>
            </div>
            <div>
                <a href="teacher_duoxuan1.php">多选题管理</a>
            </div>
            <div>
                <a href="teacher_panduan1.php">判断题管理</a>
            </div>
            <div>
                <a href="teacher_jianda1.php">简答题管理</a>
            </div>
        </div>
         <div class="ta1">
            <strong>试卷管理</strong>
            <div class="leftbgbt2"></div>
        </div>
        <div class="cdlist">
            <div>
                <a href="teacher_gaijuan.php">评阅试卷</a>
```

```
            </div>
        </div>
        <div class="ta1">
            <strong>系统管理</strong>
            <div class="leftbgbt2"></div>
        </div>
        <div class="cdlist">
            <div>
                <a href="alertTpwd.php">密码修改</a>
            </div>
            <div>
                <a href="tuichu.php">退出系统</a>
            </div>
        </div>
        <div class="ta1">
            <a href="http://www.csgb.net/login.aspx?userLoginName=2014&userName=邹智
            &professionId=F40C998A-D9AC-421F-99C9-C024C1DC53AD&flag=sm" target="_blank">
            <strong>教学系统</strong>
            </a>
                <div class="leftbgbt2"></div>
        </div>
        </div>
    </div>
```

10.5 信息管理功能

信息管理功能主要由管理员操作，实现对学生信息、教师信息、班级信息、课程信息的查询、修改、删除、添加操作。

10.5.1　学生信息管理

学生信息管理(adminStudent.php)主要实现对学生信息的添加、修改、删除、查询。其页面分为上下两部分，上面一部分是表单，用来添加学生信息，下面一部分则显示当前已有的学生信息。页面运行效果如图 10-4 所示，主要程序代码如下所示：

```
<form action="admin_student_insert.php" method="post" enctype="multipart/form-data">
<table width="50%" border="1" style="margin:0 auto">
<tr>
    <td align="center">学  号</td>
    <td><input type="text" name="xh" /></td>
</tr>
<tr>
    <td align="center">姓  名</td>
    <td><input type="text" name="name" /></td>
</tr>
<tr>
    <td align="center">性  别</td>
```

```
        <td><input type="text" name="sex" /></td>
    </tr>
    <tr>
        <td align="center">班级编号</td>
        <td><input type="text" name="class_id" /></td>
    </tr>
    <tr>
        <td align="center">照  片</td>
        <td><input style="height:30px; font-size:14px;"type="file" name="upfile"/></td>
    </tr>
    <tr>
        <td align="center">密  码</td>
        <td><input type="text" name="password" />    
            <input type="submit" name="submit" border="0" value="添加学生" />
        </td>
    </tr>
    </table>
    </form>
    <br/>
    <table width="100%" border="0" cellspacing="0" cellpadding="0">
        <tbody>
            <tr style="height: 25px" align="center">
                <th scope="col">学号</th>
                <th scope="col">姓名</th>
                <th scope="col">性别</th>
                <th scope="col">班级编号</th>
                <th scope="col">密码</th>
                <th scope="col">照片</th>
                <th scope="col">操作</th>
            </tr>
    <?
    $i=0;
    while($row=mysqli_fetch_array($rs)){
    ?>
    <tr align="center">
    <input type="hidden" name="xh0" value="<? echo $row['xh']; ?>" />
    <td><? echo $row['xh'];?></td>
    <td><? echo $row['name']; ?></td>
    <td><? echo $row['sex']; ?></td>
    <td><? echo $row['class_id']; ?></td>
    <td><? echo $row['password']; ?></td>
    <td width="60px" height="63px"><img src="<?php echo    $row['photo'];?>"/></td>
    <td aligh="center">
        <a href="admin_student_edit.php?xh=<? echo $row['xh'];?>"><img src="images/update.png" />
        </a>
      
        <a href="admin_student_delete.php?xh=<? echo $row['xh'];?>"><img src="images/delete.png" />
        </a>
    </td></tr>
    <?
```

```
    $i++;
    }?>
    </tbody>
    </table>
    </div>
```

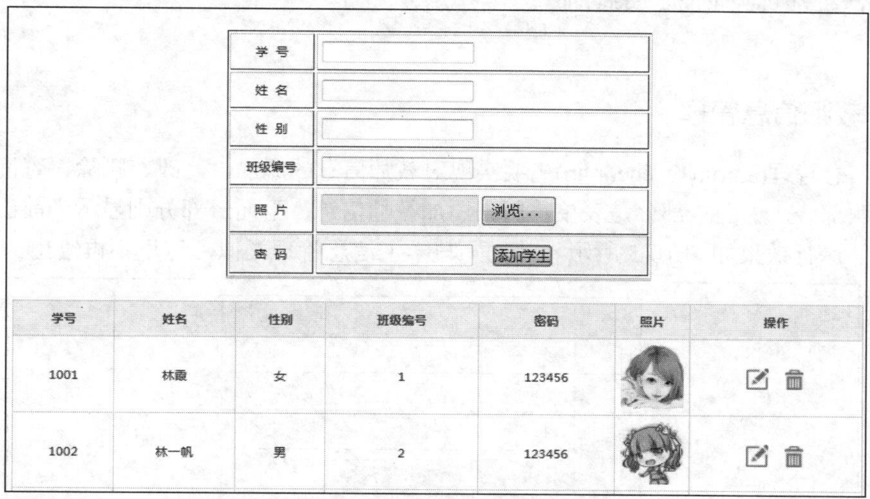

图 10-4　学生信息管理

单击“添加学生”按钮，提交表单数据，调用 admin_student_insert.php 页面，完成学生信息的添加。如果添加成功则提示“个人基本信息修改成功!”，否则提示“个人基本信息修改失败!”，其主要代码如下：

```
<?php
session_start();
$xh=$_POST["xh"];
$name=$_POST["name"];
$sex=$_POST["sex"];
$class_id=$_POST["class_id"];
$password=$_POST["password"];
if(isset($_POST['submit'])){                          // isset()函数判断提交按钮值是否存在
  if(!is_dir("images")){                              // is_dir()函数判断指定的文件夹是否存在
    mkdir("images");                                  // mkdir()函数创建文件夹
  }
  $file=$_FILES['upfile'];                            // 获取上传文件
  if(is_uploaded_file($file['tmp_name'])){            // 判断是不是通过 HTTP POST 上传文件
    $str=stristr($file['name'],'.');                  // stristr()函数获取上传文件的后缀
    $path="images/".strtotime("now").$str;            // strtotime()函数定义一个 UNIX 时间戳
    $name1=strtotime("now").$str;                     // 定义上传文件的存储位置，名字中增加当前时间
    if(move_uploaded_file($file['tmp_name'],$path)){          // 执行文件上传操作
      //echo "上传成功，文件名称为：".$name;
      echo "上传成功,url 为".$path."<br>";
    }
  }
}
```

```
require("mysqlconnect.php");
$sql="insert into student(xh,name,sex,password,class_id,photo)
 values('$xh','$name','$sex','$password','$class_id','$path') ";
mysqli_query($sql);
echo "<script>alert('学生信息添加成功!');</script>";
header("refresh:0;url=adminStudent.php;");
?>
```

10.5.2 教师信息管理

教师信息管理(adminTeacher.php)主要实现对教师信息的添加、修改、删除、查询。其页面分为上下两部分，上面一部分是表单，用来添加教师信息，下面一部分则显示当前已有的教师信息。页面运行效果如图 10-5 所示，其代码与学生信息管理类似，这里不再给出。

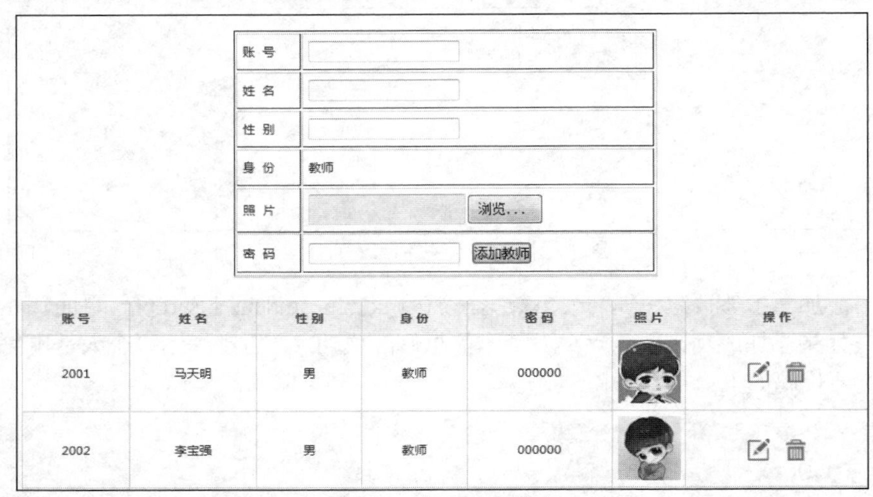

图 10-5 教师信息管理

单击“修改”图标，调用 admin_teacher_edit.php 页面，进行教师信息编辑，代码运行结果如图 10-6 所示，其主要程序如下：

```
<?php
require("mysqlconnect.php");
$zh1=$_GET["zh"];
  $sql="select * from user where zh='$zh1'";
  $result=mysqli_query($link,$sql);
  $rows = mysqli_fetch_array($result);
  if (!$rows)     {
      echo "无此账号!";
      die();
  }
?>
<form action="admin_teacher_update.php" method="post" enctype="multipart/form-data">
 <h1 align="center" style=" font-family:"宋体"">教师信息修改</h1>
 <br/>
 <center>
```

```
<table width="70%" border="0" cellspacing="0" cellpadding="0">
<tbody>
<tr>
<th >账  号</th>
<td><input name="zh" type="text" value="<?php echo $rows['zh']; ?>"</td>
</tr>
<tr>
<th>姓  名</th>
<td><input name="name" type="text" value="<?php echo   $rows['name']; ?>" </td>
</tr>
<tr>
<th>性  别</th>
<td>
<input name="sex" type="text" value="<?php echo   $rows['sex']; ?>"
</td>
</tr>
<tr>
<th>身  份</th>
<td><input name="sf" type="text" value="<?php   echo $rows['sf']; ?>"</td>
</tr>
<tr>
<th>密  码</th>
<td><input name="password" type="text" value="<?php   echo $rows['password']; ?>"</td>
</tr>
<tr>
<th>照  片</th>
  <td><input style="height:30px; font-size:14px;"type="file" name="upfile"/></td>
</tr>
</tbody>
</table><center>
  <input name="zh0" type="hidden" value="<?php echo $rows['zh']; ?>">
  <br>
  <div align="center">
    <input name="submit" type="submit" value="确定">
    <input name="reset" type="reset" value="取消">
  </div>
</form>
```

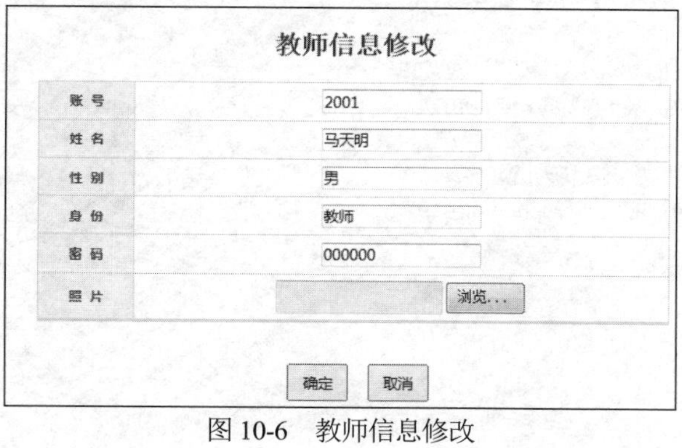

图 10-6　教师信息修改

完成信息编辑后，单击“确定”按钮，提交表单，调用 admin_teacher_update.php 页面，完成教师信息的修改。如果修改成功则提示“教师修改成功!”，否则提示“教师修改失败!”，其主要代码如下：

```
<?php
$zh=$_POST['zh'];
$name=$_POST["name"];
$sf=$_POST['sf'];
$sex=$_POST["sex"];
$password=$_POST["password"];
$zh0=$_POST["zh0"];
require("mysqlconnect.php");
  if ($zh!=$zh0)   {
     $sql="select zh from user where zh='$zh'";
     $result=mysqli_query($link,$sql);
     $row = mysqli_fetch_array($result);
     if ($row)   {
          echo "此账号已经存在!";
          die();
       }
    }
   if(isset($_POST['submit'])){                    // isset()函数判断提交按钮值是否存在
     if(!is_dir("images")){                        // is_dir()函数判断指定的文件夹是否存在
        mkdir("images");                           // mkdir()函数创建文件夹
     }
     $file=$_FILES['upfile'];                      // 获取上传文件
     if(is_uploaded_file($file['tmp_name'])){      // 判断是不是通过 HTTP POST 上传文件
     $str=stristr($file['name'],'.');              // stristr()函数获取上传文件的后缀
     $path="images/".strtotime("now").$str;        // strtotime()函数定义一个 UNIX 时间戳
     $name1=strtotime("now").$str;                 // 定义上传文件的存储位置，名字中增加当前时间
     if(move_uploaded_file($file['tmp_name'],$path)){    // 执行文件上传操作
        //echo "上传成功，文件名称为：".$name;
     echo "上传成功,url 为".$path."<br>";
     }
   }
 }
   $sql="update user set zh='$zh',name='$name' ,sf='$sf',password='$password',
   sex='$sex',photo='$path' where zh='$zh' ";
   if (mysqli_query($link,$sql)){
   echo "<script>alert('教师修改成功!');</script>";
   header("refresh:0;url=adminTeacher.php;");
 }  else{
   echo "<script>alert('教师修改失败!');</script>";
   header("refresh:0;url=adminTeacher.php;");
 }
 ?>
 <?php
 mysqli_free_result($result);
 mysqli_close($link);
 ?>
```

10.5.3　班级信息管理

班级信息管理(adminClass.php)主要实现对班级信息的添加、修改、删除、查询。其页面分为上下两部分，上面一部分是表单，用来添加班级信息，下面一部分则显示当前已有的班级信息。页面运行效果如图 10-7 所示，其代码与学生信息管理类似，这里不再给出。

单击“删除”图标，调用 admin_class_delete.php 页面，进行班级信息的删除，其主要程序如下：

```
<?php
session_start();
require("mysqlconnect.php");
   $sql="delete from class where class_id='$class_id'";
   mysqli_query($link,$sql);
   echo "<script>alert('删除成功!');</script>";
header("refresh:0;url=adminClass.php;");
?>
```

班级名称	
入学年份	
系 别	添加班级

班级编号	班级名称	入学年份	系别	操作
1	08计算机应用	2008	信息系	
2	08网络技术	2008	信息系	

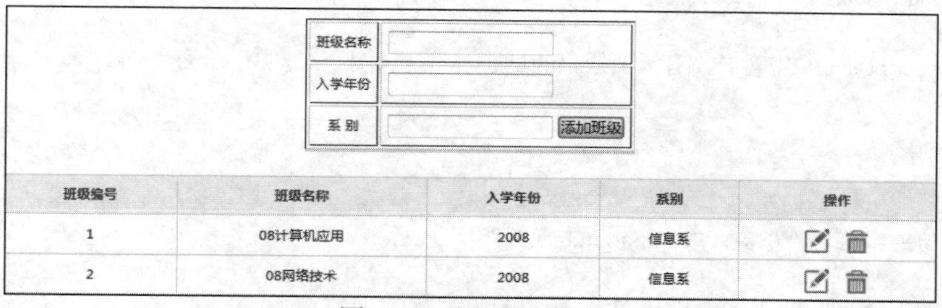

图 10-7　班级信息管理

10.5.4　课程信息管理

课程信息管理(adminCourse.php)主要实现对课程信息的添加、修改、删除、查询。其页面分为上下两部分，上面一部分是表单，用来添加课程信息，下面一部分则显示当前已有的课程信息。页面运行效果如图 10-8 所示，其代码与学生信息管理类似，这里不再赘述。

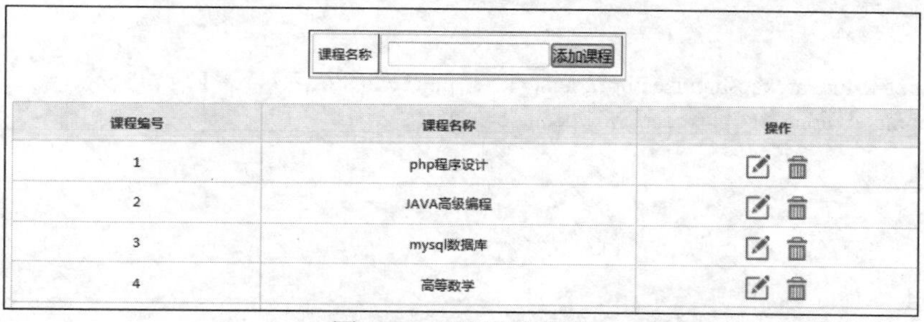

课程名称		添加课程

课程编号	课程名称	操作
1	php程序设计	
2	JAVA高级编程	
3	mysql数据库	
4	高等数学	

图 10-8　课程信息管理

10.6 考试功能

考试功能是网络考试系统的核心功能，考生登录后，可参加考试，查看成绩。考试分为模拟考试和章节测试两种，模拟考试可用于期末考试和平时测试；章节测试主要用于学生平时学习过程中的阶段性自测，一章一考。因为两种测试功能类似，所以本节主要介绍模拟测试。

10.6.1 选择考试科目

选择考试科目页面(student_exam_choose.php)会根据考生已修课程列出学生能够参加考试的课程名称。如果考生当前没有已修课程，则不能进入考试。页面运行效果如图 10-9 所示，主要代码如下所示：

```
<?php
require("mysqlconnect.php");
session_start();
$xh=$_SESSION['xh'];
$sql="select course_name,course_id,photo from course where course_id in(select course_id from  xuanke where
xh='$xh');";
$result=mysqli_query($link,$sql);
$row=mysqli_fetch_row($result);
if(!$row){
  echo "<script>alert('您暂时没有需要模拟的试题，请等待另行通知!');history.back(); </script>";
  die();
}
?>
<?php
echo '<table  width="80%" style="margin:0 auto;"  >';
$i=0;
while ($row=mysqli_fetch_array($result)){
  if ($i%3==0) echo '<tr align="center" height="10%">';
  echo '<td width="10%">';
  ?>
  <a href="student_kaoshiguize.php?course_id=<?php echo $row['course_id']; ?>" target="_self"
style="text-decoration: none">
    <img src="<?php echo $row['photo']; ?>" style="width:100px; height:140px">
  <br/>
  </a>
  <h2 >
    <a href="student_kaoshiguize.php?course_id=<?php echo $row['course_id']; ?>" target="_self"
style="text-decoration: none"><?php echo $row['course_name']; ?>
  <br/>
    </a>
  </h2>
  <?php
  $i=$i+1;
}
mysqli_free_result($result);
mysqli_close($link);
?>
```

图 10-9　选择考试科目

考生选择考试科目后，调用 student_kaoshiguize.php 页面，显示考试规则，并判断考生是否已经参加过本场考试，如果已经参加过则调回考试科目选择页面。考生阅读完考场规则后单击“确定”按钮进入考试。该页面的运行效果如图 10-10 所示，主要代码如下所示：

```
<?php
error_reporting("0");
session_start();
$xh=$_SESSION['xh'];
$course_id=$_GET['course_id'];
require("mysqlconnect.php");
$sql="select * from answer where xh='$xh' and kch='$course_id'";
$result=mysqli_query($link,$sql);
$rows=mysqli_num_rows($result);
if ($rows>0){
    echo "<script>alert('你已考过这门课!');</script>";
    header("refresh:0;url=studentMain.php");
}
?>
<div class="container">
<br />
<h1 align="center">考场规则</h1>
<br/>
<a href="studentMain.php"><input    type="reset" name="reset" value="取消" style="width:60px;height:36px;
background-color:#0066CC" /></a>
<a href="student_makeTest.php?course_id='<?php echo $course_id;?>'" target="_self"> <input type="submit"
name="submit" value="确定" style="width:60px; height:36px; background-color:#0066CC" /></a>
</div>
```

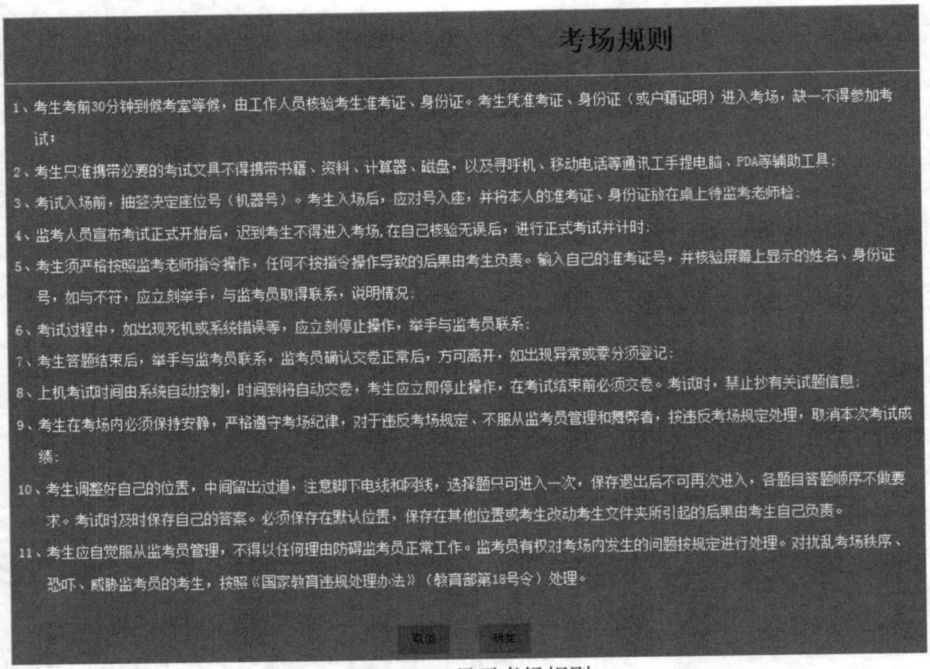

考场规则

1、考生考前30分钟到候考室等候，由工作人员核验考生准考证、身份证。考生凭准考证、身份证（或户籍证明）进入考场，缺一不得参加考试；

2、考生只准携带必要的考试文具不得携带书籍、资料、计算器、磁盘，以及寻呼机、移动电话等通讯工手提电脑、PDA等辅助工具；

3、考试入场前，抽签决定座位号（机器号）。考生入场后，应对号入座，并将本人的准考证、身份证放在桌上待监考老师检；

4、监考人员宣布考试正式开始后，迟到考生不得进入考场，在自己核验无误后，进行正式考试并计时；

5、考生须严格按照监考老师指令操作，任何不按指令操作导致的后果由考生负责。输入自己的准考证号，并核验屏幕上显示的姓名、身份证号，如与不符，应立刻举手，与监考员取得联系，说明情况；

6、考试过程中，如出现死机或系统错误等，应立刻停止操作，举手与监考员联系；

7、考生答题结束后，举手与监考员联系，监考员确认交卷正常后，方可离开，如出现异常或要分须登记；

8、上机考试时间由系统自动控制，时间到将自动交卷，考生应立即停止操作，在考试结束前必须交卷。考试时，禁止抄有关试题信息；

9、考生在考场内必须保持安静，严格遵守考场纪律，对于违反考场规定、不服从监考员管理和舞弊者，按违反考场规定处理，取消本次考试成绩；

10、考生调整好自己的位置，中间留出过道，注意脚下电线和网线，选择题只可进入一次，保存退出后不可再次进入，各题目答题顺序不做要求。考试时及时保存自己的答案。必须保存在默认位置，保存在其他位置或考生改动考生文件夹所引起的后果由考生自己负责。

11、考生应自觉服从监考员管理，不得以任何理由防碍监考员正常工作。监考员有权对考场内发生的问题按规定进行处理。对扰乱考场秩序、恐吓、威胁监考员的考生，按照《国家教育违规处理办法》（教育部第18号令）处理。

取消　确定

图 10-10　显示考场规则

10.6.2　进入考场

进入考场后考生开始考试，student_makeTest.php 页面会自动从数据库读取试题生成试卷。试卷生成规则为先读取教师设定的试卷大题数量以及小题数目，再从题库中按照小题数目随机抽取试题最终生成试卷。考试开始后系统进入倒计时，如果考生在规定时间内没有交卷则系统自动交卷。其页面运行效果如图 10-11 所示，代码如下所示：

```
<html xmlns="http://www.w3.org/1999/xhtml">
<head>
<meta http-equiv="Content-Type" content="text/html; charset=gb2312" />
<title>在线考试系统</title>
<script language="JavaScript">
function sub(){
   var echo=confirm("确定提交吗");
   if(echo==true){
      location.href="keguancj.php";
   }
}
</script>
<style>
.container{ width:80%; margin:0 auto;}
</style>
</head>
<body>
<div class="container">
<!--查询试卷名称-->
<?php
```

```
error_reporting(0);
    session_start();
    $xh=$_SESSION['xh'];
$course_id=$_GET["course_id"];
require("mysqlconnect.php");
$sql="select miaoshu from exam_type where course_id=$course_id;";
$result=mysqli_query($link,$sql);
$row=mysqli_fetch_array($result);
echo "<br/>";
echo "<br/>";
?>
<div align="center" style="font-size:20px; font-weight:900;">
<?php echo $row["miaoshu"];?>
</div>
<!--设计倒计时-->
<?php
$sql="select exam_timelen from exam_time where course_id=$course_id;";
$result=mysqli_query($link,$sql);
$row0=mysqli_fetch_array($result);
?>
<SCRIPT LANGUAGE="JavaScript">
<!--
var maxtime = <?php echo $row0['exam_timelen'];?>*60
//document.write(maxtime);
function CountDown(){
  if(maxtime>=0){
    minutes = Math.floor(maxtime/60);
    seconds = Math.floor(maxtime%60);
    msg = "距离本次考试结束还有"+minutes+"分"+seconds+"秒";
    document.all["timer"].innerHTML=msg;
    if(maxtime == 2*60) alert('注意，还有 2 分钟!');
    --maxtime;
  }
  else{
    clearInterval(timer);
    var echo=confirm("确定提交吗");
    if(echo==true){
      location.href="keguanticj.php";
    }else{
      location.href="keguanticj.php";
    }
  }
}
timer = setInterval("CountDown()",1000);
//-->
</SCRIPT>
<div align="right">考试时间：<?php echo $row0['exam_timelen'];?>分钟</div>
<h3   id="timer" style="color:red" align="right"></h3>
<hr color="#00CCFF" />
<!--查询标题-->
```

```
<div>
一、<?php
$sql="select tigan,fenshu from exam_leixing where course_id=$course_id and type=
'单选';";
$result=mysqli_query($link,$sql);
$row2=mysqli_fetch_row($result);
echo $row2["tigan"];
?>
<!--查询试卷-->
<?php
$sql="select * from danxuan where course_id=$course_id order by rand() limit 10";
$result=mysqli_query($link,$sql);
$rows=mysqli_fetch_array($result);
if($rows==0){
  echo "没有满足条件的记录！";
  die();
}
?>
<form method="post" action="gaijuan.php">
<input type="hidden" name="course_id" value="<?php echo $course_id;?>">
<?php
$i=1;
while($row=mysqli_fetch_array($result)){
   ?>
   <div>
   <dl name="<?php $i;?>">
   <dt><?php   echo $i."、".$row["tigan"];?></dt>
   <dd>
   <input name="t_id1[]" type="hidden" value="<?php echo $row['timu_id']; ?>">
   <input name="asw1[]" type="hidden" value="<?php echo $row['answer']; ?>" />
   <input name="dan_f" type="hidden" value="<?php echo $row2['fenshu']; ?>" />
           <input type="radio" name="<?php echo $i;?>" value="A">A、<?php echo $row["itemA"];?>
           <br />
         <input type="radio" name="<?php echo $i;?>" value="B">B、<?php echo $row["itemB"];?>
                 <br />
         <input type="radio" name="<?php echo $i;?>" value="C">C、<?php echo $row["itemC"];?>
            <br />
        <input type="radio" name="<?php echo $i;?>" value="D">D、<?php echo $row["itemD"];?>
               <br />
    </dd>
    </dl>
    </div>
    <?php
    $i=$i+1;
 }
 ?>
 </div>
 <!--查询标题-->
 <div>
 二、<?php
```

```
$sql="select tigan,fenshu from exam_leixing where course_id=$course_id and type='多选';";
$result=mysqli_query($link,$sql);
$row3=mysqli_fetch_array($result);
echo $row3["tigan"];
echo "<br/>";
?>
<br/>
<?php
$sql="select * from duoxuan where course_id=$course_id order by rand() limit 10";
$result=mysqli_query($link,$sql);
$rows=mysqli_fetch_array($result);
if($rows==0){
    echo "没有满足条件的记录！";
    die();
}
?>
<?php
$i=1;
while($row=mysqli_fetch_array($result)){
   echo $i."、".$row["tigan"]."<br/>";?>
     <input name="t_id2[]" type="hidden" value="<?php echo $row['timu_id']; ?>">
     <input name="asw2[]" type="hidden" value="<?php echo $row['answer']; ?>" />
     <input name="duo_f" type="hidden" value="<?php echo $row3['fenshu']; ?>" />
     <input type="hidden" name="choose[]" value="<?php echo "$i"."、";?>" />
     <input type="checkbox" name="choose[]" value="A">A、<?php echo $row["itemA"];?>
         
     <input type="checkbox" name="choose[]" value="B">B、<?php echo $row["itemB"];?>
         
     <input type="checkbox" name="choose[]" value="C">C、<?php echo $row["itemC"];?>
         
     <input type="checkbox" name="choose[]" value="D">D、<?php echo $row["itemD"];?>
   <br/>
   <?php
   echo "<br/>";
$i=$i+1;}
?>
</div>
<div>
三、<?php
$sql="select tigan,fenshu from exam_leixing where course_id=$course_id and type='判断';";
$result=mysqli_query($link,$sql);
$row3=mysqli_fetch_array($result);
echo $row3["tigan"];
?>
<br/>
<?php
$sql="select * from panduan where course_id=$course_id order by rand() limit 5";
$result=mysqli_query($link,$sql);
$rows=mysqli_fetch_array($result);
if($rows==0){
```

```
    echo "没有满足条件的记录！";
    die();
}
?>
<?php
$i=1;
while($row=mysqli_fetch_array($result)){
?>
<div>
    <dl name="item<?php $i;?>">
        <dt><?php   echo $i."、".$row["tigan"];?></dt>
        <dd>
        <input name="t_id4[]" type="hidden" value="<?php echo $row['timu_id']; ?>">
            <input name="asw5[]" type="hidden" value="<?php echo $row['answer']; ?>" />
            <input name="pd_f" type="hidden" value="<?php echo $row3['fenshu']; ?>" />
            <input type="radio" name="item<?php echo $i;?>" value="对"><?php echo $row
            ["itemA"];?>
        <input type="radio" name="item<?php echo $i;?>" value="错"><?php echo $row["itemB"];?>
            </dd>
    </dl>
</div>
<?php
$i=$i+1;}
?>
</div>
<!--查询标题-->
<div>
四、<?php
$sql="select tigan,fenshu from exam_leixing where course_id=$course_id and type='简答';";
$result=mysqli_query($link,$sql);
$row4=mysqli_fetch_array($result);
echo $row4["tigan"];
echo "<br/>";
?>
<br/>
<?php
$sql="select * from jiandati where course_id=$course_id order by rand() limit 3";
$result=mysqli_query($link,$sql);
$rows=mysqli_fetch_array($result);
if($rows==0){
    echo "没有满足条件的记录！";
    die();
}
?>
<?php
$i=1;
while($row=mysqli_fetch_array($result)){
    echo $i."、".$row["tigan"]."<br/>";?>
    <input name="t_id5[]" type="hidden" value="<?php echo $row['timu_id']; ?>">
    <input name="asw6[]" type="hidden" value="<?php echo $row['answer1']; ?>" />
```

```
        <input name="jd_f" type="hidden" value="<?php echo $row4['fenshu']; ?>" />
        <textarea name="message[]" cols="70" rows="10"></textarea>
        <?php
        echo "<br/>";
    $i=$i+1;}
    ?>
    <input type="hidden" value="<?php   $course_id ?>"
    </div>
    <h3 align="center">
    <input style="width:100px; height:30px; font-size:15px; font-weight:900"type="submit" name="submit" value="提交试卷"
onclick="sub()">
    </h3>
    </form>
    </div>
    </body>
    </html>
```

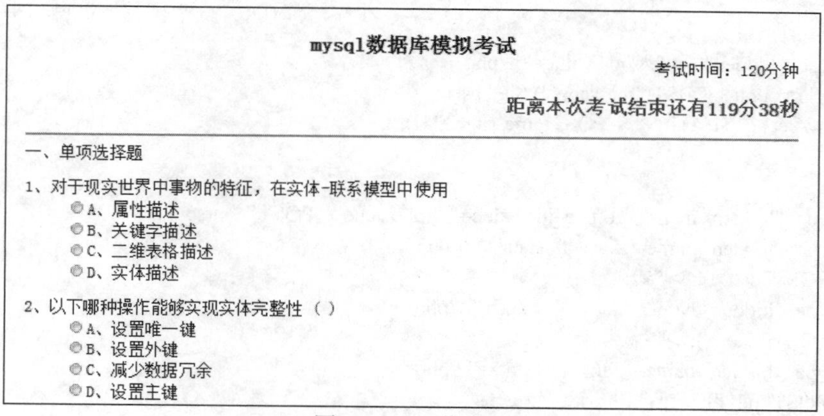

mysql数据库模拟考试

考试时间：120分钟

距离本次考试结束还有119分38秒

一、单项选择题

1、对于现实世界中事物的特征，在实体-联系模型中使用

A、属性描述
B、关键字描述
C、二维表格描述
D、实体描述

2、以下哪种操作能够实现实体完整性（ ）

A、设置唯一键
B、设置外键
C、减少数据冗余
D、设置主键

图 10-11　开始考试

10.6.3　自动改卷

考试时间到或者考生提交试卷后，会调用 gaijuan.php 页面，将考生答案和正确答案进行整理，以便后续改卷。其主要代码如下：

```
<script language=JavaScript>
setTimeout("document.form1.submit()",0);
</script>
</head>
<body>
<?
 error_reporting(0);
    session_start();
    $xh=$_SESSION['xh'];
?>
<form action="keguanticj.php" method="post" name="form1">
<table border="0" width="80%" >
<tr>
```

```
<td>
<input type="hidden" name="dan" value="<?php
for($i=1;$i<count($_POST["t_id1"])+1;$i++) {
            echo "、"." ".$_POST["$i"].' ';
}
?>">
<input type="hidden"  name="duo" value="<?php

for($i=0;$i<count($_POST["choose"]);$i++) {
            echo  $_POST["choose"][$i];
}
?>">
<input type="hidden" name="pan" value="<?php

for($i=1;$i<count($_POST["t_id4"])+1;$i++) {
            echo "、"." ".$_POST["item$i"].' ';
}
?>">
<input type="hidden" name="jd" value="<?php
for($i=0;$i<count($_POST["message"]);$i++) {
            echo ($i+1)."、".$_POST["message"][$i].' ';
}
?>">
<input type="hidden" name="course_id" value="<?php echo $_POST['course_id'];?>" >
<input type="hidden" name="dan1_f" value="<?php
echo $_POST['dan_f'];?>">
<input type="hidden" name="duo1_f" value="<?php
echo $_POST['duo_f'];?>">
<input type="hidden" name="pan1_f" value="<?php
echo $_POST['pd_f'];?>">
<input type="hidden" name="dan1" value="<?php
for($i=0;$i<count($_POST["t_id1"]);$i++) {
   echo  "、"." ".$_POST["asw1"][$i]."";
}
?>">
<input type="hidden" name="duo1" value="<?php
for($i=0;$i<count($_POST["t_id2"]);$i++) {
   echo ($i+1)."、".$_POST["asw2"][$i].' ';
}
?>">
<input type="hidden" name="pan1" value="<?php

for($i=0;$i<count($_POST["t_id4"]);$i++) {
   echo "、"." ".$_POST["asw5"][$i]."";
}
?>">
<input type="hidden" name="jd1" value="<?php
for($i=0;$i<count($_POST["t_id5"]);$i++) {
   echo ($i+1)."、".$_POST["asw6"][$i]."";
}
```

```
?>">
</td>
</tr></table>
</form>
```

因为 gaijuan.php 页面不需要被考生看到，所以会在打开后跳转至自动改卷页面 keguanticj.php，该页面会判断每一道小题是否正确，并根据预设的小题分值计算得分，最终将评分结果显示在页面上。因主观题无法通过系统改卷，所以评卷功能只能完成单选题、多选题、判断题等客观题的评分，并将主观题答案显示在最下方。其页面运行效果如图 10-12 所示，主要代码如下所示：

```
<form action="jdluru.php" method="post" name="form1">
<?php
$gread=0;
$dan=$_POST['dan'];
$dan1=$_POST['dan1'];
$dan1_f=$_POST['dan1_f'];
$duo=$_POST['duo'];
$duo1=$_POST['duo1'];
$duo1_f=$_POST['duo1_f'];
$pan=$_POST['pan'];
$pan1=$_POST['pan1'];
$pan1_f=$_POST['pan1_f'];
$jd=$_POST['jd'];
$jd1=$_POST['jd1'];
$dan3= explode("、",$dan);
$dan4= explode("、",$dan1);
$danfen=0;
for($i=1;$i<count($dan3);$i++)
{
  if(trim($dan3[$i])==trim($dan4[$i]))
  $danfen=$danfen+$dan1_f;
}
$duo3= explode("、",$duo);
$duo4= explode("、",$duo1);
$duofen=0;
for($i=1;$i<count($duo3);$i++)
{
  if(trim($duo3[$i])==trim($duo4[$i]))
  $duofen=$duofen+$duo1_f;
}
$pan3= explode("、",$pan);
$pan4= explode("、",$pan1);
$panfen=0;
for($i=1;$i<count($pan3);$i++)
{
  if(trim($pan3[$i])==trim($pan4[$i]))
  $panfen=$panfen+$pan1_f;
}
$gread=$danfen+$duofen+$panfen;
```

```
?>
<div class="cztable">
<center><table width="30%" border="0" cellspacing="0" cellpadding="0">
<tbody>
            <h3 style="font-family:楷体; font-size:17px" align="center" >学生题型得分</h3>

<tr>
        <td width="10%">
            <h3 style="font-family:楷体; font-size:17px" align="left">  
            <img src="images/green.gif" />单选分</h3>
        </td><td width="10%" align="center"><? echo $danfen;    ?></td>
</tr>
<tr>
        <td>
            <h3 style="font-family:楷体; font-size:17px" align="left">  
            <img src="images/green.gif" />多选分
            </h3>
        </td><td align="center"><? echo $duofen;    ?></td>
</tr>
<tr>
        <td>
            <h3    style="font-family:楷体; font-size:17px" align="left">  
            <img src="images/green.gif" />判断分
            </h3>
        </td><td align="center"><? echo $panfen;    ?></td>
</tr>
<tr>
        <td>
            <h3    style="font-family:楷体; font-size:17px" align="left">  
            <img src="images/green.gif" />客观题得分</h3>
        </td><td align="center"><? echo $gread;    ?></td>
</tr>
<tr>
         <td>
            <h3    style="font-family:楷体; font-size:17px" align="left">  
            <img src="images/green.gif" />学生答案</h3>
        </td><td><? echo $jd;    ?></td>
</tr>
<tr>
         <td>
            <h3    style="font-family:楷体; font-size:17px" align="left">  
            <img src="images/green.gif" />标准答案</h3>
        </td><td><? echo $jd1;    ?></td>
</tr>
</tbody>
</table></center></div>
<input type="hidden" name="jd" value="<? echo $jd ?>" />
<input type="hidden" name="jd1" value="<? echo $jd1 ?>" />
<input type="hidden" name="kg_f" value="<? echo $gread ?>" />
<input type="hidden" name="course_id" value="<? echo $_POST['course_id'] ?>" /><br/>
```

```
<center><input type="submit" value="录入" /></center>
<form>
```

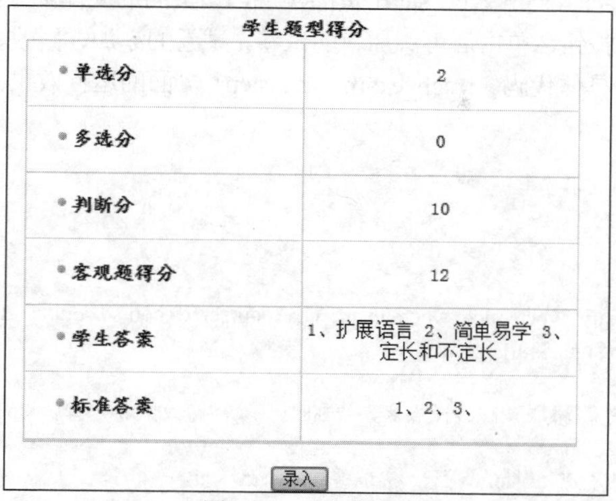

学生题型得分

• 单选分	2
• 多选分	0
• 判断分	10
• 客观题得分	12
• 学生答案	1、扩展语言 2、简单易学 3、定长和不定长
• 标准答案	1、2、3、

录入

图 10-12　显示得分

keguanticj.php 页面会停留 6 秒钟，以便考生了解自己的客观题得分，然后将自动跳转至数据存储页面 jdluru.php，实现考生考试信息的存储，完成后将会自动回到学生主页。jdluru.php 页面的主要代码如下所示：

```
<?php
session_start();
$xh=$_SESSION['xh'];
$jd=$_POST['jd'];
$jd1=$_POST['jd1'];
$course_id=$_POST['course_id'];
$kg_f=$_POST['kg_f'];
require("mysqlconnect.php");
$sql="insert into answer(xh,kch,right_answer,stu_answer,keguanfen) values('$xh', $course_id,'$jd1','$jd','$kg_f')";
if(mysqli_query($link,$sql)){
   echo "成绩录入成功!";
   header("refresh:0;url=studentMain.php");}
else{
   echo "成绩录入失败!";
header("refresh:0;url=studentMain.php");}
?>
```

10.7 试卷编辑

教师需要在开考前完成试卷以及题目的编辑工作。试卷的编辑主要包括大题的题干以及分值的设置，题目的编辑包括单选题、多选题、判断题、简单题等题型。

10.7.1 试卷管理

试卷管理功能由 teach_exam_type_step1 页面实现，该页面的主体部分显示当前已有的试卷，右下角为“添加试卷”按钮，单击后可添加新的试卷。试卷的添加、修改、删除和学生信息的操作类似，这里不再给出具体代码。teach_exam_type_step1 页面的运行效果如图 10-13 所示，主要代码如下所示：

```
<div>
<?php
session_start();
require("mysqlconnect.php");
$sql="select * from exam_type,course where exam_type.course_id=course.course_id";
$result=mysqli_query($link,$sql);
?>
<h3>设置试卷基本信息:添加，修改试卷名，添加、删除、修改试卷题型。</h3>
<table  width="100%">
    <tr><td colspan="5" align="left">第一步:选择试卷</td></tr>
    <tr>
        <td align="center">课程名称</td>
        <td align="center">试卷名称</td>
        <td align="center">操作</td>
    </tr>
<?
$i=0;
while($row=mysqli_fetch_array($result)){
?>
<tr>
<td align="center"><? echo $row['course_name'];?></td>
<td align="center">
                    <a href="teach_exam_type_step2.php?course_id=<?php echo $row['course_id'];
                    ?>"><?  echo $row['miaoshu'];?></a>
</td>
<td align="center">
                    <a href="teach_exam_edit.php?course_id=<?php echo $row['course_ id'];?>"
target="_self"><img src="images/update.png" /></a> 
                    <a href="teach_exam_del.php?course_id=<?php echo $row['course_ id'];?>"
target="_self"><img src="images/delete.png" /></a>
</td>
</tr>
<?
$i=$i++;
}
?>
<tr> <td colspan="5" align="right"><input type="submit" name="submit" value="添加试卷"
onclick="redirectit()" /></td></tr>
</table>
</div>
```

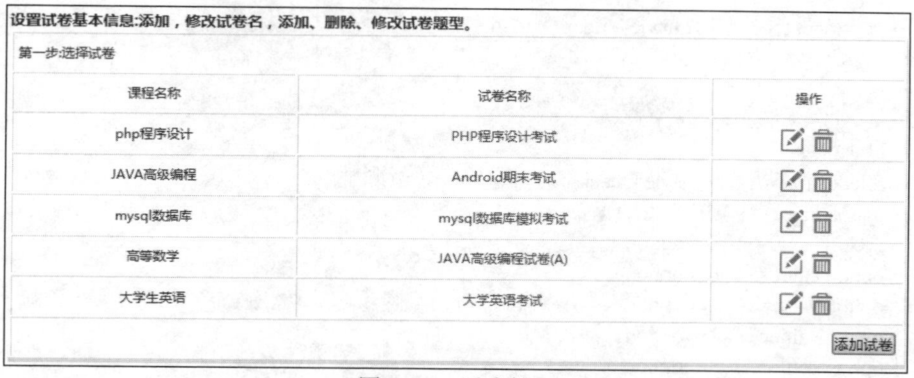

设置试卷基本信息:添加，修改试卷名，添加、删除、修改试卷题型。

第一步:选择试卷

课程名称	试卷名称	操作
php程序设计	PHP程序设计考试	
JAVA高级编程	Android期末考试	
mysql数据库	mysql数据库模拟考试	
高等数学	JAVA高级编程试卷(A)	
大学生英语	大学英语考试	

添加试卷

图 10-13　试卷管理

10.7.2　题型编辑

单击试卷名称后会调用 teach_exam_type_step2.php 页面，可在该页面进行试卷的大题编辑工作。该页面分上中下 3 部分，上面部分显示当前课程名称和试卷名称，中间部分为添加题型，下面部分为当前已有的题型。teach_exam_type_step2.php 页面的运行效果如图 10-14 所示，主要代码如下所示：

```
<?php
$course_id=$_GET["course_id"];
$sql="select * from exam_type,course where exam_type.course_id=course.course_id and
exam_type.course_id='$course_id'";
$result=mysqli_query($link,$sql);
$row=mysqli_fetch_array($result);
?>
<table cellspacing="0" cellpadding="0" width="100%">
<tbody>
<tr>
        <td colspan="2" align="left">第二步:设置试卷的题型</td>
</tr>
<tr>
        <td align="center">课程名称</td>
        <td align="center">试卷名称</td>
</tr>

<tr>
        <td align="center"><?php echo $row['course_name'];?></td>
        <td align="center"><?php echo $row['miaoshu'];?></td>
</tr>

</tbody>
</table>
<br/>
<form action="teach_exam_type_add.php" method="post">
<table align="center"   cellspacing="0" cellpadding="0" width="60%">
<tr>
    <td align="center">题  干</td>
```

```
        <td><input type="text" name="tigan" /></td>
    </tr>
    <tr>
        <td align="center">题型个数</td>
        <td>
        <select name="geshu" style="background-color:#CCCCCC">
        <option value="1">1</option>
        <option value="2">2</option>
        <option value="3">3</option>
        <option value="4">4</option>
        <option value="5">5</option>
        <option value="6">6</option>
        <option value="7">7</option>
        <option value="8">8</option>
        <option value="9">9</option>
        <option value="10">10</option>
        <option value="15">15</option>
        <option value="20">20</option>
        </select>
        </td>
    </tr>
    <tr>
        <td align="center">题目类型</td>
        <td><select name="type" style="background-color:#CCCCCC">
        <option value="单选">单选题类型</option>
        <option value="多选">多选题类型</option>
        <option value="判断">判断题类型</option>
        <option value="简答">简答题类型</option>
        </select>
        </td>
    </tr>
    <tr>
        <td align="center">平均分数</td>
        <td>
            <select name="fenshu" style="background-color:#CCCCCC">
            <option value="1">1</option>
            <option value="2">2</option>
            <option value="3">3</option>
            <option value="4">4</option>
            <option value="5">5</option>
            <option value="10">10</option>
            <option value="15">15</option>
            <option value="20">20</option>
            </select>
        <input type="hidden" name="course_id" value="<?php echo $row['course_id'];?>"/>   
        <input type="submit" border="0" value="添加题型" /></td>
    </tr>
    </table>
    </form>
    <br />
```

```
<table cellspacing="0" cellpadding="0" width="100%">
<tr>
<td align="center">题型名称</td>
<td align="center">操作</td>
</tr>
<?php
$sql="select * from exam_leixing where course_id='$course_id'";
$result=mysqli_query($link,$sql);
while($row=mysqli_fetch_array($result)){
   session_start();
   $_SESSION['course_id']=$row['course_id'];
   ?>
   <tr>
   <td><?php echo $row['tigan'];?>
   </td>
   <td align="center">
                    <a href="teach_exam_edit1.php?tigan=<?php echo $row['tigan'];?>"
                    target="_self"><img src="images/update.png" /></a> 
                    <a href="teach_exam1_del.php?tigan=<?php echo $row['tigan'];?>"
                    target="_self"><img src="images/delete.png" /></a>
   </td>
   </tr>
   <?php
}
?>
</table>
```

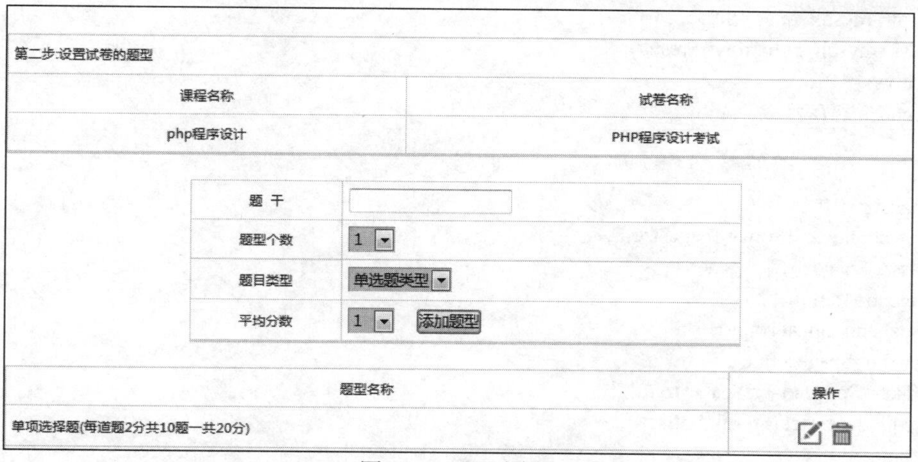

图 10-14　题型编辑

10.7.3　题目编辑

题目编辑和试卷编辑相互独立又有一定的联系，试卷编辑只负责给出哪些题型(大题类型)，并不规定要采用哪些小题。小题的选择是试卷生成时自动从数据库中随机选择的，数量和分值受到试卷本身的限制。

不同类型的题目编辑功能类似，本节以单选题举例说明。teacher_danxuanliebiao.php 页面为单选题编辑页面，该页面分为上下两部分，上半部分显示搜索框，下半部分显示当前已有的单选题。其运行效果如图 10-15 所示，主要代码如下所示：

```
<div class="rightbox">
        <h2 class="mbx">我的信息---&gt; 单选题管理    </h2>
<div class="cztable">
<div class="timu">
<form action="chaxundanxuan.php" method="get">
请输入欲查询的题目:
<input type="text" name="tigan" />
<button type="submit" style="width:50px; height:20px;"><img src="images/sousuo. jpg"/></button>
</form>
</div>
<div class="tihao">
<form action="chaxundanxuan1.php" method="get">
请输入欲查询的题号:
<input type="text" name="id" />
<button type="submit" style="width:50px; height:20px;"><img src="images/sousuo. jpg"/></button>
</form>
<?php
mysqli_free_result($result);
mysqli_close($result);
?>
</div>
<?php
$sql="select danxuan.*,course_name from danxuan,course where danxuan.course_id= course.course_id";
$result=mysqli_query($link,$sql);
$rows=mysqli_num_rows($result);
if ($rows==0){
  echo "没有满足条件的记录！";
  die();
}
$pagesize=10;
$pagecount=ceil($rows/$pagesize);
if(!isset($pageno)||$pageno<1)
$pageno=1;
if($pageno>$pagecount)
$pageno=$pagecount;
$offset=($pageno-1)*$pagesize;
mysqli_data_seek($result,$offset);
?>
<p align="center">单选试题列表</p>
<div align="left"><img src="images/aa.jpg" width="25px" height="25px"/>
<a href="teach_add_danxuan.php" target="iframeright">单选题</a></div>
<form action="teacher_danxuan.php" method="post">
<table width="100%" border="0" cellpadding="0" cellspacing="0">
<tr>
<td align="center" width="68%" style="background-color:#EDFCDA">题目</td>
<td align="center" width="15%"style="background-color:#EDFCDA">科目</td>
```

```
    <td align="center" width="7%" style="background-color:#EDFCDA">题号</td>
    <td align="center" width="10%"style="background-color:#EDFCDA">操作</td>
    </tr>
    <?php
    $i=0;
    while($row = mysqli_fetch_array($result))
    {
      ?>
      <tr>
      <td align="center"><?php echo $row['tigan']; ?></td>
      <td align="center"><?php echo $row['course_name']; ?></td>
      <td align="center"><?php echo $row['timu_id'];?></td>
      <td align="center">
      <a href="teacher_danxuan_update.php?update_id=<?php echo $row['timu_id'];?>"target=" iframeright"><img
src="images/update.png" /></a>
        
      <a href="teacher_danxuan_delete.php?delete_id=<?php echo $row['timu_id'];?>"target=" iframeright"><img
src="images/delete.png" /></a>
      </td>
      </tr>
      <?php
      $i=$i+1;
      if ($i==$pagesize)
      break;
    }
    mysqli_free_result($result);
    mysqli_close($link);
    ?>
    </table>
    </div>
    <div align="center">
    [第<?php echo $pageno; ?>页/共<?php echo $pagecount; ?>页]
    <?php
    error_reporting(E_ALL & ~E_NOTICE);
    $href=$PHP_SELF."?firm_Name=".urlencode($firm_Name);
    if($pageno<>1){
      ?>
      <a href="<?php echo $href; ?>&pageno=1">首页</a>
      <a href="<?php echo $href; ?>&pageno=<?php echo $pageno-1; ?>">上一页</a>
      <?php
    }
    if($pageno<>$pagecount){
      ?>
      <a href="<?php echo $href; ?>&pageno=<?php echo $pageno+1; ?>">下一页</a>
      <a href="<?php echo $href; ?>&pageno=<?php echo $pagecount; ?>">尾页</a>
      <?php
    }
    ?>
    [共找到<?php echo $rows; ?>个记录]
    <input type="hidden" name="teaID" value="<?php echo $teaID; ?>">
```

```
</form>
</div>
</div>
        </div>
            <div class="footer">
                <p>&copy;河南财政金融学院   || 14  软件  ||   版权所有</p>
            </div>
</div>
```

我的信息---> 单选题管理

请输入欲查询的题目: 请输入欲查询的题号:

单选试题列表

单选题

题目	科目	题号	操作
php中的输出语句是?	php程序设计	1	
php中\n是什么符号?	php程序设计	6	
php中用什么函数定义所需要的常量?	php程序设计	7	
在php中$表示什么意思?	php程序设计	8	
error_reporting在php程序是什么意思?	php程序设计	9	
在php中break语句的功能用来做什么?	php程序设计	10	
下列哪一个是时间函数?	php程序设计	11	
在php程序中建立与mysql数据库的链接用下列哪个函数?	php程序设计	12	
在php中需不需要与mysql数据库连接?	php程序设计	13	
php中的session是什么?	php程序设计	14	

[第1页/共15页] 下一页 尾页 [共找到147个记录]

图 10-15　单选题列表

单击“编辑”按钮调用 teacher_danxuan_update.php?update_id 页面，编辑题干、选项、题目所属章节等内容。该页面的运行结果如图 10-16 所示，主要代码如下所示：

```
    <form action="teacher_danxuan_updateDemo.php" method="post" enctype="multipart/ form-data"
name="mainForm" id="mainForm">
    <?php
    $id=$_GET["update_id"];
    $sql="select danxuan.*,course_name from danxuan,course where danxuan.course_id =course.course_id and
timu_id='$id'";
    $result=mysqli_query($link,$sql);
    $row = mysqli_fetch_array($result);
    ?>
    <input type="hidden" name="id" value="<?php echo $id;?>">
    <input type="hidden" name="course_id" value="<?php echo $row['course_id'];?>">
    <tr >
        <td align="center">题 干</td>
        <td ><input type="text" name="tigan" value="<?php echo $row['tigan'];?>"></td>
    </tr>
    <tr   >
        <td align="center">选项 A</td>
        <td><input type="text" name="a" value="<?php echo $row['itemA'];?>">
```

```
<img src="getpic1.php?id='<?php echo $id; ?>'" alt="" name="myphoto" id="myphoto"
style="width:60px; height:40px">
<img src="" name="myphoto" /><br>
<input type="file" name="myFile"   onchange="mainForm.myphoto.src=this.value;" /></td>
</tr>
<tr >
      <td align="center">选项 B</td>
      <td><input type="text" name="b" value="<?php echo $row['itemB'];?>">
<img src="getpic2.php?id='<?php echo $id; ?>'" alt="" name="myphoto1" id="myphoto"
style="width:60px; height:40px">
<img src="" name="myphoto1" /><br>
<input type="file" name="myFile1"   onchange="mainForm.myphoto1.src=this.value;" /></td>
</tr>
<tr >
   <td align="center">选项 C</td>
   <td><input type="text" name="c" value="<?php echo $row['itemC'];?>">
<img src="getpic3.php?id='<?php echo $id; ?>'" alt="" name="myphoto2" id="myphoto" style="width:60px;
height:40px">
<img src="" name="myphoto2" /><br>
<input type="file" name="myFile2"   onchange="mainForm.myphoto2.src=this.value;" /></td>
</tr>
<tr >
      <td align="center">选项 D</td>
     <td><input type="text" name="d" value="<?php echo $row['itemD'];?>">
<img src="getpic4.php?id='<?php echo $id; ?>'" alt="" name="myphoto3" id="myphoto"
style="width:60px; height:40px">
<img src="" name="myphoto3" /><br>
<input type="file" name="myFile3"   onchange="mainForm.myphoto3.src=this.value;" /></td>
</tr>
<tr >
   <td align="center">答 案</td>
   <td><input type="text" name="answer" value="<?php echo $row['answer'];?>"></td>
</tr>
<tr >
   <td align="center">难 易</td>
   <td><input type="text" name="nanyi" value="<?php echo $row['nanyi'];?>"></td>
</tr>
<tr >
   <td align="center">科 目</td>
   <td><input type="text" name="course_name" value="<?php echo $row['course_name'];?>"></td>
</tr>
<tr >
   <td align="center">章 节</td>
<td><select name="unit" size="1">
<option value="<?php echo $row['zhangjie'];?>"><?php echo $row['zhangjie']; ?></option>
<option value="第一章">第一章</option>
<option value="第二章">第二章</option>
<option value="第三章">第三章</option>
<option value="第四章">第四章</option>
<option value="第五章">第五章</option>
```

```
<option value="第六章">第六章</option>
<option value="第七章">第七章</option>
<option value="第八章">第八章</option>
<option value="第九章">第九章</option>
<option value="第十章">第十章</option>
<option value="第十一章">第十一章</option>
<option value="第十二章">第十二章</option>
<option value="第十三章">第十三章</option>
<option value="第十四章">第十四章</option>
<option value="第十五章">第十五章</option>
<option value="第十六章">第十六章</option>
</select>
</td>
</tr>
<input name="submit" type="submit" value="确定">
</form>
```

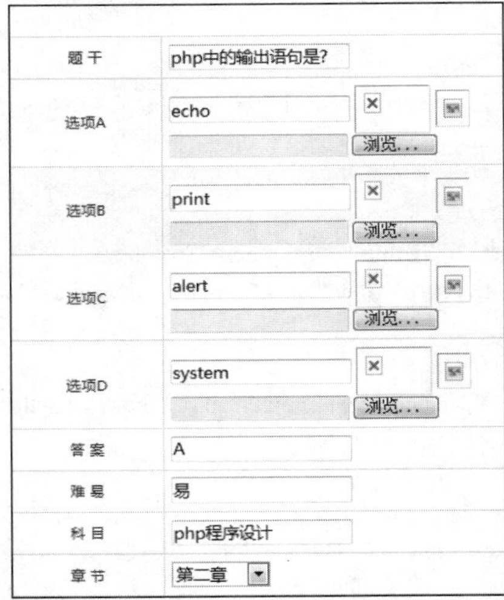

图 10-16　单选题编辑

编辑完成后单击“确定”按钮提交信息，调用 teacher_danxuan_updateDemo.php 页面，完成单选题编辑，其主要代码如下：

```
<?php
$tigan=$_POST['tigan'];
$nanyi=$_POST['nanyi'];
$a=$_POST['a'];
$b=$_POST['b'];
$c=$_POST['c'];
$d=$_POST['d'];
$answer=$_POST['answer'];
$course_id=$_POST['course_id'];
$id=$_POST['id'];
$photoname=$_FILES['myFile']['tmp_name'];                           //上传至服务器后读取
if (file_exists ($photoname)) {
    $a_photo1=fread(fopen($photoname,"r"),filesize($photoname));   //读取图片
```

```
        $a_photo1 = '0x' . bin2hex($a_photo1);}
    else {    $a_photo1='null'; }
        $photoname1=$_FILES['myFile1']['tmp_name'];                              //上传至服务器后读取
    if (file_exists ($photoname1)) {
        $b_photo1=fread(fopen($photoname1,"r"),filesize($photoname1));    //读取图片
        $b_photo1 = '0x' . bin2hex($b_photo1);}
    else {    $b_photo1='null'; }

        $photoname2=$_FILES['myFile2']['tmp_name'];                              //上传至服务器后读取
    if (file_exists ($photoname2)) {
        $c_photo1=fread(fopen($photoname2,"r"),filesize($photoname2));    //读取图片
        $c_photo1 = '0x' . bin2hex($c_photo1);}
    else {    $c_photo1='null'; }

        $photoname3=$_FILES['myFile3']['tmp_name'];                              //上传至服务器后读取
    if (file_exists ($photoname3)) {
        $d_photo1=fread(fopen($photoname3,"r"),filesize($photoname3));    //读取图片
        $d_photo1 = '0x' . bin2hex($d_photo1);}
    else {    $d_photo1='null'; }
        require("mysqlconnect.php");
        $sql="update danxuan set tigan='$tigan',itemA='$a',itemB='$b',itemC='$c',
        itemD='$d',answer='$answer',
        nanyi='$nanyi',course_id='$course_id',zhangjie='$unit',A_photo='$a_photo1',
        B_photo='$b_photo1',C_photo='$c_photo1',D_photo='$d_photo1' where timu_id='$id' ";
    if(mysqli_query($link,$sql)){
        echo "<script>alert('恭喜你成功了!!!');</script>";
        header("refresh:0;url=teacher_danxuanliebiao.php");
    }
    else {
        echo "<script>alert('很抱歉，失败了!');</script>";
        header("refresh:0;url=teacher_danxuan_update.php");
    }
    ?>
```

10.8 本章小结

本章介绍了网络考试系统的开发过程，让读者对项目开发有了初步的了解。不同的项目具有不同的功能，许多初学者面对完整的项目难免感觉没有头绪。但只要仔细分析项目的需求，建立合适的数据库，活用前述章节的基础知识，完成项目开发并非难事。

项目开发也是一个由简到难的过程，需要慢慢熟悉该过程，刚开始建议读者从自己比较熟悉的系统着手进行开发。对于在校学生来说，教务管理系统、网络考试系统、在线课堂系统等都可尝试开发。因为这些系统的需求和功能对学生来说非常清楚，不会因需求不明导致后续开发的方向性错误。

10.9 习题

一、选择题

1. class 表的主键是(　　)。

A. zh　　B. class_id　　C. class_name　　D. lass_time

2. 下列描述错误的是(　　)。

A. 没有学过的课程不可参加考试　　B. 考试时间到系统会强制交卷

C. 系统可以自动计算主观题得分　　D. 系统可以自动计算客观题得分

3. 网络考试系统使用的数据库是(　　)。

A. Oracle　　B. Sybase　　C. SQL Server　　D. MySQL

二、编程题

根据数据库设计，完成公告功能的开发。要求管理员可以发布新闻公告，教师和学生可以查看公告。

第 11 章

PHP+MySQL开发实战——房屋租赁系统

随着计算机网络的发展，中国城镇化进程的不断加快，房屋租赁已经成为我国城市生活的重要方式。本章将用基于 Web 的房屋租赁系统来继续讲述应用 PHP+MySQL 的实战开发。

本章的主要学习目标：

- 了解网站开发的基本过程
- 掌握房屋租赁系统的需求分析
- 掌握房屋租赁系统的数据库设计
- 掌握房屋租赁系统的功能实现

11.1 需求分析

近年来，随着经济的高速发展，各地房地产业旺盛，各大中城市房屋价格快速增长，购房对于日益增加的流动人口来说成为一件遥不可及的事情。随之而来的，房屋租赁的需求逐渐增大，租赁业务越加繁忙。另外，由于计算机的普及和网络技术的发展，传统商业活动也慢慢进入网络化时代。因此开发一个界面友好，操作简单，交互性好，真实性强的房屋租赁管理信息系统具有很大的实用价值。

与传统的房屋租赁中介相比，这种在线租房管理系统的传播行为更有针对性，可提高受众群体的覆盖率，可节约时间和资源。同时，由于系统完全基于网络平台实现网络的传输和管理，因此信息传播不再受地域的限制。用户可随时随地发布信息，充分发挥了现代高新技术的优势。

房屋租赁系统是为管理房屋出租、出售信息资料而设计的信息管理系统，包含后台数据库和前台应用程序系统两大部分。后台数据库要求数据的一致性、完整性、安全性，用以存储文档资料及相关信息；前台应用程序系统要求应用程序功能完备、易于使用和界面友好等。

根据功能，房屋出租管理系统由以下部分组成。

1. 用户管理

- 用户注册功能。用户在注册页面提交相应的注册信息，在系统通过验证并返回注册成功提示后，即可在用户登录页面登录。

- 用户登录功能。注册用户登录主要通过对“session”变量赋值来实现注册用户的身份验证，确保非法用户不能进入注册用户操作页面进行非法操作。作为涉及个人隐私的信息发布平台，只有通过了登录验证的用户才能查看部分敏感信息。
- 个人资料修改功能。管理员登录后可以查询和修改用户信息。

2. 房源信息管理

- 房源信息查看。所有人均可在租房模块中查看所有符合要求的房源信息。同时，系统提供了多条件的搜索查询功能，可帮助用户更快地找到需要的信息。
- 房源信息发布。所有用户注册后都可发布房源信息，需要标明房屋面积、楼层、家电、联系方式等信息。
- 房源信息管理。管理员登录后可对所有房源信息进行管理，包括修改、删除、查询。
- 房屋评价。所有用户都可以对房屋进行评价，以便其他用户了解更多的房屋信息。

3. 新闻公告

- 新闻发布。管理员登录后可以进行新闻发布，对已发布的新闻进行管理。
- 新闻浏览。用户不必登录，即可查看新闻公告。

4. 留言管理

- 留言发布。用户可以在留言板发表留言。
- 留言浏览。任何用户都可以查看留言板，以便通过留言板来了解房屋租赁动态。
- 留言管理。管理员登录后可以查看用户留言，并对留言进行回复和管理。

11.2 数据库设计

本章继续使用 MySQL 数据库，该数据库是最流行的关系数据库管理系统之一，其开源、快捷的特性非常适用于 Web 开发。

根据需求分析的功能设计，需要在数据库系统中创建一个名为 house 的数据库，用于存放相关数据，该数据库包含以下表格。

1. house 表

house 表存储所有的房屋信息，其表结构如表 11-1 所示，主键为 fw_id、name。

表 11-1　house 表

字段名	类型	是否为 null	含义
fw_id	tinyint(4)	not null	房屋信息 ID
name	char(10)	not null	房屋联系人姓名
username	char(10)	not null	登录用户名
address	char(30)	not null	房屋地址
chaoxiang	char(20)	not null	房屋朝向
area	char(20)	not null	面积

(续表)

字段名	类型	是否为 null	含义
zhuangxiu	char(20)	not null	装修级别
diqu	char(10)	not null	地区
quyu	char(10)	not null	区域
zhuangtai	char(10)	not null	状态
ting	int(2)	not null	厅
shi	int(2)	not null	室
photo	varchar(200)	not null	房屋图片
louceng	int(3)	not null	第几层楼
allc	int(3)	not null	共几层楼
danyuan	int(3)	not null	单元号
d_shi	int(2)	not null	门牌号
money	int(10)	not null	租金
phone	char(11)	not null	联系电话
sheshi	char(40)	not null	设施
leixing	char(20)	not null	类型
beizhu	text	null	备注
zhz	char(10)	null	整租、合租
liulan	int(10)	null	浏览次数
baoming	int(10)	null	报名人数

2. maifang 表

maifang 表存储所有发布的买房信息，其表结构如表 11-2 所示，主键为 m_id。

表 11-2　maifang 表

字段名	类型	是否为 null	含义
m_id	int(11)	not null	买房信息 ID
username	char(15)	not null	登录用户名
type	char(10)	not null	房源类型
chengshi	char(10)	null	城市
quyu	char(10)	null	区域
country	char(20)	null	海外房国家
cities	char(20)	null	海外房城市
huxing	char(14)	null	户型
ting	int(2)	null	厅
shi	int(2)	null	室
name	char(10)	null	联系人姓名

(续表)

字段名	类型	是否为 null	含义
phone	int(11)	null	联系电话
beizhu	text	null	备注
area	int(5)	null	二手房房屋面积
m_money	char(20)	null	新房价格
e_money	int(10)	null	二手房价格

3. leavewords 表

leavewords 表存储所有用户的留言，其表结构如表 11-3 所示，主键为 id。

表 11-3　leavewords 表

字段名	类型	是否为 null	含义
id	int(10)	not null	留言 ID
username	varchar(50)	null	昵称
qq	int(10)	null	qq 号
email	varchar(50)	null	email
homepage	varchar(50)	null	主页
face	varchar(50)	null	头像编号
leave_title	varchar(50)	null	标题
leave_contents	text	null	内容
leave_time	datetime	null	时间
ip	varchar(20)	not null	ip
is_audit	int(11)	null	是否回复

4. reply 表

reply 表存储管理员回复的留言信息，其表结构如表 11-4 所示，主键为 id。

表 11-4　reply 表

字段名	类型	是否为 null	含义
id	int(10)	not null	回复留言 ID
leaveid	int(10)	null	留言 ID
leaveuser	varchar(10)	null	回复人
reply_contents	text	null	回复内容

5. pingjia 表

pingjia 表存储用户对房屋的评价，其表结构如表 11-5 所示，主键为 pj_id、fw_id。

表 11-5　pingjia 表

字段名	类型	是否为 null	含义
pj_id	int(10)	not null	房屋评价 ID
fw_id	int(10)	not null	房屋 ID
username	varchar(10)	not null	登录用户名
content	text	null	评价内容

6. userxinxi 表

userxinxi 表存储注册用户的信息，其表结构如表 11-6 所示，主键为 yh_id、username。

表 11-6　userxinxi 表

字段名	类型	是否为 null	含义
yh_id	int(11)	not null	注册用户 ID
username	char(20)	not null	用户名
passwd	char(50)	not null	密码
sf	char(10)	null	身份
dianhua	char(12)	null	电话
touxiang	blob	null	头像
xb	char(2)	null	性别
zhenname	char(10)	null	真实姓名
csrq	date	null	出生日期

7. news 表

news 表存储新闻，其表结构如表 11-7 所示，主键为 num。

表 11-7　news 表

字段名	类型	是否为 null	含义
num	int(11)	not null	新闻 ID
title	char(255)	null	标题
uploadtime	date	null	上传时间
type	char(255)	null	类型
who	char(255)	null	发布人
photo	varchar(255)	null	照片
content	text	null	新闻内容

11.3 主页

根据需求分析和数据库设计，本节开始介绍一些主要功能的实现过程和核心程序，其余功能和程序详见项目源文件。

房屋租赁系统主页分前台主页和后台主页。前台主页主要提供导航功能，用户无须登录即可查看；后台主页必须管理员登录后才能访问，提供后台管理的相关导航。前台主页的运行效果如图 11-1 所示，后台主页的运行效果如图 11-2 所示。

图 11-1　前台主页

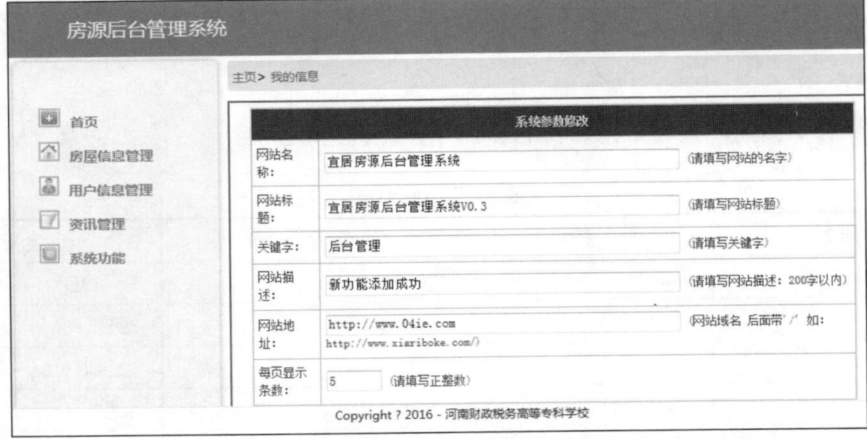

图 11-2　后台主页

11.4 房屋租赁

房屋租赁是房屋租赁系统的核心模块，提供房屋租赁信息的查询和发布。任何用户不必登录都可以直接访问租赁信息查询页面，但是只有登录后的用户才可以发布租赁信息。

11.4.1　房屋租赁信息查询

在主页单击“租房”按钮后，调用 zy.php 页面，显示房屋租赁信息列表。zy.php 页面分为两部分，上半部分为房屋租赁信息查询区域，用户可在此区域定制更为具体的查询信息，找到符合自己要求的房源。下半部分为当前已有房屋租赁信息显示区域，其中显示的是当前房屋的图片和部分信息。该页面的运行效果如图 11-3 所示，代码如下所示：

```
<html>
<head>
<meta http-equiv="Content-Type" content="text/html; charset=gb2312">
<title>宜居租房网</title>
<meta name="baidu-site-verification" content="e8abd676df9f995bc969ac138b1c0f4d"/>
<meta name="sogou_site_verification" content="7rtgKfBjbl"/>
<meta name="360-site-verification" content="f7b8b308108b2c1c2de2825948822256" />
<meta name="google-site-verification" content="drkSj5A3WGSgkMXwzh6UfezwLEMsEXoQlMHL25oE1kA" />
<meta baidu-gxt-verify-token="9e7961d9a5d01603e5c2ae9bccffb9c2"/>
<meta name="shenma-site-verification" content="da9c53da88979ec98afae25b1ca3e43b" />
<link rel="stylesheet" rev="stylesheet" href="../css/zy.css" type="text/css" />
<script type="text/javascript" href="../js/fangw.js"></script>
    <link rel="stylesheet" type="text/css" href="../css/reset.css" />
<link href="../css/navigation20141112.css" rel="stylesheet" type="text/css" />
<link href="../css/NewSecond/EbHousePublish.css" rel="stylesheet" type="text/css" />
    <link rel="stylesheet" type="text/css" href="../css/nav.css" />
<link rel="Stylesheet" type="text/css" href="../css/delegateInput20140901.css" />
<link rel="stylesheet" type="text/css" href="../css/reset.css" />
<link rel="stylesheet" type="text/css" href="../css/search20141022.css" />
<link rel="stylesheet" type="text/css" href="../css/buyV14.css"/>
<script language="javascript">
<!--
function checker()
{
  form1.items.value = "";
  if ( !form1.item.length )        // 只有一个复选框，form1.item.length = undefined
  {
    if ( form1.items.checked )
    form1.items.value = form1.item.value;
  }
  else
  {
    for ( i = 0 ; i < form1.item.length ; i++ )
    {
      if ( form1.item(i).checked )     // 复选框中有选中的框
      {
        form1.items.value = form1.item(i).value;
        for ( j = i + 1 ; j < form1.item.length ; j++ )
        {
          if ( form1.item(j).checked )
          {
            form1.items.value += " ";         //用空格作为分隔符
            form1.items.value += form1.item(j).value;
```

```
                }
            }
            break;
        }
    }
}
    return true;
}
-->
</script>
</head>
<body>
<script type="text/javascript">
<link rel="stylesheet" type="text/css" href="../css/reset.css" />
<link rel="stylesheet" type="text/css" href="../css/search20141022.css" />
<link href="../css/navigation20141112.css" rel="stylesheet" type="text/css" />
<div class="w1180">
<div class="breadcrumbs"></div>
    <form   method="get" action="zy1.php" name="form1" enctype="multipart/form-data">
<div class="div-border items-list">
<div class="items">
<span class="item-title">区域：</span><span class="elems-l">
                <input name="quyu" type="radio" value="不限" checked>不限    
                <input name="quyu" type="radio" value="金水区">金水区   
                <input name="quyu" type="radio" value="二七区">二七区   
                <input name="quyu" type="radio" value="中原区">中原区   
                <input name="quyu" type="radio" value="高新区">高新区   
                <input name="quyu" type="radio" value="郑东新区">郑东新   
                <input name="quyu" type="radio" value="管城回族区">管城回族区  
                <input name="quyu" type="radio" value="其他">其他</span>
</div>
<div class="items ">
<span class="item-title">租金：</span>
<span class="elems-l">
            <input name="price" type="radio" value="不限" checked>不限  
            <input name="price" type="radio" value="1000">1000 元以下   
            <input name="price" type="radio" value="1500">1000-1500 元   
            <input name="price" type="radio" value="2000">1500-2000 元   
            <input name="price" type="radio" value="2500">2000-2500 元   
            <input name="price" type="radio" value="3000">2500-3000 元   
            <input name="price" type="radio" value="3500">3000-3500 元   
            <input name="price" type="radio" value="3501">3500 元以上
</span>
</div>
<!--房型 begin-->
<div class="items">
<span class="item-title">房型：</span>
<span class="elems-l">
                    <input name="type" type="radio" value="不限" checked>不限   
                    <input name="type" type="radio" value="1">一室   
```

```
                    <input name="type" type="radio" value="2">二室   
                    <input name="type" type="radio" value="3">三室   
                    <input name="type" type="radio" value="4">四室   
                    <input name="type" type="radio" value="5">五室及以上   
                        <input type="submit" name="sub" class="btn nextbtn"
                    id="House_Submit" style="margin: 0;" value="确认" />
</span>
</div>
</form>
<!--主模块-->
<div class="maincontent">
<div class="list-content" id="list-content">
<div class="zu-sort">
<span class="tit">为您找到以下郑州租房</span>
<div class="sort-cond">
<span>排序：</span><a href="zy.php?paixu=fw_id" class="light">默认
</a><a href="zy.php?paixu=money" class="">租金<i class="icon icon-arrup"></i>
</a><a href="zy.php?paixu=fw_id" class="">最新<i class="icon icon-arrdown"></i></a>
<!--icon-arrup-org icon-arrdown-org 为高亮箭头-->
</div>
</div>
              <?php
  error_reporting(0);
  $paixu=$_GET["paixu"];
if(!isset($paixu))
  $paixu=fw_id;
  $quyu=$_GET["quyu"];
  $price=$_GET["price"];
  $type=$_GET["type"];
if(!isset($quyu))
  $quyu="不限";
if(!isset($price))
  $price="不限";
if(!isset($type))
  $type="不限";
  $link=new mysqli("127.0.0.1","root","123456");
if (mysqli_connect_errno())   {
     echo "数据库服务器连接失败！<BR>";
     die();
  }
  $link->select_db("house") or die("数据库选择失败！<BR>");
  $link->query("set names 'gbk'");
if($quyu!="不限"){
  $where1="where quyu='$quyu'";
}
else
$where1="where true";
if($price!="不限"){
  switch ($price){
    case 1000:
```

```
        $where2="and money<1000";
        break;
        case 1500:
        $where2="and money between 1000 and 1500";
        break;
        case 2000:
        $where2="and money between 1500 and 2000";
        break;
        case 2500:
        $where2="and money between 2000 and 2500";
        break;
        case 3000:
        $where2="and money between 2500 and 3000";
        break;
        case 3500:
        $where2="and money between 3000 and 3500";
        break;
        case 3501:
        $where2="and money>=3500";
        break;
}}
else
$where2="and true";
if($type!="不限"){
$where3="and shi='$type'";}
$where=$where1.' '.$where2.' '.$where3;
$sql="select * from house {$where} order by fw_id desc";
  $result=$link->query($sql);
  $rows=$result->num_rows;              //总记录数
if ($rows==0)   {
      die();
  }
  $pagesize=6;                          //每页的记录数(在此暂设为5，通常应设为10)
  $pagecount=ceil($rows/$pagesize);     //总页数
if (!isset($pageno)||$pageno<1)         //$pageno 的值为当前页的页号
      $pageno=1;
if ($pageno>$pagecount)
      $pageno=$pagecount;
  $offset=($pageno-1)*$pagesize;
  $result->data_seek($offset);
?>
<div align="center"><strong>房屋查询结果</strong></div>

<!-- CSS goes in the document HEAD or added to your external stylesheet -->

<?php
  $i=0;
while($row=$result->fetch_object())   {
   ?>
   <div class="zu-itemmod   " link="" _soj="Filter_1&hfilter=filterlist">
```

```
        <a data-company="" class="img" _soj="Filter_1&hfilter=filterlist" data-sign="true" href="#" title="<?php echo $row->address; ?>" alt="<?php echo $row->address; ?>" target="_blank" hidefocus="true">
        <img class="thumbnail" src="<?php echo $row->photo; ?>" alt="" width="180" height="135"/>
        <span class="many-icons iconfont">&#xE062;</span></a>
        <div class="zu-info">
        <h3><a target="_blank" _soj="Filter_1&hfilter=filterlist" href="demo.php?fw_id=<?php echo $row->fw_id; ?>"><?php echo $row-> address; ?></a></h3>
        <p class="details-item tag"><?php echo $row->leixing; ?><span>|</span><?php echo $row->zhz; ?><span>|</span><?php echo $row->zhuangxiu; ?><span>|</span><?php echo $row->chaoxiang; ?><span>|</span><?php echo $row->zhz; ?></p>
        <address class="details-item">面积：
        <?php echo $row->area; ?>    <?php echo $row->shi; ?> 室 <?php echo $row->ting; ?> 厅
        </address>
        <p class="details-item bot-tag">
        <span>房屋所有人：<?php echo $row->name; ?></span><em></em></p>
        </div>
        <div class="zu-side">
        <p><strong><?php echo $row->money; ?></strong>元/月</p>
        </div>
        </div>
        <?php
          $i=$i+1;
        if ($i==$pagesize)
        break;
    }
    $result->free();
    $link->close();
    ?>
    </table>
    <div align="center">
    [第<?php echo $pageno; ?>页/共<?php echo $pagecount; ?>页]
    <?php
    $href=$PHP_SELF."?bjdm=".urlencode($bjdm);
    if ($pageno<>1) {
        ?>
        <a href="<?php echo $href; ?>&pageno=1">首页</a>
        <a href="<?php echo $href; ?>&pageno=<?php echo $pageno-1; ?>">上一页</a>
        <?php
    }
    if ($pageno<>$pagecount) {
        ?>
        <a href="<?php echo $href; ?>&pageno=<?php echo $pageno+1; ?>">下一页</a>
        <a href="<?php echo $href; ?>&pageno=<?php echo $pagecount; ?>">尾页</a>
        <?php
    }
    ?>
    [共找到<?php echo $rows; ?>个记录]
    </div>
    </body>
    </html>
```

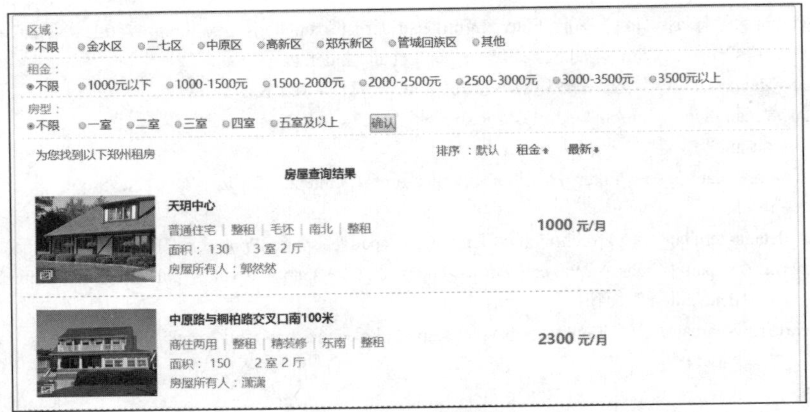

图 11-3 房屋租赁信息

如果用户对某个房源信息感兴趣，可以直接单击房源名称调用 demo.php?fw_id 页面显示该房源的全部信息。demo.php?fw_id 为房源信息页面，该页面分为 3 部分，上面部分为房源具体信息，中间部分为评价编辑器，最下面部分为评价显示区域。其运行效果如图 11-4 所示，主要代码如下所示：

```
<?php
$fw_id=$_GET["fw_id"];
  $link=new mysqli("127.0.0.1","root","123456");
  if (mysqli_connect_errno()) {
     echo "数据库服务器连接失败！<BR>";
     die();
  }
  $link->select_db("house")   or die("数据库选择失败！<BR>");
  $link->query("set names 'utf8'");
   $sql="select money,address,chaoxiang,area,zhuangxiu,diqu,quyu,zhuangtai,ting,photo,
   louceng,shi,danyuan,d_shi,allc,phone,sheshi,leixing,beizhu,zhz,liulan,baoming,
   name,username from house   where fw_id=$fw_id";
  $result=$link->query($sql);
  $row=$result->fetch_object();
?>
<div class="pinfo">

                <div class="hd">
                     <h4>房源信息</h4>

                </div>

                <div class="box" style=" float:left;">
                     <div class="phraseobox cf">
                          <div class="litem fl">
                <dl class="p_phrase cf">
                               <dt>租金</dt>
                               <dd class="og">
                                    <strong><span class="f26"><?php echo $row->money; ?>
                                    </span>元/月</strong>
```

```
                </dd>
            </dl>
            <dl class="p_phrase cf">
                <dt>租金押付</dt>
                <dd>付 1 押 1
            </dl>
            <dl class="p_phrase cf">
                <dt>户型</dt>
                <dd><?php echo $row->shi; ?>室<?php echo $row->ting; ?>厅</dd>
            </dl>
            <dl class="p_phrase cf">
                <dt>租赁方式</dt>
                <dd><?php echo $row->zhuangtai; ?></dd>
            </dl>
            <dl class="p_phrase cf">
                <dt>所在小区</dt>
                <dd><?php echo $row->address; ?> </dd>
            </dl>
            <dl class="p_phrase cf">
                <dt>位置</dt>
                <dd><?php echo $row->quyu; ?></dd>
            </dl>

        </div>
        <div class="ritem fr">
            <dl><dt></dt><dd></dd></dl>
            <dl class="p_phrase cf">
                <dt>装修</dt>
                <dd><?php echo $row->zhuangxiu; ?></dd>
            </dl>
            <dl class="p_phrase cf">
                <dt>面积</dt>
                <dd><?php echo $row->area; ?></dd>
            </dl>
                                        <dl class="p_phrase cf">
                <dt>朝向</dt>
                <dd><?php echo $row->chaoxiang; ?></dd>
            </dl>

            <dl class="p_phrase cf">
                <dt>楼层</dt>
                <dd><?php echo $row->louceng; ?>层/共<?php echo $row->
                allc; ?>层</dd>
            </dl>
            <dl class="p_phrase cf">
                <dt>类型</dt>
                <dd><?php echo $row->leixing; ?></dd>
            </dl>
        </div>
        <img class="thumbnail" src="<?php echo $row->photo; ?>" alt=""
```

```
                style="padding-left:650px; width:200px; height:200px; margin-
                top:-200px;"/>
            </div>

            <div class="pro_detail">
                <div class="pro_links" id="proLinks">
                    <p> 配置：
                    <?php echo $row->sheshi; ?> </p>
                    <p>
                    浏览次数：<?php
$fw_id=$_GET["fw_id"];
 $link=new mysqli("127.0.0.1","root","123456");
 if (mysqli_connect_errno()) {
    echo "数据库服务器连接失败！<BR>";
    die();
 }
 $link->select_db("house")   or die("数据库选择失败！<BR>");
 $link->query("set names 'utf8'");
 $c=$link->query("UPDATE house SET liulan=liulan+1 WHERE fw_id=$fw_id");
   $sql="select phone,liulan,name,fw_id,username from house   where fw_id=$fw_id";
 $result=$link->query($sql);
 $row=$result->fetch_object();
 //$sql="UPDATE house SET liulan=liulan+1 WHERE fw_id=3";
?>
        <?php echo $row->liulan; ?>
         </p>
          <p>
            房屋所有人：
          <?php echo $row->name; ?> </p>
         <p>
           联系电话：
              <?php echo $row->phone; ?></p>
         <form method="get" action="baoming.php" name="form1" enctype="multipart/
         form-data">
         <div style=" padding-left:700px;color:#FF0000; widows:50px; height:50px;
         font-size:20px;">
         <input name="fw_id" type="hidden" value="<?php echo $row->fw_id; ?> " />

                    <input type="submit" name="sub" class="btn nextbtn" id="House_
                    Submit" style="margin: 0;" value="报名" />
                    </div>
                    </form>
                    </div>
                    <div class="pro_main cf" id="propContent" style="">
                    </div>
                    <div class="t_c" style="display:none">
                        <!--a href="javascript:void(0);" class="btn_show btn_all"
                        title="显示全部"><i class="p_icon"></i></a-->
                        <a href="javascript:void(0);" class="btn_show btn_up" title=
                        "收起全部"><i class="p_icon"></i></a>
```

```
                        </div>
                        <div class="text-mute extra-info">房源编号：<?php echo $row->fw_id; ?>,
                        发布时间：2016 年 11 月 02 日</div>
                    </div>
                </div>
            </div>
            <!-- 经纪人相似房源推荐 by caini                    -->
            <div id="interestRecommend" class="likebox">
             </div>
             <a style="display: block;height: 1px;font-size: 1px;line-height: 1px"
             data-trace="{Haozu_View_Property_viewed_homeinfo:1}"></a>
            <div class="cinfo" id="commmap">
    <script type="text/javascript" charset="utf-8" src='ueditor.config.js'></script>
    <script type="text/javascript" charset="utf-8" src='ueditor.all.js'></script>
    <script type="text/javascript" src='js/laydate.js'></script>
     <h1>房屋评价</h1>
     <?php
  $fw_id=$_GET["fw_id"];
$link=mysql_connect("127.0.0.1","root","123456")
    or die("数据库服务器连接失败！<br>");
mysql_select_db("house",$link) or die("数据库选择失败！<br>");
mysql_query("set names 'utf8'");
$sql="select fw_id,username from house    where fw_id='$fw_id'";
$result=mysql_query($sql,$link);
$row=mysql_fetch_array($result);
?>
    <form action="demo_center.php" method="post" enctype="multipart/form-data">
     <input name="fw_id" type="hidden" value="<?php echo $row['fw_id'];?> " />
      <input name="username" type="hidden" value="<?php echo $row['username'];?> " />
        <script id="editor" name="content" type="text/plain" style="width:900px;height:
        250px;    padding-bottom:10px;"></script>
        <input type="submit" name="sub" value="提交" />
    </form>
    <script>
    var ue = UE.getEditor('editor');
    </script>
        </div>
            <?php
  error_reporting(0);
 $fw_id=$_GET["fw_id"];
  $link=new mysqli("127.0.0.1","root","123456");
  if (mysqli_connect_errno()) {
    echo "数据库服务器连接失败！<BR>";
    die();
  }
  $link->select_db("house")    or die("数据库选择失败！<BR>");
  $link->query("set names 'utf8'");
   $sql="select * from pingjia    where fw_id=$fw_id";

  $result=$link->query($sql);
```

```
    $rows=$result->num_rows;            //总记录数
    if ($rows==0)  {
      echo "暂时没有评价的记录！";
      die();
    }
    $pagesize=3;  //每页的记录数(在此暂设为5，通常应设为10)
    $pagecount=ceil($rows/$pagesize);       //总页数
    //$pageno 的值为当前页的页号
    if (!isset($pageno)||$pageno<1)
      $pageno=1;
    if ($pageno>$pagecount)
      $pageno=$pagecount;
    $offset=($pageno-1)*$pagesize;
    $result->data_seek($offset);
?>
<div align="center"><strong>房屋评价</strong> </div>
 <?php
  $i=0;
  while($row=$result->fetch_object())  {
?>
<div class="zu-itemmod   " link="" _soj="Filter_1&hfilter=filterlist">

            <div class="zu-info">
                <h3>用户名:******</h3>
                <p class="details-item bot-tag">
                    <span>房屋评价:<?php echo $row->content; ?></span><em></em></p>
            </div>
 </div>
 <?php
   $i=$i+1;
   if ($i==$pagesize)
     break;
   }
   $result->free();
   $link->close();
 ?>
 </table>
 <div align="center">
 [第<?php echo $pageno; ?>页/共<?php echo $pagecount; ?>页]
 <?php
 $href=$PHP_SELF."?fw_id=".urlencode($fw_id);
 if ($pageno<>1) {
 ?>
   <a href="<?php echo $href; ?>&pageno=1">首页</a>
   <a href="<?php echo $href; ?>&pageno=<?php echo $pageno-1; ?>">上一页</a>
 <?php
 }
 if ($pageno<>$pagecount) {
 ?>
 <a href="<?php echo $href; ?>&pageno=<?php echo $pageno+1; ?>">下一页</a>
```

```
<a href="<?php echo $href; ?>&pageno=<?php echo $pagecount; ?>">尾页</a>
<?php
}
?>
[共找到<?php echo $rows; ?>个记录]
</div>
```

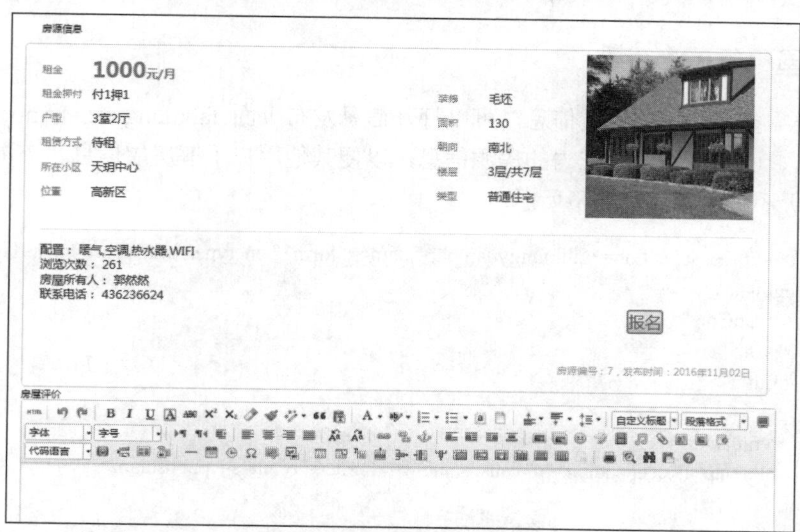

图 11-4　房屋租赁信息

如果用户需要留下对该房屋的评价，可以在评价区域留言，完成评价后单击“提交”按钮，调用 demo_center.php 页面将评价信息录入数据库。demo_center.php 页面的主要代码如下：

```
<?php
  $content=stripslashes($_POST['content']);
  $fw_id=$_POST["fw_id"];
 $username=$_POST["username"];
  $link=mysql_connect("127.0.0.1","root","123456") or die("数据库服务器连接失败<br>");
  mysql_select_db("house",$link) or die("数据库连接失败<br>");
  mysql_query("set names 'utf8'");
  $sql1="select username from userxinxi where username='$username'";
  $sql="select * from house where fw_id='$fw_id'";
  $result = mysql_query($sql,$link);
  $rows=0;
  while($row=mysql_fetch_object($result)){
     $rows=$row+1;
  }
   if ($content=="")    {

       echo"评价信息不能为空！";
       die();
  }
$sql="insert into pingjia(fw_id,username,content) values('$fw_id','$username','$content')";
   if (mysql_query($sql,$link)){
    echo "恭喜您评论成功!";
```

```
        }
    else{
        echo "评论失败!";
        }
?>
```

11.4.2 房屋租赁信息发布

如果用户需要发布房屋租赁信息，可以打开信息发布页面 fabufangyuan.html。在该页面，填写包括小区、面积、租金等在内的房源信息，以便其他用户了解房屋信息。该页面的运行效果如图 11-5 所示，主要代码如下所示：

```
<form   method="post" action="fabufangyuan.php" name="form1" enctype="multipart/ form-data">
<!--mian begin-->
<div class="mainCon">
<div class="wrap">
<h3 class="mtitle">发布房源</h3>

<div class="wrapBox">
<table id="table_step_1" cellpadding="0" cellspacing="0" border="0" class="publishtab">
<tbody>
<tr>
<td align="right"><strong>城市</strong></td>
<td>
<div class="inputwrap zIndex13">
<div class="fields" style="margin-right:10px;zoom:1;*zoom:0;">
<select name="diqu" id="district1">
      <option>郑州</option>
</select>
                                <select name="quyu" class="zone1" id="zone1" >
                                     <option>二七区</option>
                                     <option>中原区</option>
                                     <option>金水区</option>
                                     <option>高新区</option>
                                     <option>郑东新区</option>
                                     <option>管城回族区</option>
                                     <option>其他</option>
</select>
</div>
</div>
<span class="tips floatl ml10" id="div_House_ProjPonint"></span>
</td>
</tr>
<tr>
<td align="right"><strong>小区地址</strong></td>
<td>
<div class="inputwrap zIndex13">
<input name="address" type="text" id="input_House_ProjName" class="pubformtext"
```

```
placeholder="请输入小区地址" autocomplete="off" />
</div>
<span class="tips floatl ml10" id="div_House_ProjPonint"></span>
</td>
</tr>
<tr id="tr_House_louhao">
<td align="right"><strong>单元号</strong></td>
<td>
<div class="inputpubwid zIndex11">
<input type="text" name="danyuan" id="input_House_danyuan" class="text m-width"
value="" placeholder="" autocomplete="off">
<span class="inputinsideword">单元</span>
</div>
<div class="inputpubwid zIndex11">
<input type="text" name="d_shi" id="input_House_Fang" class="text m-width" value=""
placeholder="" autocomplete="off">
<span class="inputinsideword">室</span>

</div>
</td>
</tr>
<tr>
<td align="right"><strong>户型</strong></td>
<td>
<div class="inputpubwid">
<input name="shi" type="text" id="input_House_Room" class="text m-width" maxlength="2"
autocomplete="off" />
<span class="inputinsideword">室</span>
</div>
<div class="inputpubwid">
<input name="ting" type="text" id="input_House_Hall" class="text m-width" maxlength ="2"
autocomplete="off" />
<span class="inputinsideword">厅</span>
</div>
<span id="div_House_HXPoint" class="tips"></span>
</td>
</tr>
<tr>
<td align="right"><strong>建筑面积</strong></td>
<td>
<div class="inputpubwid">
<input name="area" type="text" id="input_House_BuildingArea" class="text m-width"
maxlength="5" autocomplete="off" />
<span class="inputinsideword">m²</span>
</div>
</td>
</tr>
<tr>
<td align="right"><strong>楼层</strong></td>
<td>
```

```
<div class="inputpubwid">
<span class="floorspan">第</span>
<input type="text" name="louceng" id="input_House_Floor" class="text floorword" value=""
autocomplete="off">
<span style="color: #999;line-height: 28px;
position: absolute;right: 15px;">层</span>
</div>
<div class="inputpubwid">
<span class="floorspan">共</span>
<input type="text" name="allc" id="input_House_TotalFloor" class="text floorword"
value="" autocomplete="off">
<span style="color: #999;line-height: 28px;
position: absolute;right: 15px;">层</span>
</div>
<span class="tips" id="div_House_FloorPoint"></span></td>
</tr>
<tr>
<td align="right"><strong>朝向</strong></td>
<td>
<div class="fields">
<select name="chaoxiang" id="overseas_city">

                                <option>南北</option>
                                <option>南</option>
                                <option>东南</option>
                                <option>东</option>
                                <option>西南</option>
                                <option>北</option>
                                <option>西</option>
                                <option>东西</option>
</select>
</div>
</td>
</tr>
<tr>
<td align="right"><strong>房屋类型</strong></td>
<td>
<div class="fields">
<select name="leixing" id="overseas_city">

                                <option>公寓</option>
                                <option>别墅</option>
                                <option>平房</option>
                                <option>酒店公寓</option>
                                <option>商住两用</option>
                                <option>其他</option>
</select>
</div>
</td>
</tr>
```

```
<tr>
<td align="right"><strong>装修</strong></td>
<td>
<div class="fields">
<select name="zhuangxiu" id="overseas_city">
                                    <option>毛坯</option>
                                    <option>简单装修</option>
                                    <option>中等装修</option>
                                    <option>精装修</option>
                                    <option>豪华装修</option>
                                    <option>商住两用</option>
                                    <option>其他</option>
</select>
                                <select name="zhz" id="overseas_city">
                                    <option>整租</option>
                                    <option>合租</option>
</select>
</div>
</td>
</tr>
<tr>
<td align="right"><strong>月租</strong></td>
<td>
<div class="inputpubwid">
<input name="money" type="text" id="input_House_Price" class="text m-width" maxlength=
"10" autocomplete="off" />
<span class="inputinsideword">千</span>
</div>
</td>
</tr>
<tr>
<td align="right"><strong>配套设施</strong></td>
<td>
<div class="inputwrap zIndex13">
<input name="delId[]" value="暖气" onClick="$('#gain_ico_ok').show();$('#gain_ico_err').hide();$('#div_gain_err').
hide()" type="checkbox">暖气   
<input name="delId[]" value="空调" onClick="$('#gain_ico_ok').show();$('#gain_ico_err').hide();$('#div_gain_
err').hide()" type="checkbox">空调   
<input name="delId[]" value="热水器" onClick="$('#gain_ico_ok').show();$('#gain_ico_err').hide();$('#div_gain_
err').hide()" type="checkbox">热水器   
<input name="delId[]" value="冰箱" onClick="$('#gain_ico_ok').show();$('#gain_ico_err').hide();$('#div_gain_
err').hide()" type="checkbox">冰箱   
<input name="delId[]" value="洗衣机" onClick="$('#gain_ico_ok').show();$('#gain_ico_err').hide();$('#div_gain_
err').hide()" type="checkbox">洗衣机   
<input name="delId[]" value="电视" onClick="$('#gain_ico_ok').show();$('#gain_ico_err').hide();$('#div_gain_
err').hide()" type="checkbox">电视   
<input name="delId[]" value="沙发" onClick="$('#gain_ico_ok').show();$('#gain_ico_err').hide();$('#div_gain_
err').hide()" type="checkbox">沙发   
<input name="delId[]" value="独立卫生间" onClick="$('#gain_ico_ok').show();$('#gain_ico_err').hide();$('#div_
gain_err').hide()" type="checkbox">独立卫生间   
```

```
<input name="delId[]" value="WIFI" onClick="$('#gain_ico_ok').show();$('#gain_ico_err').hide();$('#div_gain_
err').hide()" type="checkbox">WIFI
</div>
</td>
</tr>
<tr>
<td align="right"><strong>姓名</strong></td>
<td>
<div class="inputpubwid ">
<input type="text" name="name1" id="input_LinkMan" class="text input_1width" value=""maxlength="10"
autocomplete="off">
</div>
<span class="tips" id="div_House_LinkMan"></span>
</td>
</tr>
<tr id="trmobile" style=display:>
<td align="right"><strong>手机号</strong></td>
<td>
<div class="inputpubwid input_2width">
<input type="text" name="phone" id="input_MobileCode" class="text" maxlength="11"value="" autocomplete=
"off">
</div>
</td>
</tr>
<tr id="trmobile" style=display:>
<td align="right"><strong>房子图片</strong></td>
<td>
<input type="hidden" name="MAX_FILE_SIZE" value="2000000" />
        <input type="file" name="upfile" >
</td>
</tr>
<tr id="trmobile" style=display:>
<td align="right"><strong>备注</strong></td>
<td>
<div class="inputpubwid input_2width">
<input type="text" name="beizhu" id="input_MobileCode" class="text" maxlength="20"value="" autocomplete=
"off">
</div>
</td>
</tr>
<tr>
<td align="right"></td>
<td width="720">
<input type="submit" name="sub" class="btn nextbtn" id="House_Submit" style="margin:0;" value="确认发布" />
</td>
</tr>
</tbody>
</table>
</div>
</div>
```

```
</div>
</form>
```

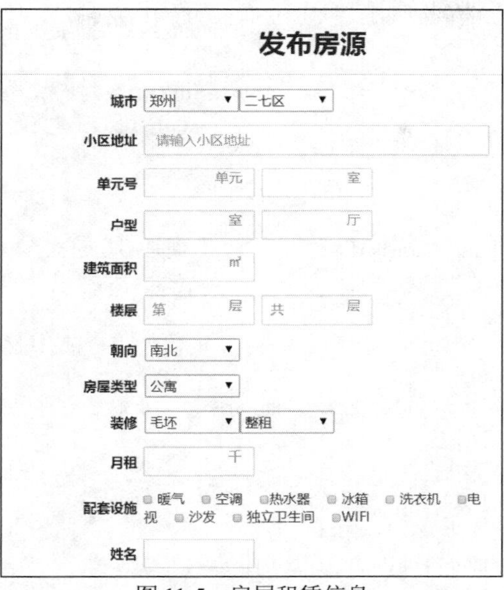

图 11-5　房屋租赁信息

完成信息录入后，单击“确认发布”按钮，调用 fabufangyuan.php 页面，将房源信息录入数据库。如果录入成功则提示“恭喜您发布成功”，否则提示“发布失败”，主要代码如下所示：

```
<?php
session_start();
if(!isset($_SESSION['username'])){
header("location:login.html");
exit();
}
error_reporting(0);
   $username=$_SESSION['username'];
   $quyu=$_POST["quyu"];
   $diqu=$_POST["diqu"];
   $address=$_POST["address"];
   $name1=$_POST["name1"];
   $phone=$_POST["phone"];
   $danyuan=$_POST["danyuan"];
   $d_shi=$_POST["d_shi"];
   $shi=$_POST["shi"];
   $ting=$_POST["ting"];
   $area=$_POST["area"];
   $louceng=$_POST["louceng"];
   $allc=$_POST["allc"];
   $chaoxiang=$_POST["chaoxiang"];
   $money=$_POST["money"];
   $leixing=$_POST["leixing"];
   $zhz=$_POST["zhz"];
```

```
        $zhuangxiu=$_POST["zhuangxiu"];
        $beizhu=$_POST["beizhu"];
        $shouhuoa=implode(',',$_POST['delId']);
        if(isset($_POST['sub'])){                          // isset()函数判断提交按钮值是否存在
        //echo is_dir("images");
    if(!is_dir("images")){                                 // is_dir()函数判断指定的文件夹是否存在
            mkdir("images");                               // mkdir()函数创建文件夹
        }
        $file=$_FILES['upfile'];
         // 获取上传文件
        if(is_uploaded_file($file['tmp_name'])){           // 判断是不是通过 HTTP POST 上传文件
            $str=stristr($file['name'],'.');
            $path= __DIR__.'/images/';
            $name=strtotime("now").$str;                   // 定义上传文件的存储位置，名字中增加当前时间
            setcookie('name',$name);
    if(move_uploaded_file($file['tmp_name'],$path.$name)){      // 执行文件上传操作
            }
        }
    $link=mysql_connect("127.0.0.1","root","123456")
            or die("数据库服务器连接失败！<BR>");
        mysql_select_db("house",$link) or die("数据库选择失败！<BR>");
        mysql_query("set names 'gbk'");
        if ($diqu==""||$quyu==""||$address==""||$name==""||$phone==""||$danyuan==""||$d_shi==""||$shi=="
"||$ting==""||$area==""||$louceng==""||$chaoxiang==""||$money==""||$allc==""||$leixing==""||$zhuangxiu=="")   {

              echo"<script>alert('房屋信息不能为空！')</script>";
    header("refresh:0;url=fabufangyuan.html");
            die();
        }
    $sql="insert into house(username,diqu,quyu,address,name,phone,danyuan,d_shi,shi,ting,area,louceng,chaoxiang,
money,allc,photo,sheshi,leixing,zhuangxiu,zhuangtai,beizhu,zhz) values('$username','$diqu','$quyu','$address','$name1',
'$phone','$danyuan','$d_shi','$shi','$ting','$area','$louceng','$chaoxiang','$money','$allc','images/$name','$shouhuoa',
'$leixing','$zhuangxiu','待租','$beizhu','$zhz')";
        }
    if (mysql_query($sql,$link)){
            echo "<script>alert('恭喜您发布成功!')</script>";

            header("refresh:0;url=fwxiangqing.php");}
    else{
              echo "<script>alert('发布失败!')</script>";
            header("refresh:0;url=index.php");}
    ?>
    </body>
    </html>
```

11.5 留言板

所有用户都可以在留言板留言，发表自己对房屋租赁系统的看法、意见、建议和感想。管

理员可以在后台登录后查看留言并进行回复。

11.5.1　用户留言

liuyan.php 页面为留言板列表页面，在该页面可以看到所有用户的留言以及管理员的回复。该页面左侧为留言用户的头像和昵称，右侧为留言和管理员的回复，页面的运行效果如图 11-6 所示，代码如下所示：

```
<?php
    require("include/global.php");
?>
<html xmlns="http://www.w3.org/1999/xhtml">
<head>
<meta http-equiv="Content-Type" content="text/html; charset=gb2312" />
<title><?php echo $db->ly_system("system",2)?></title>
<META name=keywords content="<?php echo $db->ly_system("system",3)?>">
<meta name="description" content="<?php echo $db->ly_system("system",4)?>">
<link href="images/style.css" rel="stylesheet" type="text/css" />
</head>
<body>
<table width="1003" border="0" align="center" cellpadding="0" cellspacing="0">
<tr>
<td height="350" align="center" valign="top"><table width="100%" border="0" cellspacing
="0" cellpadding="0">
<tr>
<td height="0">
<table width="100%" border="0" align="center" cellpadding="0" cellspacing="0">
<tr>
<td width="18" height="16" align="right" valign="bottom"><img src="images/1.jpg"
width="18" height="16" /></td>
<td height="12" background="images/1r.jpg"> </td>
<td width="17" height="16" align="left" valign="bottom"><img src="images/2.jpg"
width="17" height="16" /></td>
</tr>
<tr>
<td width="13" background="images/4s.jpg"> </td>
<td><table width="100%" border="0" cellspacing="0" cellpadding="0">
<tr>
<td height="7"></td>
</tr>
</table>
<table width="98%" border="0" align="center" cellpadding="5" cellspacing="1" bordercolor
="#000000" bgcolor="#CCCCCC">
<tr>
    <td colspan="3" align="right" bgcolor="#FFFFFF">
    <a href="fk1.php">我要进行留言</a>  </td>
</tr>
<?php
//使用方法：
if($db->ly_system("system",7)==1){
```

```
    $sql="select * from leavewords where is_audit=1 order by id desc";    // 查询的数据库表
   }else{
    $sql="select * from leavewords order by id desc";                     // 查询的数据库表
    }
    $queryc=mysql_query($sql);                                            //执行 SQL 语句
    $nums=mysql_num_rows($queryc);                                        //总条目数
    $each_disNums=$page=$db->ly_system("system",6);                       //每页显示的条目数
    $sub_pages=2;
    $pageNums = ceil($nums/$each_disNums);                                //总页数
    $subPage_link="index.php?&page=";                                     //每个分页的链接
    $subPage_type=1;
    $current_page=$_GET['page']!=""?$_GET['page']:1;                      //当前被选中的页
    $currentNums=($current_page-1)*$each_disNums;
   if($db->ly_system("system",7)==1){
    $sql="select * from leavewords where is_audit=1 order by id desc limit $currentNums,
    $each_disNums";
   }else{
    $sql="select * from leavewords order by id desc limit $currentNums,$each_disNums";
    }
    $query=mysql_query($sql);                                             // 执行 SQL 语句
   while($rows=mysql_fetch_array($query)){
    ?>
   <tr>
   <td width="101" rowspan="2" align="center" bgcolor="#FFFFFF"><img src="images/face/
   face<?php echo $rows["face"]?>.gif" /></td>
   <td width="304" align="left" bgcolor="#FFFFFF">留言标题:<?php   if($db->ly_system("system",8)==1){echo
strip_tags($rows["leave_title"]);}else{echo $rows["leave_title"];}?></td>
   <td width="211" align="left" bgcolor="#FFFFFF">发表于:<?php echo $rows["leave_time"]?></td>
   </tr>
   <tr>
   <td colspan="2" align="left" valign="top" bgcolor="#FFFFFF">

         <table width="100%" border="0" cellspacing="0" cellpadding="5">
   <tr>
   <td><?php if($db->ly_system("system",8)==1){echo strip_tags($rows["leave_contents"]);}
   else{echo $rows["leave_contents"];}?></td>
   </tr>
   </table>
   <?php
             $id=$rows["id"];
             $sql="select * from reply where leaveid=$id order by id desc";
             $rs_reply=mysql_query($sql);
             if(mysql_num_rows($rs_reply)==0)
             {
                   echo "<span style='color:red'>暂无回复</span>";
             }
             else
             {
                   while($rows_reply=mysql_fetch_assoc($rs_reply))
                   {
```

```
                    ?>
                    <table width="100%" border="0" cellpadding="5" cellspacing="1" bgcolor="#CCCCCC">
<tr>
<td bgcolor="#F2F2F2"><?php echo "<font color='red'>管理员回复:</font><br>".$rows_
reply['reply_contents']."<br>";?></td>
</tr>
</table>
                    <?php
                }
            }
        ?></td>
</tr>
<tr>
<td align="center" bgcolor="#FFFFFF">昵称:<?php echo $rows["username"]?></td>
<td colspan="2" align="right" bgcolor="#FFFFFF"><a href="mailto:<?php echo $rows ["email"]?>" title="<?php
echo $rows["email"]?>"><img src="images/face/email.gif" width="16" height="16" border="0"/></a> 
  <a href="<?php echo $rows ["homepage"]?>" title="<?php echo $rows["homepage"]?>"><img src=
"images/face/homepage. gif" width="16" height="16" border="0" /></a>  <a href="http://sighttp.qq.
com/msgrd?v=1&;uin=<?php echo $rows["qq"]?>%20&site=http://www.qq.com&menu=yes" title=" <?php echo
$rows["qq"]?>" target="_blank"><img src="images/face/oicq.gif" width="16" height="16"   border="0"/></a> 
 </td>
</tr>
<tr>
    <td colspan="3" bgcolor="#FFFFFF" height="15"></td>
</tr>
    <?php
    }
  ?>
</table>
<table width="98%" border="0" align="center" cellpadding="0" cellspacing="0">
<tr>
<td height="40" align="center"><?php $pg=new SubPages($each_disNums,$nums,$current
_page,$sub_pages,$subPage_link,$subPage_type);?></td>
</tr>
</table>
</td>
<td background="images/2x.jpg"> </td>
</tr>
<tr>
<td width="18" height="15" align="right" valign="top"><img src="images/4.jpg" width=
"18" height="15" /></td>
<td height="12" background="images/3z.jpg"> </td>
<td width="17" height="15" align="left" valign="top"><img src="images/3.jpg" width=
"17" height="15" /></td>
</tr>
</table>
</td>
</tr>
</table></td>
</tr>
```

```
</table></td>
</tr>
</table>
</td>
</tr>
</table>
</body>
</html>
```

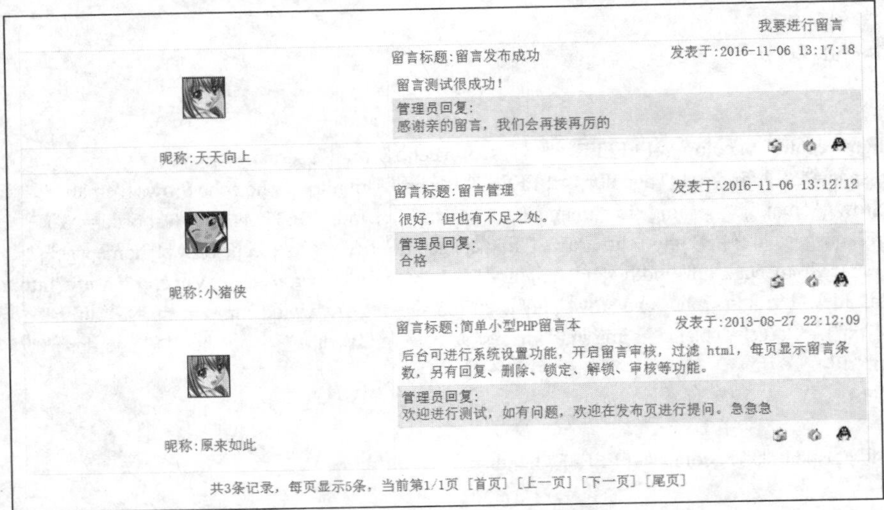

图 11-6　留言列表

用户如果需要留言，可以单击“我要进行留言”按钮，调用 fk1.php 页面，填写留言信息。fk1.php 页面的运行效果如图 11-7 所示，主要代码如下所示：

```
<table width="1003" border="0" align="center" cellpadding="0" cellspacing="0">
<tr>
<td height="350" align="center" valign="top"><table width="100%" border="0" cellspacing="0" cellpadding="0">
<tr>
<td height="0">
        <table width="96%" border="0" align="center" cellpadding="0" cellspacing="0">
<tr>
<td width="18" height="16" align="right" valign="bottom"><img src="images/1.jpg" width="18" height="16" />
</td>
<td height="12" background="images/1r.jpg"> </td>
<td width="17" height="16" align="left" valign="bottom"><img src="images/2.jpg" width="17" height="16" />
</td>
</tr>
<tr>
<td width="13" background="images/4s.jpg"> </td>
<td>
        <table width="100%" height="100%" border="0" align="center" cellpadding="8" cellspacing="0">
<tr>
<td height="470" align="left" valign="top" bgcolor="#FFFFFF"><?php
    $ip=$_SERVER['REMOTE_ADDR'];
```

```
            $sql="select * from lockip where lockip='$ip'";
            $rs=mysql_query($sql);
            if(mysql_num_rows($rs)>0)
            {
                ?>
                <script language="javascript">
                    alert("抱歉!您已经被管理员锁定,可能因为您发表了不合适言论!\n 请与管理员联系");
                    location.href="index.php"
                </script>
                <?php
                die();
            }
            if($_POST["Submit"])
            {
                $username=$_POST["username"];
                $qq=$_POST["qq"];
                $email=$_POST["email"];
                $homepage=$_POST["homepage"];
                $face=$_POST["face"];
                $title=$_POST["title"];
                $content=$_POST["content"];
                $time=date('Y-m-d H:i:s');
                $ip=$_SERVER['REMOTE_ADDR'];
                $sql="insert into leavewords (username,qq,email,homepage,face,leave_title,
                leave_contents,leave_time,ip) values ('$username',$qq,'$email','$homepage',
                '$face','$title','$content','$time','$ip')";
                mysql_query($sql);
                echo "<script language=javascript>alert('您的留言已在审核中，请稍等！');window. location=
'index.php'</script>";
                ?>
                <?php
            }
        ?>
        <form id="form1" name="form1" method="post" action="" onsubmit=return(CheckInput()) style= "margin-top:0px;">
        <table width="100%" border="0" align="center" cellpadding="5" cellspacing="1" bordercolor="#000000"
bgcolor="#CCCCCC">
        <tr>
        <td colspan="2" align="right" bgcolor="#FFFFFF"><a href="index.php">返回留言板</a>  </td>
        </tr>
        <tr>
        <th colspan="2" bgcolor="#FFFFFF">添加留言(带红色 * 号为必填项)</th>
        </tr>
        <tr>
        <td width="74" align="center" bgcolor="#FFFFFF">网友昵称:</td>
        <td width="604" bgcolor="#FFFFFF"><input name="username" type="text" id="username" />
         <span class="style1">*</span></td>
        </tr>
        <tr>
        <td align="center" bgcolor="#FFFFFF">网友扣扣:</td>
        <td bgcolor="#FFFFFF"><input name="qq" type="text" id="qq" /></td>
```

```
</tr>
<tr>
<td align="center" bgcolor="#FFFFFF">您的邮箱:</td>
<td bgcolor="#FFFFFF"><input name="email" type="text" id="email" />
 <span class="style1">*</span></td>
</tr>
<tr>
<td align="center" bgcolor="#FFFFFF">个人主页:</td>
<td bgcolor="#FFFFFF"><input name="homepage" type="text" id="homepage" value="http://" /></td>
</tr>
<tr>
<td height="60" align="center" bgcolor="#FFFFFF">留言头像:</td>
<td bgcolor="#FFFFFF">
<input type="radio" value="1" name="face" checked="checked" />
<img src="images/face/face1.GIF" border="0" />
<input type="radio" value="2" name="face" />
<img src="images/face/face2.GIF" border="0" />
<input type="radio" value="3" name="face" />
<img src="images/face/face3.GIF" border="0" />
<input type="radio" value="4" name="face" />
<img src="images/face/face4.GIF" border="0" />
<input type="radio" value="5" name="face" />
<img src="images/face/face5.GIF" border="0" />
<input type="radio" value="6" name="face" />
<img src="images/face/face6.GIF" border="0" />
<input type="radio" value="7" name="face" />
<img src="images/face/face7.GIF" border="0" />
</td>
</tr>
<tr>
<td align="center" bgcolor="#FFFFFF">留言标题:</td>
<td bgcolor="#FFFFFF"><input name="title" type="text" id="title" />
 <span class="style1">*</span></td>
</tr>
   <tr>
              <td colspan="2" bgcolor="#FFFFFF">
               留言内容:        </td>
        </tr>
<tr>
<td colspan="2" bgcolor="#FFFFFF"><textarea name="content" cols="60" rows="5"></textarea></td>
</tr>
<tr>
<td colspan="2" align="center" bgcolor="#FFFFFF"><input type="submit" name="Submit" value="提交" />
<input type="reset" name="Submit2" value="重置" /></td>
</tr>
</table>
</form></td>
</tr>
</table>
</td>
```

```
<td background="images/2x.jpg"> </td>
</tr>
<tr>
<td width="18" height="15" align="right" valign="top"><img src="images/4.jpg" width="18" height="15" /> </td>
<td height="12" background="images/3z.jpg"> </td>
<td width="17" height="15" align="left" valign="top"><img src="images/3.jpg" width="17" height="15" /></td>
</tr>
</table>
</td>
</tr>
</table></td>
</tr>
</table></td>
<td width="108" align="left" valign="top" background="images/bjr2.jpg"> </td>
</tr>
</table>
</td>
</tr>
</table>
```

返回留言板

添加留言（带红色 * 号为必填项）

网友昵称:	*
网友扣扣:	
您的邮箱:	*
个人主页:	http://
留言头像:	
留言标题:	*
留言内容:	

提交　重置

图 11-7　发表留言

11.5.2　管理员回复留言

管理员登录后，单击“咨询管理”按钮，调用 bbs_admin.php 页面，可查看用户留言。未审核的留言显示为“未审核”。该页面的运行效果如图 11-8 所示，主要代码如下所示：

```
<?php
require_once("../include/global.php");
?>
<html xmlns="http://www.w3.org/1999/xhtml">
<head>
<title>查看留言</title>
<link rel="stylesheet" href="images/css.css" type="text/css">
</head>
```

```
<body>
<table width="100%" border="0" cellpadding="5" cellspacing="0" class="table">
<tr>
<td class="bg_tr"> 留言管理</td>
</tr>
</table>
<?php
    $sql="select * from leavewords order by id desc";
    $rs=mysql_query($sql);
    $recordcount=mysql_num_rows($rs);
    $pagesize=4;
    $pagecount=($recordcount-1)/$pagesize+1;
    $pagecount=(int)$pagecount;
    $pageno=$_GET["pageno"];
    if($pageno<1)
    {
        $pageno=1;
    }
    if($pageno>$pagecount)
    {
        $pageno=$pagecount;
    }
    $startno=($pageno-1)*$pagesize;
    $sql="select * from leavewords order by id desc limit $startno,$pagesize";
    $rs=mysql_query($sql);
?>
<table width="100%" border="0" align="center" cellpadding="5" cellspacing="1" class="td_bgf">
<?php
    while ($rows=mysql_fetch_assoc($rs))
    {
    ?>
    <tr>
<td width="100" rowspan="2" align="center" class="td_bg"><img src="../images/face/face<?php echo
$rows["face"]?>.gif" /></td>
<td class="td_bg">留言标题:<?php echo $rows["leave_title"]?></td>
<td class="td_bg">留言时间:<?php echo $rows["leave_time"]?></td>
</tr>
<tr>
<td colspan="2" class="td_bg">留言内容:<br />
<?php echo $rows["leave_contents"]?></td>
</tr>
<tr>
<td class="td_bg">昵称:<?php echo $rows["username"]?></td>
<td colspan="2" class="td_bg">
    <input type="button" class="button" onClick="location.href='bbs_reply.php?id=<?php
    echo $rows["id"]?>&pageno=<?php echo $pageno?>'" value="回复" />
    <input type="button" class="button" onClick="location.href='bbs_del.php?id=<?php
    echo $rows["id"]?>&pageno=<?php echo $pageno?>'" value="删除" />

    <input name="Submit3" type="button" class="button" onClick="location.href='bbs_is_
```

```
        audit.php?id=<?php echo $rows["id"]?>&pageno=<?php echo $pageno?>"" value="<?php
        if($rows["is_audit"]=='1'){echo "已审核";}else{echo "未审核";}?>"   />
        </td>
    </tr>
    <tr>
        <td colspan="3" class="td_bg">
        回复内容:<br/>
        <?php
            $sql="select * from reply where leaveid=".$rows['id']." order by id desc";
            $rs_reply=mysql_query($sql);
            if(mysql_num_rows($rs_reply)==0)
            {
                echo "<span style=color:red>暂无回复</span>";
            }
            else
            {
                while ($rows_reply=mysql_fetch_assoc($rs_reply))
                {
                    ?>
                    <?php echo "<font color='red'>" .$rows_reply["reply_contents"]?><br/>
                    <?php
                }
            }
        ?>
        </td>
    </tr>
        <?php
        }
    ?>
    <tr>
    <td colspan="3" align="center" class="bg_tr">
    <?php
            for($i=1;$i<=$pagecount;$i++)
            {
            ?>
            <a href="?pageno=<?php echo $i?>"><?php echo $i?></a>
            <?php
            }
        ?>
        <?php
            if($pageno==1)
            {
            ?>
            首页 | 上页 |<a href="?pageno=<?php echo $pageno+1?>">下页</a> | <a href="?
            pageno=<?php echo $pagecount?>">末页</a>
            <?php
            }
            else if($pageno==$pagecount)
            {
            ?>
```

```
            <a href="?pageno=1">首页</a> | <a href="?pageno=<?php echo $pageno-1?>">上页
            </a> |  下页  |  末页
            <?php
            }
            else
            {
            ?>
            <a href="?pageno=1">首页</a> | <a href="?pageno=<?php echo $pageno-1?>">上页
            </a>| <a href="?pageno=<?php echo $pageno+1?>">下页</a> | <a href="?pageno=<?php
            echo $pagecount?>">末页</a>
            <?php
            }
    ?></td>
</tr>
</table>
</body>
</html>
```

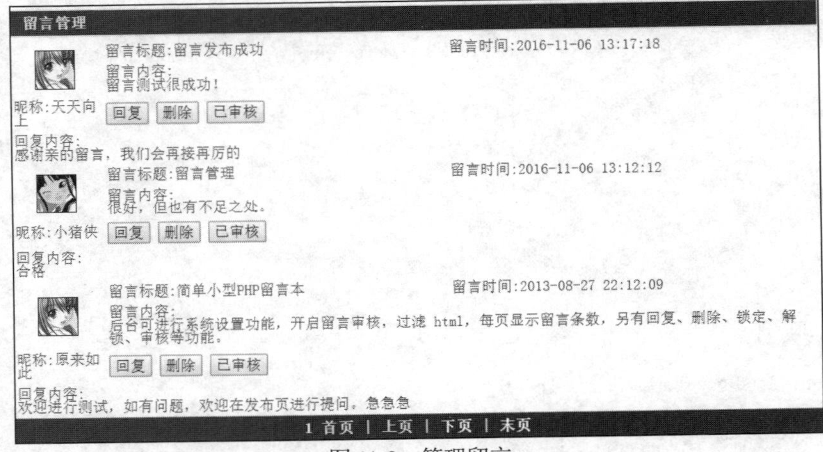

图 11-8　管理留言

管理员如需回复留言可以单击“回复”按钮，调用 bbs_reply.php 页面，进行回复。该页面的运行效果如图 11-9 所示，主要代码如下所示：

```
<?php
    $id=$_GET["id"];
    $pageno=$_GET["pageno"];
    if($_POST["Submit2"])
    {
        $content=$_POST["content"];
        $sql="update reply set reply_contents='$content' where leaveid=$id";
        mysql_query($sql);
        header("location:bbs_admin.php?pageno=$pageno");
    }
    $sql="select * from leavewords where id=$id";
    $rs=mysql_query($sql);
    $rows=mysql_fetch_assoc($rs);
```

```
?>
<?php
    $id=$_GET["id"];
    $pageno=$_GET["pageno"];
    if($_POST["Submit"])
    {
        $content=$_POST["content"];

        $sql="insert into reply (leaveid,leaveuser,reply_contents) values ($id,'管理员','$content')";
        mysql_query($sql);
        echo "<script language=javascript>alert('回复成功！');window.location='bbs_admin.
        php?pageno=$pageno'</script>";
    }
    $sql="select * from leavewords where id=$id";
    $rs=mysql_query($sql);
    $rows=mysql_fetch_assoc($rs);
?>
        <?php
        $sql="select * from reply where leaveid=".$rows["id"]." order by id desc";
        $rs_reply=mysql_query($sql);
        if(mysql_num_rows($rs_reply)==0)
        {
        ?>
<form id="form1" name="form1" method="post" action="" onsubmit="return CheckForm()">
<table width="100%" border="0" align="center" cellpadding="5" cellspacing="1" bordercolor=
"#000000" bgcolor="#cccccc">
<tr>
<th colspan="2" bgcolor="#FFFFFF">管理员回复</th>
</tr>
<tr>
<td colspan="2" bgcolor="#FFFFFF" class="forumRowHighlight"><?php echo $rows["leave_
contents"]?></td>
</tr>
<tr>
<td bgcolor="#FFFFFF" class="forumRowHighlight">回复内容:</td>
<td bgcolor="#FFFFFF" class="forumRowHighlight"> </td>
</tr>
    <tr>
        <td colspan="2" bgcolor="#FFFFFF" class="forumRowHighlight">
        </td>
    </tr>
<tr>
<td colspan="2" align="left" bgcolor="#FFFFFF" class="forumRowHighlight"><label>
<textarea name="content" cols="35" rows="5">暂无回复内容</textarea>
</label></td>
</tr>
<tr>
<td colspan="2" align="center"><input name="Submit" type="submit" class="button" value="提交" />
 
<input name="Submit2" type="reset" class="button" value="重置" /></td>
```

```
</tr>
</table>
<?php
          }
          else
          {
          ?>
                    <?php

               while($rows_reply=mysql_fetch_assoc($rs_reply))
               {
               ?>
          <form id="form1" name="form1" method="post" action="" onSubmit="return CheckForm()">
          <table width="100%" border="0" align="center" cellpadding="5" cellspacing="1"
          bordercolor="#000000" bgcolor="#cccccc">
<tr>
<th colspan="2" bgcolor="#FFFFFF">管理员回复</th>
</tr>

     <tr>
          <td colspan="2" bgcolor="#FFFFFF" class="forumRowHighlight">
     </td>
     </tr>
<tr>
<td colspan="2" align="left" bgcolor="#FFFFFF" class="forumRowHighlight"><label>
<textarea name="content" cols="35" rows="5"><?php echo $rows_reply["reply_contents"]?></textarea>
</label></td>
</tr>
<tr>
<td colspan="2" align="center"><input name="Submit2" type="submit" class="button" id="Submit2" value="提
交" />
 
<input name="Submit2" type="reset" class="button" value="重置" /></td>
</tr>
</table>
<?php
               }
          }
        ?>
</form>
```

图 11-9　回复留言

11.6 用户注册

用户如果想发布房源信息，必须使用自己的账号进行登录，如果没有账号可以注册新账号。在主页右上角单击“注册”按钮，调用 zhuce.html 页面，填写注册信息。该页面的运行效果如图 11-10 所示，主要代码如下所示：

```
<div id="login_header">
<div id="cityname" class="loginname" >
<div class="yiju">
    <a href="#" target="_blank"><img src="../img/biaoti.jpg" /></a>
    <div class="deng">
    <span>用户注册</span>
    </div>
</div>
</div>
<div id="logintext" style="margin-left:20px">
<a href="aindex.php" target="_blank">返回首页</a>|
    <a href="#" target="_blank">帮助</a>
</div>
</div>
<div class="content">
<div id="conleft">
<div id="2001">
    <a href="#" ><img src="../img/捕获.jpg"   /></a>
</div>
</div>
<div id="conright">
<div class="scrool-bg">
        <div class="cd-user-modal-container">
            <ul class="cd-switcher">
                <li><a href="#">用户注册</a></li>
            </ul>
            <!--登录表单 -->
                <form class="cd-form"   method="get" action="zhuce.php ">
                    <p class="fieldset">
                        <label class="image-replace cd-username" for="signin-username">
                        用户名</label>
                        <input class="full-width has-padding has-border" id="signin-username" type="text"
                        name="username" placeholder="输入用户名">
                    </p>
                    <p class="fieldset">
                        <label class="image-replace cd-password" for="signin-password">
                        密码</label>
                        <input class="full-width has-padding has-border" id="signin-password" type=
                        "password"   name="pswd" placeholder="输入密码">
                    </p>
                    <p class="fieldset">
                        <label class="image-replace cd-password" for="signin-password">确认密码</label>
```

```
                        <input class="full-width has-padding has-border" id="signin-password" type=
                        "password"  name="pswd1" placeholder="再次输入密码">
                        </p>
                    <p class="fieldset">
                        <input type="checkbox" id="remember-me" value="同意" name="ty" checked>
                        <label for="remember-me">我已阅读并同意《宜居房源使用协议》</label>
                    </p>

                    <p class="fieldset">
                        <input class="full-width2" type="submit" value="注册">
                    </p>
                </form>
                <div class="xx" style="margin-top:-20px; padding-left:300px;"><a href= "login.html" target=
                "_blank">已有账号?</a></div>
            </div>
            </div>
        </div>
    </div>
</div>
    </div>
</div>
</div>
```

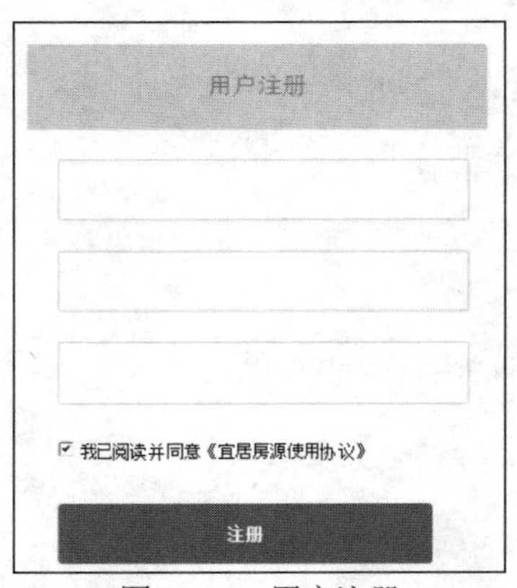

图 11-10　用户注册

用户完成注册信息的填写后，单击“注册”按钮，调用 zhuce.php 页面，将信息录入数据库，完成注册，主要代码如下所示：

```
<?php
error_reporting(0);
$username=$_GET["username"];
   $passwd=$_GET["pswd"];
   $passwd1=$_GET["pswd1"];
    $ty=$_GET["ty"];
if ($username==""||$passwd==""||$passwd1=="")   {
    echo"<script>alert('用户名和密码不能为空！')</script>";
header("refresh:0;url=zhuce.html");
      die();
```

```
    }
  if ($ty=="")    {
            echo"<script>alert('请同意网站协议！ ')</script>";
            header("refresh:0;url=zhuce.html");
         die();
    }
  if($passwd!=$passwd1){
         echo"<script>alert('密码与前面不一致')</script>";
         header("refresh:0;url=zhuce.html");
    }
  $link=mysql_connect("127.0.0.1","root","123456")
         or die("数据库服务器连接失败！ <BR>");
         mysql_select_db("house",$link) or die("数据库选择失败！ <BR>");
         mysql_query("set names 'gbk'");
         $sql="select username from userxinxi where username='$username'";
         $result=mysql_query($sql,$link);
         $row = mysql_fetch_array($result);
  if ($row)      {
          echo"<script>alert('此用户名已经存在!')</script>";
          header("refresh:0;url=zhuce.html");
      }
     $sql="INSERT INTO userxinxi(username,passwd,sf)
     VALUES('$username',password('$passwd'),'用户')";

  if (mysql_query($sql,$link)){
         echo "<script>alert('恭喜您成为新用户!')</script>";
         header("refresh:0;url=login.html");}
  else{
          echo "<script>alert('用户注册失败!')</script>";
          header("refresh:0;url=login.html");}
  ?>
```

11.7 本章小结

本章通过房屋租赁系统，进一步讲解了如何使用 PHP+MySQL 进行系统开发，让读者在开发过程中深入体会 PHP 和网站开发相关知识的综合应用。本章介绍的系统和上一章不同，但基本开发步骤一致，希望读者在学习的过程中注重开发中的每一步，打好基础，开发出自己满意的系统。

11.8 习题

一、选择题

1. 修改数据应该使用(　　)命令。

A. Insert　　B. Create　　C. Update　　D. Delete

2. 房屋租赁系统没有使用(　　)。

A. house 表　　B. pingjia 表　　C. zufang 表　　D. maifang 表

二、编程题

根据数据库设计，完成登录功能。用户只有在输入正确的账号、密码后才能够登录。

参考文献

[1] Kromann F M. PHP 与 MySQL 程序设计[M]. 5 版. 陈光欣，译. 北京：人民邮电出版社，2020.

[2] 软件开发技术联盟. PHP+MySQL 开发实战[M]. 北京：清华大学出版社，2013.

[3] Nixon R. PHP、MySQL 与 JavaScript 学习手册[M]. 5 版. 安道，译. 北京：中国电力出版社，2020.

[4] 黄迎久，石炜，赵军富，等. PHP 动态网页设计教程[M]. 北京：清华大学出版社，2017.

[5] 张工厂. PHP 7+MySQL 8 动态网站开发从入门到精通[M]. 北京：清华大学出版社，2020.

[6] 王佳佳. 网页好设计：PHP+MySQL 动态网站设计实战精讲[M]. 北京：中国铁道出版社，2016.

[7] 黎明明，苗志锋. PHP+MySQL 网站开发项目式教程[M]. 北京：水利水电出版社，2016.

[8] 明日科技. PHP 从入门到精通[M]. 5 版. 北京：清华大学出版社，2019.

[9] 传智播客. PHP+MySQL 网站开发项目式教程[M]. 北京：人民邮电出版社，2016.

[10] 李艳恩，付红杰. PHP+MySQL 动态网站开发[M]. 北京：清华大学出版社，2021.

[11] 王甲临. PHP 高性能开发：基础、框架与项目实战[M]. 北京：机械工业出版社，2018.